Genereris

PUBLISHING

Le Geoscienze con occhi nuovi: non solo *sassi e catastrofi*

Susanna Occhipinti

Title: Le Geoscienze con occhi nuovi:
non solo *sassi e catastrofi*

ISBN: 979-8-89966-035-1

Author: Susanna Occhipinti

Cover image: www.usplash.com

Publisher: Generis Publishing
Online orders: www.generis-publishing.com
Contact email: info@generis-publishing.com

LE GEOSCIENZE CON OCCHI NUOVI: NON SOLO SASSI E CATASTROFI

Riflessioni e metodologie per avvicinare gli studenti alla comprensione dei processi terrestri, stimolare la curiosità e formare cittadini consapevoli delle sfide ambientali del futuro

Non è stato facile trovare un titolo adeguato a questo libro. Non volevo apparire presuntuosa nel credere che questo lavoro potesse "rivoluzionare" l'insegnamento delle geoscienze; sentivo, però, il desiderio di condividere le mie idee e le esperienze maturate nel corso degli anni. Ho pensato di rubare a Proust l'idea di "guardare al mondo con occhi sempre nuovi", perché vorrei che questo libro rappresenti un viaggio nelle geoscienze con occhi nuovi. I termini "sassi e catastrofi", spesso utilizzati nelle mie ricerche, mi sono sembrati naturali per il titolo.

Questo testo è il risultato di una rielaborazione di numerosi articoli, a cui ho cercato di dare coerenza e continuità, con la speranza che possa essere utile a chi crede nel potenziale educativo delle geoscienze. Quasi tutti i suggerimenti didattici e metodologici presentati sono stati sperimentati sul campo in numerose occasioni, con esiti complessivamente positivi, ma anche con osservazioni critiche che mi hanno permesso di affinare le proposte.

Spero emerga più di ogni altra cosa la mia profonda passione per questa disciplina, tanto trascurata nella scuola quanto fondamentale per comprendere il mondo e affrontare le sfide della società contemporanea. Le geoscienze non sono soltanto "sassi e catastrofi", ma costituiscono una chiave di lettura per interpretare il passato, comprendere il presente e immaginare un futuro sostenibile per il nostro pianeta.

Ringrazio tutti coloro che mi hanno aiutato a crescere professionalmente e personalmente, che mi hanno permesso di sperimentare nelle loro classi e hanno riconosciuto il mio impegno. Non vi elenco uno per uno perché siete numerosi, ma sappiate che questo lavoro non sarebbe stato possibile senza di voi.

Se anche solo un insegnante, leggendo queste pagine, trovasse ispirazione per rinnovare il proprio approccio didattico, o se uno studente scoprirà la bellezza delle geoscienze, il mio obiettivo sarà raggiunto. Educare alle geoscienze significa formare cittadini consapevoli, capaci di comprendere la complessità del sistema Terra.

Susanna Occhipinti

Il libro di Susanna Occhipinti è uno strumento prezioso per insegnanti, educatori e per tutti gli appassionati di geoscienze. Riassume l'esperienza pluridecennale di una persona appassionata ed estremamente competente nell'insegnamento della geologia. Opere di questo tipo sono ancora poco diffuse nel panorama italiano, nonostante il crescente bisogno di risorse didattiche innovative.

La geologia è una disciplina affascinante ma complessa, che integra competenze di base di matematica, fisica, chimica, informatica e altre scienze, per studiare e interpretare i fenomeni naturali del nostro pianeta e del sistema solare. Come sottolinea l'autrice sin dalle prime pagine, la geologia non si limita allo studio di "sassi" o catastrofi naturali — un'immagine riduttiva e poco stimolante che spesso viene trasmessa ai più giovani — ma rappresenta una scienza ricca e articolata.

Attraverso questo libro, l'autrice accompagna il lettore alla scoperta della varietà e profondità della geologia, illustrando aspetti spesso sconosciuti ma di grande interesse, capaci di ispirare una didattica più fresca e coinvolgente. Tuttavia, non basta conoscere i contenuti della geologia: il volume offre anche spunti pratici, suggerimenti e strumenti concreti per insegnare questa affascinante materia in modo più moderno e avvincente.

Insegnare la geologia, comprendere come funziona la Terra oggi e come ha funzionato nel passato, è fondamentale per interpretare il nostro futuro e formare cittadini più consapevoli del territorio e della sua geodiversità, che include anche molteplici tipi di rischio. La risposta a queste sfide è la conoscenza, e questo libro rappresenta una guida preziosa lungo questo cammino.

Buona lettura!

Rodolfo Carosi

Presidente della Società Geologica Italiana

Note su immagini, citazioni e risorse

In chiusura di ogni capitolo, si trova una fotografia scattata dall'autore durante viaggi ed esplorazioni geologiche. Queste immagini non sono solo elementi decorativi, ma testimonianze visive di un percorso personale attraverso i paesaggi e i fenomeni che vengono discussi nelle pagine precedenti.

La scelta di includere queste fotografie nasce dalla convinzione che le geoscienze non siano solo una disciplina accademica, ma anche un'esperienza estetica ed emotiva. I paesaggi geologici custodiscono una bellezza particolare che nasce dalla consapevolezza dei processi che li hanno generati e dalla possibilità di "leggere" in essi la storia del nostro pianeta.

Queste immagini rappresentano dunque un invito al lettore a non limitarsi alla dimensione teoretica dello studio, ma ad esplorare personalmente il territorio, sviluppando quello sguardo consapevole che trasforma un semplice panorama in un libro aperto sulla storia della Terra.

Le didascalie essenziali che accompagnano le immagini intendono semplicemente localizzare il soggetto, lasciando al lettore la libertà di stabilire connessioni con i contenuti del capitolo e di apprezzare la bellezza dei fenomeni geologici rappresentati.

Le altre immagini sono tratte da Wikipedia o in Creative Commons quindi di libero utilizzo.

Mi scuso di eventuali errori od omissioni, nel caso abbia dimenticato di citare gli autori.

Tutte le citazioni contenute nel testo sono riportate tra i riferimenti indicati al termine di ogni specifico capitolo, nel riquadro "Per approfondire".

In fondo al libro sono presenti LINK UTILI a SITI, RISORSE e BIBLIOGRAFIA

Sommario

INTRODUZIONE

Questo libro raccoglie contributi sviluppati in anni di attività didattica, di ricerche e sperimentazioni in numerose classi, cercando di affrontare le sfide dell'insegnamento delle geoscienze con prospettive diverse e strumenti innovativi. Senza pretese rivoluzionarie, offre approcci alternativi per rendere le geoscienze più coinvolgenti e significative nel panorama educativo contemporaneo, integrando riflessioni personali e ricerche approfondite: l'obiettivo è quello di rinnovare la percezione di questa disciplina, spesso relegata ai margini del curriculum scolastico.

Le pagine che seguono propongono un percorso attraverso metodologie didattiche, competenze specifiche e trasversali, avventurandosi nell'epistemologia ed esplorando collegamenti inaspettati tra geoscienze e altre discipline, rivelando spesso connessioni sorprendenti: fenomeni geologici che hanno influenzato la storia umana, processi planetari intrecciati con dinamiche sociali, minerali apparentemente ordinari alla base di rivoluzioni tecnologiche.

L'intento è fornire a insegnanti, educatori e appassionati alcuni strumenti per trasformare l'insegnamento delle geoscienze da semplice trasmissione di nozioni a esperienza di scoperta e comprensione del sistema Terra, nella sua affascinante complessità.

CAPITOLO 1.

RIPENSARE L'INSEGNAMENTO DELLE GEOSCIENZE: DALLA FRAMMENTAZIONE DISCIPLINARE A UNA DIDATTICA INTEGRATA

Una disciplina in cerca di identità

Le Scienze della Terra, o geoscienze, si trovano oggi in una posizione singolare nel panorama dell'insegnamento scientifico. Da un lato, loro rilevanza non è mai stata così evidente: i cambiamenti climatici, i rischi naturali, la gestione delle risorse e la sostenibilità ambientale sono temi centrali nel dibattito pubblico e nelle agende politiche internazionali. Dall'altro lato, questa disciplina continua a occupare una posizione marginale nei curricula scolastici, spesso relegata a un ruolo secondario rispetto ad altre discipline scientifiche, nonostante il suo potenziale formativo e la sua rilevanza sociale.

Mentre il mercato del lavoro registra una crescente domanda di competenze in ambito geoscientifico – dalla consulenza ambientale all'esplorazione di minerali critici, dalla valutazione dei rischi naturali al settore dell'energia rinnovabile – le iscrizioni ai corsi universitari di geoscienze registrano un costante e significativo declino. Questo fenomeno, particolarmente preoccupante per i corsi di geologia tradizionale, rischia di creare un vuoto di competenze proprio quando la società ne ha più bisogno.

Questo paradosso riflette una più ampia difficoltà nel riconoscere e comunicare la vera natura delle geoscienze: non una semplice raccolta di nozioni su rocce e fenomeni naturali, ma una chiave di lettura fondamentale per comprendere il nostro pianeta come sistema complesso e dinamico. La percezione tradizionale di questa scienza non riesce a evidenziarne la complessità metodologica, il valore applicativo e la natura tecnologicamente avanzata che la rendono fondamentale nelle scienze e nell'economia contemporanee, specialmente nei settori emergenti. Questi aspetti verranno approfonditi nel Capitolo 2 'Geologia, Scienze della Terra o geoscienze: proviamo a fare chiarezza', dove affronteremo le problematiche della terminologia e dell'identità disciplinare delle geoscienze moderne.

1.1 Dinamiche di interesse: quando altre discipline prevalgono

Nel panorama delle discipline scientifiche sia nei percorsi scolastici che nell'orientamento universitario, le geoscienze partono spesso svantaggiate. Nella competizione tra le materie STEM, vengono regolarmente superate da medicina, informatica, fisica e matematica, ma anche da biologia e biotecnologie. Queste ultime hanno saputo costruirsi un'immagine più moderna e innovativa: promettono scoperte rivoluzionarie ed evocano l'immagine del ricercatore in camice bianco e micropipetta in mano.

È un'esperienza comune vedere classi, normalmente attente, sbadigliare davanti ai vassoi di campioni di rocce; studenti brillanti perdersi completamente di fronte alle "macchie" incomprensibili di una carta geologica. Ancora più significativo è il fenomeno di studenti premiati nelle competizioni internazionali delle geoscienze che, al momento della scelta universitaria, optano per corsi di laurea considerate scientificamente "più serie". Per loro le geoscienze rimangono un percorso di secondo livello, incapace di offrire prospettive professionali stimolanti o economicamente competitive.

Questo fenomeno ha diverse cause. Le innovazioni mediche e biotecnologiche suscitano maggiore interesse perché hanno un impatto immediato sulla vita delle persone. Le malattie infettive sono percepite come minacce immediate e universali: basti pensare a come la pandemia di COVID-19 abbia colpito l'immaginario collettivo molto più profondamente di catastrofi geologiche che hanno causato un numero simile di vittime.

Anche i media giocano un ruolo decisivo. Gli eventi geologici, per quanto devastanti, colpiscono aree specifiche e ricevono attenzione intensa ma temporanea, scomparendo rapidamente dai riflettori una volta passata l'emergenza. Vale il principio NIMBY (Not In My Back Yard): se non tocca direttamente il nostro territorio, l'interesse cala drasticamente. Una minaccia sanitaria, invece, mantiene alta l'attenzione ovunque.

La ricerca biologica offre risultati tangibili e immediati: nuove terapie, farmaci innovativi, pratiche agricole che migliorano la vita quotidiana. Il settore biotecnologico e farmaceutico attira grandi investimenti, favorisce progressi rapidi e sa comunicarli efficacemente. Persino nella discussione sui cambiamenti climatici, gli aspetti biologici ricevono maggiore enfasi per il loro collegamento diretto con la salute umana.

Le strategie comunicative contribuiscono a questo squilibrio: i biologi hanno sviluppato efficaci modalità per rendere temi complessi accessibili e coinvolgenti. La complessità che caratterizza le geoscienze, invece, raramente viene comunicata con la stessa efficacia, risultando così distante dall'esperienza quotidiana.

Infine, influiscono le percezioni sulle opportunità lavorative. Gli studenti scelgono i percorsi che sembrano più promettenti professionalmente, ignorando la crescente richiesta di esperti in geoscienze in settori innovativi e strategici.

Questa combinazione di fattori rappresenta una sfida importante per l'insegnamento delle geoscienze, e richiede approcci didattici innovativi e un ripensamento complessivo delle modalità di presentazione della disciplina.

1.2 L'insegnamento delle geoscienze: curricolo e realtà

L'insegnamento delle geoscienze nella scuola italiana presenta criticità specifiche che ne condizionano l'efficacia e la percezione, nonostante i contenuti siano ampiamente presenti nel curricolo ministeriale, in Italia come in altri paesi del mondo. Le cause sono diverse: la prima riguarda la formazione dei docenti, nella maggior parte dei casi con preparazione prevalentemente non geologica. Senza una solida base geologica, è naturale sentirsi meno sicuri su certi argomenti e privilegiare gli aspetti più descrittivi della materia. Serve quindi più formazione continua e aggiornamento professionale.

Una seconda causa è la natura stessa dei processi geologici, che si svolgono su tempi e spazi difficilmente riproducibili in un contesto didattico tradizionale. A differenza della biologia o della chimica, dove molti fenomeni possono essere osservati e sperimentati direttamente in laboratorio, le geoscienze richiedono approcci didattici specifici. Questa peculiarità, apparentemente limitante, può invece diventare un'opportunità per sviluppare forme innovative di didattica, come emerge nel Capitolo 3 sulla "Natura epistemologica delle geoscienze", e nel Capitolo 4 sul "Processo di apprendimento e il "pensare geologicamente".

Le geoscienze, infatti, proprio per la loro natura complessa - dal latino "cumplexus" (intrecciato) e "cumplicato" (piegato assieme) - offrono un terreno ideale per promuovere competenze trasversali fondamentali: il pensiero sistemico, la capacità di analizzare problemi multidimensionali, la comprensione delle relazioni causa-effetto in sistemi complessi.

Un ulteriore aspetto da considerare riguarda l'organizzazione stessa dei curricula scolastici. Nei programmi ministeriali, fenomeni come il vulcanismo o i terremoti vengono presentati come entità separate, disconnesse dalle dinamiche globali e dalla Teoria della Tettonica delle Placche. Questa frammentazione ne limita l'attrattiva e l'interesse, impedendo di cogliere le complesse relazioni causa-effetto che caratterizzano il Sistema Terra. Da questa ricerca è emerso un aspetto fondamentale: la necessità di riorganizzare gli approcci metodologici, le priorità e perfino la sequenza del processo di insegnamento-apprendimento.

Questa idea nasce da un'esperienza pluriennale di confronto con studenti delle classi terminali: per quanto innovative e appassionanti, le attività di geoscienze proposte agli studenti che dovranno scegliere il loro percorso universitario, arrivano sempre troppo tardi. La loro scelta viene, nella maggior parte dei casi, effettuata verso il penultimo anno, quando l'immagine che hanno delle geoscienze si limita a minerali, rocce, vulcani e terremoti, argomenti che restano un elenco di nomi o fenomeni catastrofici slegati da qualsiasi contesto globale. Una "piccola" rivoluzione nell'approccio didattico potrebbe cambiare questa situazione, specialmente se accompagnata da altre innovazioni metodologiche.

1.3 Oltre "sassi e catastrofi": alla ricerca di un nuovo approccio

Per superare queste criticità e restituire alle geoscienze il ruolo che meritano, è necessario un cambio di paradigma che ne evidenzi la natura dinamica e tecnologicamente avanzata. Le geoscienze non sono mai state così rilevanti come oggi per la comprensione delle sfide globali contemporanee: il cambiamento climatico, la gestione sostenibile delle risorse, la prevenzione dei rischi naturali e la pianificazione territoriale sono ambiti in cui queste discipline giocano un ruolo fondamentale.

Il problema principale dell'approccio tradizionale risiede nella presentazione frammentata dei fenomeni geologici come entità separate, impedendo di cogliere le complesse relazioni causa-effetto che caratterizzano il Sistema Terra. Una visione integrata che colleghi discipline scientifiche e umanistiche permette invece di comprendere come eventi storici e scoperte scientifiche si siano

intrecciati, permettendo di costruire modelli unificanti come quello della Tettonica delle Placche.
La ricerca didattica ha dimostrato come l'utilizzo di learning objects realizzati con materiali poveri ma pensati per stimolare la comprensione delle dinamiche globali si riveli efficace nel promuovere interesse e comprensione, superando la convinzione diffusa che le geoscienze siano una disciplina limitata ai "sassi e catastrofi". Questo nuovo approccio trova concretizzazione in diversi ambiti di innovazione didattica che meritano particolare attenzione.

1.4 Costruire competenze attraverso approcci innovativi

La trasformazione dell'insegnamento delle geoscienze richiede una strategia articolata che integri diversi elementi: dalla riorganizzazione curricolare all'uso di strumenti didattici innovativi, dalla valorizzazione del territorio all'integrazione interdisciplinare.

Rivoluzionare la struttura curricolare rappresenta il primo passo fondamentale. Come approfondito nel Capitolo 5 "Rivoluzionare il curricolo nelle geoscienze: dall'approccio Bottom-up al Top-down", è necessario passare dall'approccio tradizionale bottom-up - che parte da minerali e rocce per arrivare gradualmente ai sistemi globali - a un approccio top-down che inizia con le dinamiche globali per poi scendere ai fenomeni specifici. Presentando prima il quadro generale della Tettonica delle placche, gli studenti possono meglio apprezzare come i singoli elementi si inseriscano nel contesto più ampio dei sistemi terrestri.

Valorizzare i materiali tradizionali con nuove prospettive costituisce un secondo elemento chiave. I Capitoli 6 "Le geoscienze oltre i sassi: modelli e simulazioni" e 7 "Minerali e rocce: narratori di storie" illustrano percorsi utili a valorizzare proprio quei "sassi" tradizionalmente considerati noiosi, rivelandone il fascino e, soprattutto, la rilevanza per la società contemporanea. Particolare attenzione merita il record paleontologico: il Capitolo 8 "I fossili come finestre sull'evoluzione: il record paleontologico nella didattica" esplora come i fossili possano diventare strumenti didattici straordinari per comprendere non solo l'evoluzione biologica, ma anche i cambiamenti climatici e ambientali che hanno caratterizzato la storia del nostro pianeta.

Reinterpretare i fenomeni catastrofici in una nuova chiave interpretativa rappresenta un ulteriore aspetto innovativo. Questa ricerca propone una nuova prospettiva sulle Scienze della Terra, fornendo un'interpretazione diversa dei fenomeni geologici: i disastri naturali come vulcani o terremoti non sono solo fenomeni drammatici, ma cause di eventi che hanno profondamente influenzato la storia umana. Il Capitolo 9 approfondisce il tema dei rischi naturali, proponendo un ripensamento del concetto di pericolosità oltre la logica del NIMBY, mentre il Capitolo 10 "Catastrofi... e altre storie" rivela le sorprendenti connessioni tra eventi geologici e la storia dell'umanità.

Integrare territorio e tecnologie offre opportunità concrete di apprendimento significativo. Lo studio del territorio, degli ambienti naturali e antropizzati, offre opportunità di approfondimento non solo per il contatto con la natura, ma anche per la scoperta della storia geologica e delle dinamiche evolutive del territorio di prossimità. Il Capitolo 11 "Cartografia tradizionale e digitale: sviluppare competenze chiave attraverso la lettura del territorio" sottolinea l'importanza di integrare strumenti tradizionali e nuove tecnologie, mentre il Capitolo 12 illustra come i Geositi e Geoparchi si dimostrino straordinari laboratori naturali per l'apprendimento delle geoscienze, offrendo la possibilità di esplorare il collegamento tra rocce, minerali, storia e società.

Sviluppare competenze specifiche e trasversali attraverso metodologie diversificate rappresenta un obiettivo centrale. Il Capitolo 13 propone suggerimenti per costruire competenze in ambito geologico, mentre il Capitolo 14 "La geologia forense: il geologo detective" illustra come le competenze geologiche possano trovare applicazione anche in ambiti investigativi, dimostrando la versatilità e l'utilità pratica di queste discipline in contesti apparentemente lontani dalla ricerca tradizionale. Il Capitolo 15 dedica particolare attenzione ai Data Mining Test come strumento didattico particolarmente efficace.

Approcci metodologici diversificati e l'uso di strumenti differenti - dai modelli hands-on agli applicativi digitali - possono sviluppare negli studenti non solo competenze specifiche in ambito geologico, ma anche competenze trasversali di grande rilievo, fondamentali in qualsiasi ricerca scientifica e per l'integrazione delle soft skill richieste nel mondo del lavoro. Tuttavia, come emerge nel Capitolo 16 "Il ruolo delle tecnologie digitali nell'insegnamento delle geoscienze", se da un lato gli strumenti digitali hanno sviluppato competenze digitali e facilitato l'orientamento, dall'altro hanno reso l'uso delle carte tradizionali sostanzialmente obsoleto, causando la perdita di capacità di osservazione e comprensione della complessità territoriale.

1.5 Le geoscienze per lo sviluppo sostenibile

L'innovazione didattica nelle geoscienze acquista un significato ancora più profondo quando viene inquadrata nel contesto delle sfide globali contemporanee. In un'epoca in cui le questioni ambientali richiedono risposte urgenti e complesse, le geoscienze offrono non solo strumenti di analisi, ma una prospettiva unica che intreccia passato, presente e futuro del nostro pianeta.

Il contributo agli obiettivi globali rappresenta una dimensione fondamentale dell'educazione geoscientifica moderna. La loro importanza è riconosciuta dall'Agenda 2030 per lo Sviluppo Sostenibile delle Nazioni Unite, dove numerosi Obiettivi richiedono una solida comprensione dei processi geologici e delle loro interazioni con le attività umane. Il Capitolo 17 sviluppa specificamente il ruolo delle geoscienze nel raggiungimento dei Goal per lo Sviluppo Sostenibile dell'Agenda 2030, i SDGs.

L'integrazione interdisciplinare emerge come elemento caratterizzante di un approccio educativo innovativo. La dimensione interdisciplinare delle geoscienze si manifesta con particolare chiarezza quando si considerano i loro intrecci con storia, arte e cultura. Il Capitolo 18 "Intrecci disciplinari: storia, scienza e arte nelle geoscienze" esplora come questa disciplina possa diventare un ponte naturale tra ambiti apparentemente distanti, dimostrando come la comprensione dei fenomeni geologici arricchisca la lettura dei processi storici, artistici e culturali dell'umanità.
Questa prospettiva integrata non solo risponde alle esigenze formative contemporanee, ma restituisce alle geoscienze quella dimensione di complessità e fascino che può trasformare radicalmente la percezione degli studenti. La speranza è che questo nuovo approccio possa accendere quella scintilla di meraviglia che trasforma la conoscenza in passione e la curiosità in impegno: una scintilla che si accende quando gli studenti riescono a percepire la Terra non come un insieme statico di rocce e fenomeni distinti, ma come un sistema dinamico e interconnesso di cui sono parte integrante.

È lo stesso stupore che ha guidato i grandi scienziati della Terra nelle loro scoperte rivoluzionarie, trasformando l'osservazione di un semplice strato roccioso o di un fossile in una finestra aperta sulla storia del nostro pianeta e sul suo possibile futuro. Forse questo può contribuire a colmare il divario tra la crescente domanda di competenze geoscientifiche e il declino delle vocazioni in questo settore fondamentale, restituendo alle geoscienze il ruolo centrale che meritano nella formazione dei cittadini del XXI secolo.

Deserto del Namib, le dune dell'area di Sossusvlei

Per approfondire

Bruner, J.S. (1960). *The Process of Education*. Harvard University Press. https://www.hup.harvard.edu/catalog.php?isbn=9780674710016

Kastens, K.A., & Manduca, C.A. (2012). *Earth and Mind II: A Synthesis of Research on Thinking and Learning in the Geosciences*. Geological Society of America. https://doi.org/10.1130/SPE486

Strategy for Enhancing Global Geoscience Education – 2019 https://www.iugs.org/_files/ugd/f1fc07_0054e76980a0433897c26aaacddc3742.pdf?index=true

CAPITOLO 2.

GEOLOGIA, SCIENZE DELLA TERRA O GEOSCIENZE: PROVIAMO A FARE CHIAREZZA

Nel linguaggio comune, nella scuola, nei libri di testo e persino nei percorsi universitari, i termini "Geologia", "Scienze della Terra" e "Geoscienze" vengono spesso utilizzati come fossero intercambiabili, attribuendo loro un significato equivalente: la scienza che si occupa delle rocce, dei terremoti e dei rischi naturali. Questa semplificazione nasconde però una complessa evoluzione concettuale che merita di essere esplorata.

2.1 Una questione di terminologia e sostanza

L'evoluzione dei termini "geologia", "scienze della Terra" e "geoscienze" non rappresenta una questione di parole, ma riflette una profonda trasformazione concettuale e metodologica nello studio del nostro pianeta.

La geologia, nel suo approccio classico, si è concentrata principalmente sullo studio delle rocce, dei minerali e dei processi geologici che hanno plasmato e continuano a modellare la crosta terrestre. Questo approccio, ancora valido, ha rappresentato il primo passo verso una comprensione sistematica del nostro pianeta.

Nel tempo, questa disciplina ha progressivamente ampliato i suoi orizzonti verso una visione più sistemica e integrata. La definizione di "scienze della Terra" ha segnato un primo significativo ampliamento, includendo discipline come l'oceanografia, la meteorologia e la climatologia, riconoscendo così le interconnessioni tra le diverse sfere del pianeta.

Le geoscienze moderne si stanno trasformando in un campo ad alta tecnologia, ben lontano dall'immagine tradizionale del geologo rilevatore sul campo, con bussola e martello. L'immagine tradizionale del geologo impegnato nella cartografia, nella raccolta di campioni e nel rilevamento stratigrafico rappresenta solo un aspetto di una disciplina che oggi abbraccia tecnologie avanzate e approcci innovativi.

La geofisica utilizza sofisticate tecniche di imaging sismico per esplorare la struttura interna della Terra, mentre la geochimica e la microbiologia del sottosuolo stanno aprendo nuove frontiere nello studio delle interazioni tra il mondo minerale e quello biologico, con applicazioni che spaziano dalla ricerca di vita in ambienti estremi alla bioremediation di siti contaminati. La geoinformatica e i Sistemi Informativi Geografici permettono di analizzare e visualizzare dati geospaziali complessi, creando modelli tridimensionali del sottosuolo che rivoluzionano la nostra comprensione delle strutture geologiche. Parallelamente, il telerilevamento ha trasformato il modo in cui studiamo la superficie terrestre, impiegando droni e tecnologie LiDAR, il rilevamento ad impulsi laser, per mappare con precisione il territorio e monitorare in tempo reale cambiamenti ambientali come la deforestazione e lo scioglimento dei ghiacciai.

La rivoluzione digitale ha impattato profondamente anche il settore della Modellazione Numerica, dove supercomputer permettono di simulare processi geologici complessi che si svolgono su scale temporali inaccessibili all'osservazione diretta, fornendo strumenti previsionali sempre più accurati.

Particolarmente importante è la paleoclimatologia, che analizzando sedimenti marini e carote di ghiaccio ricostruisce la storia climatica del nostro pianeta, offrendo dati essenziali per comprendere i cambiamenti climatici attuali. La geoarcheologia, integrando tecniche geofisiche e geochimiche con le metodologie archeologiche tradizionali, sta rivoluzionando lo studio delle civiltà antiche e della loro interazione con l'ambiente.

La geoetica, studiando e praticando principi etici nelle geoscienze, affronta le implicazioni morali e sociali della ricerca e dell'intervento umano sul pianeta. Questo approccio enfatizza la responsabilità dei geoscienziati nel promuovere pratiche sostenibili, garantendo il benessere delle generazioni future attraverso una gestione consapevole delle risorse naturali e promuovendo la consapevolezza pubblica sulle questioni geoscientifiche.

La conoscenza di questi rami disciplinari, quando presentata attraverso processi di insegnamento appropriati, può cambiare sostanzialmente la percezione degli studenti riguardo alle geoscienze. Non più semplicemente come lo studio di "sassi e catastrofi", ma come scienze intriganti e vitali per comprendere e gestire responsabilmente le risorse del nostro pianeta, in un'ottica di sostenibilità e rispetto per le generazioni future.

Questa trasformazione si riflette nell'organizzazione delle università. Mentre nel mondo anglosassone prevale ancora la denominazione "Earth Sciences", in Italia assistiamo a una transizione da dipartimenti di geologia a strutture diverse: si diffondono corsi di laurea in Geoscienze per l'ambiente, per lo sviluppo sostenibile, le risorse e i rischi naturali, mentre alcuni atenei propongono anche percorsi integrati di biogeologia.

I curricula si sono evoluti da programmi focalizzati sulla classificazione di rocce e minerali a strutture che riflettono una visione integrata dei processi terrestri, includendo lo studio del ciclo di vita dei materiali, la gestione sostenibile delle materie prime critiche e le tecnologie per la riduzione dell'impronta del carbonio.

Parallelamente, sono emersi nuovi ambiti di intervento come il recupero di siti contaminati e la progettazione di interventi di ripristino ambientale, che richiedono un approccio multidisciplinare e una profonda comprensione delle dinamiche ecosistemiche.

Nelle scuole, però, forse per assonanza con la biologia, nella mente degli studenti minerali, rocce, vulcani e terremoti, e quando il tempo lo consente, la Tettonica delle placche, costituiscono ancora semplicemente la "geologia".

2.2 Continuità nel sistema dell'istruzione

Questa evoluzione concettuale richiede una riflessione sul sistema educativo nel suo complesso. L'adozione di un linguaggio comune tra scuola secondaria e università diventa essenziale per costruire un percorso formativo coerente, creando un continuum che accompagni lo studente senza fratture concettuali.

Le scuole secondarie hanno l'opportunità di allineare i propri curricula con l'evoluzione in atto nel mondo accademico, introducendo precocemente concetti chiave come l'interdisciplinarità e l'approccio sistemico ai fenomeni terrestri. Attualmente, però, molti curricula nazionali presentano significative limitazioni: argomenti fondamentali come i cicli idrogeologici e le dinamiche delle acque sotterranee sono spesso ridotti a concetti teorici; esempi locali di come la conoscenza geologica influenzi la pianificazione urbana sono raramente presenti nell'apprendimento. Troppo spesso i collegamenti tra geoscienze e sfide contemporanee, transizione energetica, economia circolare e cambiamenti climatici, restano impliciti o assenti.

Mentre i programmi universitari evolvono rapidamente, integrando temi avanzati come la gestione sostenibile delle materie prime critiche e l'applicazione di soluzioni basate sulla natura, a livello scolastico persistono queste lacune. Questa discrepanza crea una frattura nel percorso formativo che potrebbe essere colmata introducendo gradualmente nelle scuole secondarie quegli stessi principi di sostenibilità, economia circolare e approccio sistemico che caratterizzano i corsi universitari.

2.3 Uno sguardo al panorama globale delle geoscienze

L'insegnamento delle geoscienze presenta significative variazioni a livello internazionale, riflettendo diverse tradizioni accademiche e priorità nazionali. I dati mostrano un quadro preoccupante: secondo un'indagine dell'IUGS-COGE, solo il 40% dei paesi ha un curriculum nazionale dedicato alle Scienze della Terra, mentre il 20% dichiara esplicitamente di non averlo. Ancora più preoccupante, in circa il 33% dei paesi le geoscienze non vengono insegnate affatto nelle scuole, nonostante siano formalmente presenti nei programmi.

Nel mondo anglosassone, in particolare negli Stati Uniti e nel Regno Unito, le Earth Sciences hanno tradizionalmente goduto di maggiore prestigio, con dipartimenti ben finanziati e forte integrazione tra ricerca pura e applicata. Ma anche in questi paesi si osserva un trend preoccupante: i dati mostrano un calo significativo nelle iscrizioni universitarie, con il numero di laureati in geoscienze negli Stati Uniti sceso da circa 40.000 nel 1984 a meno di 30.000 nel 2020. Simile tendenza si riscontra nel Regno Unito, dove le iscrizioni al primo anno sono diminuite da oltre 30.000 negli anni '80 a circa 10.000 nel 2020.

È recente la notizia che il Dipartimento di Scienze della Terra della Vrije Universiteit di Amsterdam chiuderà i battenti. La decisione è stata annunciata il 3 aprile 2025 dalla direzione dell'università come parte di un piano di risparmio. Il provvedimento comporta il taglio di oltre 40 posti di lavoro, i 130 studenti attualmente iscritti saranno reindirizzati verso altri programmi e università.

La chiusura arriva in un momento critico per le geoscienze, che stanno affrontando una crisi di iscrizioni a livello globale. Come evidenziato nella stessa dichiarazione dell'università, esiste la necessità di "comunicare meglio l'importanza delle geoscienze per aumentare il numero di studenti", proprio mentre queste discipline sono fondamentali per affrontare sfide come il cambiamento climatico, l'accesso all'acqua potabile, la transizione energetica e la mitigazione dei rischi naturali. Questo caso rappresenta la manifestazione di un declino progressivo, un paradosso, considerando la crescente necessità di competenze geoscientifiche per affrontare le sfide ambientali emergenti.

Nei Paesi europei il panorama è più variegato. I paesi nordici hanno sviluppato un approccio avanzato nell'integrazione con tematiche ambientali e sostenibilità. La Germania mantiene una solida tradizione nella geologia applicata e nell'ingegneria geologica, mentre la Francia ha sviluppato un sistema dove le Grandes Écoles giocano un ruolo fondamentale nella formazione di specialisti. In Italia, le iscrizioni al primo anno hanno subito fluttuazioni significative, mantenendosi però sotto i 2.000 studenti nell'ultimo decennio.

Il contesto asiatico offre un diverso punto di vista. In Giappone, le geoscienze sono fortemente orientate verso lo studio dei rischi naturali e la loro mitigazione, riflettendo le specifiche sfide geologiche del paese. La Cina ha investito massicciamente negli ultimi decenni, con particolare attenzione alle risorse minerarie e alle tecnologie di telerilevamento.

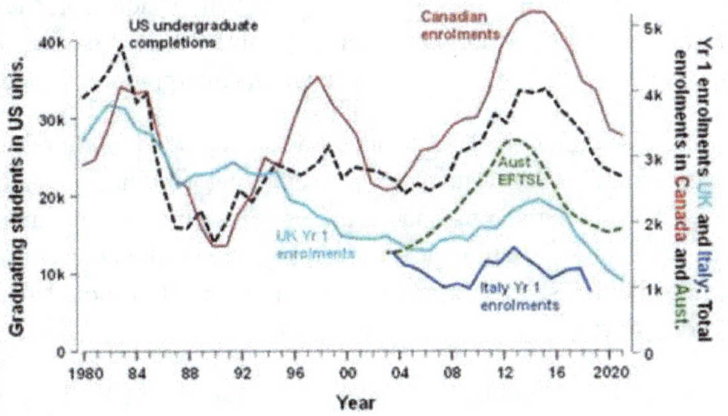

Comparisons of earth science enrolment trends in the US, UK, Canada, Italy and Australia (Cohen, 2022; Bonaccorsi et al., 2020; CCCESD, 2020)

Un dato particolarmente rilevante emerso dalle indagini è che solo il 33,3% dei paesi offre corsi specializzati su "come insegnare" le Scienze della Terra, evidenziando una significativa carenza nella formazione degli insegnanti di questa disciplina.

I dati sulla distribuzione dei laureati nelle diverse specializzazioni delle geoscienze rivelano ulteriori tendenze significative: le Scienze della Terra tradizionali rappresentano solo il 7,5% dei laureati, seguite dalle Scienze Ambientali (4,8%) e dalle Geoscienze Ambientali (3,4%). Specializzazioni come l'Idrologia e le Risorse Idriche (0,8%) o la Geologia del Petrolio (0,3%), nonostante la loro rilevanza per le sfide globali, attraggono una percentuale minima di studenti.

In questo panorama globale emergono alcune tendenze comuni: l'incremento dell'interdisciplinarità, l'enfasi crescente sulle tecnologie digitali e sui big data, e l'attenzione alle sfide globali. Persistono, però, significative differenze nell'organizzazione dei percorsi formativi e nelle metodologie didattiche.

2.4 Verso una nuova identità disciplinare

La trasformazione terminologica e concettuale delle geoscienze sta conducendo a una profonda ridefinizione della loro identità nel XXI secolo. Le istituzioni scientifiche e gli enti di ricerca stanno rinnovando non solo le proprie denominazioni, ma anche le strutture interne, testimoniando il passaggio da una scienza prevalentemente descrittiva a una disciplina interpretativa e predittiva.

La natura interdisciplinare delle geoscienze si estende ben oltre le relazioni con altre scienze naturali. Storicamente, fenomeni geologici hanno condizionato intere civiltà: società antiche prosperavano o decadevano in concomitanza con cambiamenti climatici causati da processi geologici; lo sviluppo economico è da sempre legato alle risorse minerarie; i movimenti delle popolazioni hanno spesso seguito la conformazione geologica del territorio.

La nuova identità delle geoscienze si fonda su tre pilastri principali:

1. **La centralità del pensiero sistemico**: il geologo moderno non si limita a catalogare rocce e minerali, ma interpreta sistemi complessi e le loro

interazioni, leggendo il territorio come un insieme di processi interconnessi che richiedono una visione complessiva

2. **L'orientamento alla soluzione di problemi concreti**: dalle ricerche teoriche, le geoscienze sono diventate una disciplina strategica per affrontare criticità ambientali, energetiche e territoriali.
3. **La responsabilità sociale**: la comunità scientifica riconosce sempre più il proprio ruolo nel promuovere uno sviluppo sostenibile e nel preparare le comunità ad affrontare i cambiamenti ambientali.

Questa nuova identità disciplinare richiede un ripensamento dell'approccio didattico, con l'obiettivo di sviluppare nei futuri geoscienziati non solo conoscenze tecniche, ma anche capacità di pensiero critico, competenze comunicative e una solida consapevolezza del ruolo sociale della loro disciplina. Nei capitoli successivi esploreremo come questa trasformazione implichi nuove metodologie didattiche per costruire le basi della cultura scientifica dei cittadini del XXI secolo.

La Grand Prismatic Spring – Parco di Yellowstone

Per approfondire

Bonaccorsi, E., Occhipinti, S., Borghini, A., & Greco, R. (2020). "Student Enrolment in Geology from a Systemic Earth Science Education Perspective: An Italian Case Study." *European Geologist*, 50. https://eurogeologists.eu/journal/student-enrolment-in-geology-from-a-systemic-earth-science-education-perspective/

Francek, M. (2013). "A Compilation and Review of over 500 Geoscience Misconceptions." *International Journal of Science Education*, 35(1), 31-64. https://doi.org/10.1080/09500693.2012.736644

Van Loon, A.J. (2008). "Geological education of the future." *Earth-Science Reviews*, 86(1-4), 247-254. https://doi.org/10.1016/j.earscirev.2007.08.005

CAPITOLO 3.

LA NATURA DELLE GEOSCIENZE: COMPLESSITÀ E SISTEMI, FLUSSI E RELAZIONI

Analizzando le caratteristiche delle geoscienze, in particolare la natura della conoscenza e i processi attraverso i quali viene acquisita e compresa, emerge la necessità di sviluppare un quadro epistemologico più solido per questa disciplina. Questa necessità diventa ancora più evidente esaminando l'evoluzione storica e la frammentazione che l'hanno caratterizzata.

3.1 L'importanza dell'epistemologia per le geoscienze

L'epistemologia, e cioè lo studio della natura, dell'origine e dei limiti della conoscenza, è fondamentale per comprendere come si costruisce il sapere in ogni campo scientifico. Tutte le discipline scientifiche si fondano su un'epistemologia che permette di affrontare i fondamenti della disciplina stessa, le condizioni che consentono di costruire la conoscenza scientifica e i metodi per raggiungerla.

Nel caso delle geoscienze, questa riflessione assume particolare rilevanza per la specificità dei fenomeni studiati: processi che si sviluppano su scale temporali e spaziali che trascendono non solo l'osservazione diretta ma spesso anche l'immaginazione umana. Il "tempo profondo" geologico, che si misura in milioni o miliardi di anni, e le dinamiche che hanno plasmato il nostro pianeta, richiedono un approccio epistemologico diverso rispetto a discipline dove i fenomeni sono più facilmente osservabili e riproducibili.

Non a caso, le riflessioni epistemologiche hanno interessato soprattutto biologi, fisici, matematici e astronomi, coinvolgendo raramente i geologi. Le ultime generazioni di geoscienziati erano impegnate in altre direzioni: materie prime, rischi geologici, esplorazioni oceaniche, indagini geofisiche, oltre, naturalmente, a indagini sulla storia della Terra in tutti i suoi aspetti. È naturale pensare che la mancanza di unità nella disciplina sia una delle cause che ostacolano la costruzione di una struttura unitaria capace di fondare un modello epistemologico coerente.

3.2 Frammentazione della disciplina ed evoluzione storica

Sebbene le geoscienze siano relativamente giovani come disciplina formale, le loro radici possono essere ricondotte al lavoro pionieristico di scienziati come Steno, Hutton, Lyell e Argand nei secoli XVII, XVIII e XIX. Questi studiosi gettarono le basi per la geologia moderna, elaborando principi fondamentali e ricostruendo la storia geologica della Terra. Tuttavia, a differenza di altre scienze che svilupparono presto un modello di conoscenze coerente, le geoscienze hanno seguito un percorso più frammentato.

All'inizio del XX secolo, iniziò a prendere forma il concetto di Terra come sistema, risultato dalle interazioni delle sue varie componenti, ma tardava ad emergere una teoria unificante. Nel corso del secolo, numerosi scienziati si concentrarono sui loro singoli campi, lavorando con un approccio riduzionista, piuttosto che costruire un sapere interconnesso necessario per elaborare una teoria completa della disciplina.

Un fenomeno caratteristico di questo periodo fu la progressiva separazione tra le diverse specializzazioni: i geologi strutturali si allontanarono progressivamente dai vulcanologi e dai geofisici, i geografi dai geomorfologi, i sedimentologi divergevano dagli stratigrafi, i micropaleontologi dai paleontologi, i mineralogisti dai petrografi, mentre i geologi applicati si distanziavano dai ricercatori di stampo naturalista.

Ci vollero quasi 70 anni perché emergesse la teoria della Tettonica delle placche che, sebbene fornisse una spiegazione unificata per molti dei principali fenomeni terrestri, non riuscì a unificare completamente il campo frammentato delle scienze della Terra. La disciplina rimane divisa in vari rami, ciascuno dei quali tratta ambienti differenti—terra, aria, acqua, spazio, suolo, sottosuolo—ma tutti strettamente interconnessi. Questa divisione ha ostacolato lo sviluppo di un'epistemologia unificata.

Diversi studiosi hanno riflettuto su questi temi, come Hubral, Tarantola, Baker e Oldroyd, ma relativamente pochi filosofi della scienza si sono occupati di questa disciplina, anche per le caratteristiche atipiche di questa disciplina, che la rendono "fuori sistema" rispetto ai tradizionali modelli filosofici della scienza.

Tra i contributi più importanti c'è quello di Victor Baker, che ha proposto il concetto di "geosemiosi": un modo di fare geologia che combina l'interpretazione di "segni" - rocce, strutture e paesaggi - con l'applicazione delle leggi fisiche e chimiche ai processi terrestri. Questo approccio rimane il cuore della geologia come scienza e professione, anche se le moderne tecnologie sembrano mettere in secondo piano l'osservazione diretta.

Altri studiosi importanti sono David Oldroyd, che in "Thinking About the Earth" (1996) ha studiato l'evoluzione del pensiero geologico; Robert Frodeman, che con "Geo-Logic" (2003) ha mostrato come le geoscienze abbiano un loro modo specifico di ragionare, che unisce deduzione e interpretazione; Henry Frankel, con "The Continental Drift Controversy" (2012); Martin Rudwick, con "Earth's Deep History" (2014); e Naomi Oreskes, con "The Rejection of Continental Drift" (1999). Secondo Iannace (2023), la nascita della Geologia è stata il risultato dell'unione di due approcci: quello storico-neptunista e quello causale plutonistico. Questi approcci si sono fusi grazie alla collaborazione di molti scienziati europei, quando nel 1807 fu costituita la Società geologica di Londra - evento che può essere considerato la nascita ufficiale di questa scienza.

Nonostante questi sforzi unificanti, gli studi contemporanei evidenziano ancora la necessità di un approccio epistemologico più unitario e coerente, che sappia rendere conto della specificità delle geoscienze e del loro peculiare modo di costruire conoscenza.

3.3 Le geoscienze come disciplina "non galileiana"

Le geoscienze si caratterizzano per un ambito eccezionale sia nello spazio che nel tempo, abbracciando la percezione dello spazio profondo, dal nucleo terrestre ai confini del Sistema Solare, e la comprensione del tempo profondo, dalla formazione del Sistema Solare fino al presente. Queste caratteristiche distintive richiedono approcci metodologici specifici per affrontare le sfide uniche poste dallo studio della Terra.

Uno degli aspetti più significativi della metodologia delle geoscienze è l'impossibilità di applicare pienamente il metodo sperimentale galileiano. I processi geologici, che si sviluppano su scale temporali di milioni di anni e su scale spaziali immense, rendono impossibile l'osservazione diretta e la replica sperimentale. Replicare sperimentalmente un'orogenesi che si sviluppa in decine di milioni di anni o riprodurre in laboratorio il processo di subduzione di una placca oceanica sono fenomeni che trascendono non solo le possibilità tecniche della sperimentazione, ma anche le scale temporali dell'osservazione umana.

È universalmente noto che la scienza procede attraverso il metodo scientifico, o metodo sperimentale, introdotto da Galileo nel XVII secolo. Questo approccio permette di raggiungere una conoscenza della realtà oggettiva, affidabile, verificabile e condivisibile. Esso consiste nella raccolta di dati empirici che si vengono utilizzati per formulare ipotesi e sull'analisi rigorosa, razionale e, quando possibile, matematica di questi dati. Ogni fenomeno deve essere verificabile, riscontrabile, ripetibile; ogni variabile introduce variazioni, che a loro volta possono essere formulate attraverso funzioni matematiche

Questo paradigma, che ha permesso lo sviluppo di discipline come la fisica e la chimica, trova grandi limiti nelle geoscienze. La difficoltà nell'applicare il metodo sperimentale galileiano ha portato alcuni a dubitare dello status scientifico delle geoscienze, sostenendo che se non si può applicare il metodo scientifico tradizionale, allora "non è scienza". Ma si tratta di un errore di prospettiva: non è la disciplina a mancare di scientificità, ma il metodo tradizionale a risultare inadeguato per comprendere la complessità dei fenomeni geologici.

Di fronte a queste difficoltà, le geoscienze hanno sviluppato un approccio alternativo, basato sulla costruzione di modelli interpretativi che integrano osservazioni parziali, dati indiretti e inferenze teoriche. Questo approccio, lungi dall'essere meno rigoroso, rappresenta una ricchezza epistemologica che caratterizza la disciplina e contribuisce alla sua identità scientifica.

3.4 Il ruolo dell'interpretazione nella conoscenza geologica

Un aspetto fondamentale dell'epistemologia delle geoscienze è il ruolo centrale dell'interpretazione. Come evidenziato dal filosofo Thomas Kuhn nella sua opera "La struttura delle rivoluzioni scientifiche" (1962), la tettonica delle placche è "una teoria profondamente rivoluzionaria - un nuovo paradigma perché ci ha costretto a ripensare quasi tutti i grandi temi della geologia, dalla tettonica all'orogenesi alla biogeografia". A suo parere, la geologia richiede una forte componente interpretativa nel ricostruire la storia della Terra da evidenze frammentarie.

Questo approccio emerge chiaramente nella stratigrafia e nella paleontologia, dove la ricostruzione del passato richiede non solo dati oggettivi ma anche capacità interpretative basate su modelli teorici e analogie con processi attuali. Le geoscienze si caratterizzano quindi per un costante equilibrio tra riduzionismo e olismo, tra l'analisi dettagliata di singoli componenti e la necessità di considerare il sistema Terra nel suo complesso. Questa polarità metodologica riflette la complessità specifica dei sistemi geologici e la necessità di approcci multi-scala.

L'approccio interpretativo delle geoscienze riconosce che i fenomeni terrestri sono caratterizzati da una rete di interazioni che trascende la semplice causalità lineare, richiedendo un ripensamento dei tradizionali modelli epistemologici. Le connessioni circolari e non lineari tra i componenti sono così interconnesse che non possono essere separate, fisicamente e concettualmente, senza compromettere l'intero sistema. Di conseguenza, il metodo di analisi tipico della scienza classica, basato sulla scomposizione in moduli indipendenti, può risultare inadeguato per comprendere un sistema complesso. Il principio dell'uniformitarismo – o attualismo-, fondamentale nella geologia, si scontra con l'incompletezza dei documenti stratigrafici e fossili nel tempo profondo, rendendo impossibile l'osservazione diretta e creando fragilità teoriche.

Questa chiave di lettura si estende anche all'interdisciplinarità che caratterizza le geoscienze moderne. Da un lato persiste una forte valenza dell'osservazione e della descrizione, eredità della tradizione naturalistica; dall'altro si è sviluppato un approccio quantitativo e sperimentale, influenzato dalle scienze fisiche. L'integrazione di questi approcci non è semplice, ma rappresenta una ricchezza epistemologica unica. Lo studio delle eruzioni vulcaniche esemplifica perfettamente questa integrazione: l'osservazione diretta dei fenomeni eruttivi si combina con analisi geochimiche di precisione e modelli numerici complessi, creando un framework interdisciplinare che permette di comprendere e, in parte, prevedere il comportamento dei sistemi vulcanici.

3.5 La complessità come contributo ad un'epistemologia delle geoscienze

Nel formulare un'epistemologia adeguata alle geoscienze, è necessario porre al centro tre concetti fondamentali: la complessità, il sistema e le relazioni interconnesse che caratterizzano i processi terrestri.

La complessità nelle geoscienze rimanda a un insieme di elementi intrecciati tra loro, dove le proprietà significative nascono dalle interazioni tra le componenti e non possono essere predette dall'analisi isolata delle singole parti. Il sistema Terra rappresenta l'esempio perfetto di questa caratteristica: i cicli biogeochimici, le interazioni litosfera-idrosfera-atmosfera-biosfera e le dinamiche tettoniche globali danno origine a fenomeni che superano la semplice somma delle singole componenti.

Ogni disciplina scientifica ha una propria dimensione da studiare, che si differenzia per l'ambito di studio e la varietà delle tecniche utilizzate, ma le scienze tradizionali tendono ad essere riduzioniste, risultando quindi inadeguate a studiare la complessità. L'apprendimento delle geoscienze offre invece un'opportunità unica di concettualizzare i fenomeni attraverso il tempo e lo spazio, in un approccio storico complesso e interattivo, che supera l'approccio puramente analitico e riduzionista tipico di altre discipline scientifiche. Un'epistemologia delle geoscienze deve riconoscere che la comprensione dei fenomeni geologici richiede tanto l'analisi quanto la sintesi, la capacità di scomporre e quella di ricomporre, di vedere il particolare nel generale e il generale nel particolare. Questo significa imparare a utilizzare contemporaneamente diverse scale di osservazione, dal microscopico (il cristallo, il microfossile) al macroscopico (il paesaggio, la catena montuosa), fino alla scala planetaria dei processi globali.

Il concetto di sistema è altrettanto fondamentale e rappresenta forse il contributo più significativo che le geoscienze possono offrire all'educazione scientifica. Il Sistema Terra è costituito da sottosistemi interconnessi che interagiscono continuamente attraverso scambi di materia ed energia. Questi scambi non sono lineari ma ciclici, caratterizzati da feedback positivi e negativi che regolano l'equilibrio dinamico del pianeta. Comprendere il concetto di sistema significa sviluppare la capacità di identificare le connessioni, spesso non immediatamente evidenti, tra fenomeni apparentemente distanti nello spazio e nel tempo.

Le relazioni e i flussi costituiscono il terzo pilastro di questa epistemologia. Nelle geoscienze, nulla esiste in isolamento: ogni roccia racconta la storia delle condizioni in cui si è formata, ogni paesaggio è il risultato dell'interazione tra processi endogeni ed esogeni, ogni evento geologico si ripercuote su molteplici componenti del sistema. I flussi di materia ed energia che attraversano il Sistema Terra – dal ciclo delle rocce ai cicli biogeochimici, dalle correnti oceaniche alle correnti convettive nel mantello – rappresentano i "connettori" che legano insieme le diverse parti del sistema.

Questa epistemologia delle geoscienze centrata sulla complessità, sui sistemi e sulle relazioni non è solo un modello concettuale teorico, ma ha conseguenze importanti. Permette di superare la frammentazione del sapere geologico, collegando fenomeni apparentemente lontani in un quadro coerente. Consente di rendere comprensibili processi che si svolgono su scale spaziali e temporali che superano l'esperienza umana diretta. Fornisce non solo conoscenze disciplinari, ma veri e propri strumenti di conoscenza per interpretare il mondo, riconoscere le interconnessioni tra fenomeni naturali e attività umane, e comprendere il proprio ruolo all'interno del Sistema Terra.

Soprattutto, favorisce lo sviluppo di una forma di pensiero - il pensiero sistemico - che è essenziale non solo per comprendere le geoscienze, ma per affrontare le sfide ambientali e sociali del XXI secolo. Questo approccio trova nella Teoria della complessità il suo fondamento epistemologico: secondo questa teoria, le rappresentazioni scientifiche della realtà sono il risultato di fenomeni e problemi immersi in un sistema che li comprende e che chiamiamo ambiente. Questa visione, che potrebbe sembrare astratta, ha importanti conseguenze per come studiamo e insegniamo le geoscienze, come vedremo nei capitoli successivi dedicati al processo di apprendimento e alla didattica.

Basalti colonnari; Islanda Fljotsdalsherao

Per approfondire

Alvarez, W. (2017). *A Most Improbable Journey: A Big History of Our Planet and Ourselves*. W.W. Norton & Company. https://wwnorton.com/books/9780393355192

Frodeman, R. (2014). *Geo-Logic: Breaking Ground Between Philosophy and the Earth Sciences*. SUNY Press. https://www.sunypress.edu/p-5846-geo-logic.aspx

Kuhn, T. (1962). *La struttura delle rivoluzioni scientifiche*. University of Chicago Press. https://www.einaudi.it/catalogo-libri/filosofia/filosofia-contemporanea/la-struttura-delle-rivoluzioni-scientifiche-thomas-s-kuhn-9788806229757/

Stewart, I.S., & Lewis, D. (2017). "Communicating Contested Geoscience to the Public: Moving from 'Matters of Fact' to 'Matters of Concern'." *Earth-Science Reviews*, 174, 122-133. https://doi.org/10.1016/j.earscirev.2017.09.003

CAPITOLO 4.

IL PROCESSO DI APPRENDIMENTO NELLE GEOSCIENZE: SI PUÒ "PENSARE GEOLOGICAMENTE"?

Il processo di apprendimento nelle geoscienze rappresenta un percorso cognitivo unico che differisce significativamente da altre discipline scientifiche. Comprendere come gli studenti acquisiscono ed elaborano conoscenze in questo campo richiede un'attenta considerazione dei meccanismi cognitivi fondamentali, dei fattori motivazionali e delle sfide di apprendimento specifiche.

4.1 La transizione dalla curiosità spontanea ad un apprendimento strutturato

L'apprendimento è una tendenza innata negli organismi in via di sviluppo, particolarmente evidente nel modo in cui gli studenti più giovani, gli alunni delle scuole primarie, ad esempio, si avvicinano al mondo naturale. Le loro infinite domande sui fenomeni naturali e l'esplorazione avventurosa dell'ambiente dimostrano il desiderio di conoscere e comprendere. Purtroppo, questa curiosità spontanea spesso diminuisce quando, crescendo, si devono confrontare con i contenuti dei curricula, formali e strutturati.

I più giovani vengono facilmente affascinati da fenomeni spettacolari come eruzioni vulcaniche o da elementi iconici come i fossili di dinosauro, capaci di suscitare meraviglia indipendentemente dal contesto geologico o evolutivo. Il loro coinvolgimento tende, però, inevitabilmente a diminuire quando si trovano di fronte a concetti più complessi, come la struttura interna della Terra o la genesi delle rocce.

I processi cognitivi coinvolti nell'apprendimento delle geoscienze sono complessi e complicati: sono quindi intrecciati e interconnessi. Gli studenti devono sviluppare la capacità di integrare nuove informazioni con conoscenze esistenti, costruire schemi mentali per concetti astratti e riconoscere modelli e relazioni nel funzionamento dei sistemi terrestri. Questo compito richiede di comprendere i singoli concetti e sviluppare strategie per monitorare la propria comprensione -

capire di aver capito - adattando le modalità di studio alla complessità dell'argomento. Man mano che la curiosità naturale si trasforma in apprendimento formale, la motivazione diventa sempre più importante. Gli studenti hanno bisogno di avere il controllo del loro processo di apprendimento, di essere consapevoli dei propri progressi e di sperimentare la crescita delle loro capacità attraverso sfide progressive. È fondamentale che colleghino il proprio percorso formativo a interessi personali e applicazioni nel mondo reale, completando così un ciclo virtuoso dove la metacognizione permette loro non solo di acquisire conoscenze, ma anche di assimilarle profondamente, riconoscendone l'importanza e il valore pratico nella loro vita quotidiana.

4.2 La complessità cognitiva e il pensiero multidimensionale

L'apprendimento delle geoscienze coinvolge processi cognitivi che richiedono capacità di astrazione e visualizzazione particolarmente sviluppate. A differenza di altre scienze sperimentali, la geologia richiede la comprensione di scale temporali che trascendono l'esperienza umana, dall'istante di un terremoto ai milioni di anni necessari per la formazione di catene montuose.

Il "tempo profondo" rappresenta una delle sfide cognitive più significative. Il cervello umano, evolutivamente programmato per comprendere scale temporali legate all'esperienza diretta, fatica a rappresentare mentalmente processi che si svolgono su milioni o miliardi di anni. Spesso accade che gli studenti tendano a comprimere eventi geologicamente distanti o a percepire erroneamente come contemporanei fenomeni separati da enormi intervalli temporali. Altrettanto impegnativa è la visualizzazione spaziale richiesta dalle geoscienze, dove gli studenti devono essere in grado di immaginare processi che avvengono a scale che vanno dai microscopici reticoli cristallini fino ai movimenti globali delle placche tettoniche. Questa capacità di "zoomare" mentalmente dal microscopico al planetario, mantenendo la consapevolezza delle relazioni causali tra fenomeni che operano a scale completamente diverse, rappresenta una sfida cognitiva non indifferente.

Particolarmente complessa è anche la capacità di visualizzare strutture tridimensionali a partire da rappresentazioni bidimensionali. Interpretare mappe geologiche, sezioni trasversali e strutture sotterranee richiede avanzate capacità di visualizzazione spaziale, utilizzando specifiche aree del cervello. Gli studenti devono imparare a ricostruire mentalmente forme e volumi a partire da informazioni parziali, una competenza che va ben oltre la semplice memorizzazione di fatti e definizioni.

Quando gli studenti riescono ad acquisire queste capacità cognitive complesse, le aree cerebrali associate alla motivazione e alla ricompensa vengono attivate, creando un circolo virtuoso di apprendimento che può alimentare uno spontaneo interesse per la disciplina.

4.3 L'integrazione interdisciplinare e la visione sistemica

Per comprendere i fenomeni geologici è necessaria l'analisi delle relazioni tra i vari componenti del sistema Terra che richiedono il collegamento con altre discipline. L'approccio riduzionista, che ha caratterizzato gran parte della storia della scienza occidentale, mostra evidenti limiti quando applicato alle geoscienze. Un bacino sedimentario o un sistema vulcanico non possono essere compresi studiando separatamente i loro componenti, ma richiedono l'analisi delle complesse interazioni tra questi elementi nel tempo e nello spazio.

L'integrazione con la chimica è fondamentale per comprendere la composizione e le trasformazioni dei minerali; i legami con la fisica sono essenziali per lo studio della propagazione delle onde sismiche e la meccanica dei fluidi; la connessione con la biologia è determinante per la comprensione dei processi di fossilizzazione e dei cicli biogeochimici; l'apporto della matematica e dell'informatica risulta indispensabile per la modellazione dei sistemi complessi.

Gli approcci didattici più efficaci evidenziano chiaramente queste connessioni interdisciplinari, aiutando gli studenti a superare la compartimentazione del sapere. Un esempio è lo studio integrato di un bacino idrografico, che richiede simultaneamente conoscenze di geomorfologia, fisica dei fluidi, chimica delle acque, ecologia e modellazione matematica.

L'approccio sistemico richiede di superare il pensiero lineare causa-effetto a favore della comprensione delle dinamiche non lineari. Nelle geoscienze, piccole cause possono produrre effetti di grande portata, o viceversa. È necessario imparare a capire sistemi complessi, dove piccole cause possono avere grandi effetti, dove gli effetti arrivano in ritardo, e dove le reazioni sono spesso inaspettate.

Fondamentale è anche l'identificazione dei cicli di feedback positivo e negativo che caratterizzano i sistemi terrestri, dalla tettonica agli ecosistemi. Comprendere questi cicli richiede la capacità di pensare in termini di processi ciclici piuttosto che lineari, visualizzando connessioni che attraversano diverse sfere del sistema Terra.

4.4 Ripensare la struttura dell'acquisizione della conoscenza geologica

Nelle geoscienze, la struttura tradizionale dell'acquisizione della conoscenza segue spesso un percorso predeterminato influenzato da curricula, libri di testo e approcci didattici consolidati. Il percorso convenzionale procede tipicamente dal semplice al complesso, secondo una sequenza che inizia con i fondamenti mineralogici e petrografici, focalizzandosi sull'identificazione di minerali e rocce come unità di base della geologia.

Gli studenti imparano a riconoscere e classificare questi elementi fondamentali prima di procedere a livelli di maggiore complessità. Successivamente, l'attenzione si sposta sui processi geologico-geomorfologici, come vulcani, terremoti e sistemi fluviali, analizzati inizialmente come elementi singoli. Solo nelle fasi più avanzate vengono introdotti i sistemi regionali e le dinamiche globali come la Tettonica delle placche.

Sebbene apparentemente logica, questa struttura presenta criticità significative: frammenta la conoscenza in compartimenti separati, ritarda la comprensione delle connessioni sistemiche e riduce la motivazione concentrandosi inizialmente su aspetti tecnici prima che gli studenti possano comprendere il quadro d'insieme. Un approccio alternativo che prevede l'inversione di questa sequenza tradizionale, partendo dalle dinamiche globali per scendere progressivamente ai dettagli, potrebbe fornire fin dall'inizio un quadro interpretativo complessivo.

Questi principi teorici devono però tradursi in approcci didattici concreti attraverso una riorganizzazione delle pratiche di insegnamento che risponda alle peculiarità cognitive ed epistemologiche delle geoscienze, suggerendo metodologie che facilitino il passaggio dalla semplice acquisizione di conoscenze allo sviluppo di un autentico 'pensiero geologico'.

4.5 Strategie didattiche per lo sviluppo del pensiero geologico

L'insegnamento delle geoscienze richiede una diversificazione delle metodologie didattiche per rispondere alle diverse modalità di apprendimento degli studenti e alle sfide cognitive specifiche della disciplina.

Gli studenti che apprendono visivamente traggono maggior beneficio da diagrammi, mappe e modelli 3D. Tecnologie come la realtà aumentata permettono di 'vedere' fenomeni altrimenti inaccessibili, trasformando l'esperienza di apprendimento.

Molti studenti assimilano meglio le informazioni attraverso racconti e spiegazioni verbali che collegano eventi geologici in sequenze narrative, costruendo storie sulla storia del pianeta. Questi studenti beneficiano di discussioni, podcast, audioguide e lezioni dialogate dove i concetti vengono elaborati oralmente. Per loro, trasformare processi geologici complessi in narrazioni coerenti facilita notevolmente la comprensione e la memorizzazione. Altri, invece, imparano meglio attraverso la pratica e l'attività manipolativa, traendo vantaggio dall'esperienza diretta: lavoro sul campo, manipolazione di campioni rocciosi e creazione di modelli tridimensionali. L'approccio "hands-on" consente loro di sviluppare una comprensione concreta dei processi geologici, collegando sensazioni fisiche a concetti astratti.

Un insegnamento efficace deve integrare metodologie che soddisfino tutti questi stili, offrendo un repertorio diversificato di esperienze di apprendimento e riconoscendo che la comprensione profonda delle geoscienze richiede l'integrazione di diverse modalità cognitive. Le tecnologie educative moderne offrono opportunità senza precedenti per questa personalizzazione, permettendo agli studenti di interagire con i contenuti geologici secondo le proprie preferenze.

L'apprendimento basato sull'investigazione e la problematizzazione

L'apprendimento basato sull'indagine e sull'investigazione è particolarmente adatto alle geoscienze, poiché riflette il processo reale attraverso cui si costruisce la conoscenza geologica. In questo approccio, gli studenti partono da domande autentiche su fenomeni geologici, formulano ipotesi basate su conoscenze pregresse, progettano e conducono indagini per testare le loro ipotesi, analizzano i dati raccolti e traggono conclusioni che poi comunicano e discutono con i pari.

Questo metodo favorisce lo sviluppo di competenze investigative e pensiero critico, ponendo lo studente al centro del processo di apprendimento. Particolarmente efficace risulta l'impiego di casi di studio reali, in cui gli studenti devono applicare il metodo scientifico per risolvere problemi geologici concreti.

L'apprendimento basato su problemi (Problem-Based Learning o Problem Solving) propone agli studenti sfide geologiche reali come prevedere il rischio di frane in un'area specifica, identificare il sito ottimale per un'opera di captazione delle acque, o ricostruire la storia geologica di un territorio partendo da affioramenti limitati.

L'esperienza didattica dimostra che quando gli studenti affrontano problemi aperti come "Determinare il rischio idrogeologico del proprio paese", iniziano a pensare come geologi: integrano conoscenze diverse, propongono ipotesi e le difendono con evidenze concrete. Gradualmente passano da una visione frammentata a una comprensione sistemica, imparando a collegare elementi apparentemente scollegati.

Questo approccio risulta particolarmente efficace perché costringe gli studenti ad affrontare problemi aperti, per i quali non esiste un'unica soluzione corretta, ma diverse interpretazioni possibili che devono essere valutate sulla base delle evidenze disponibili - proprio come avviene nella pratica geologica reale.

L'apprendimento esperienziale e la narrazione digitale

Le esperienze sul campo rappresentano un elemento insostituibile nella formazione geologica. L'osservazione diretta degli affioramenti rocciosi, delle strutture geologiche e dei processi attivi sul terreno fornisce una comprensione che nessun libro di testo o lezione frontale può offrire.

Le attività sul campo includono escursioni a siti geologicamente significativi, mappatura di strutture geologiche locali, campionamento e analisi di rocce e minerali e monitoraggio di fenomeni geologici attivi come l'erosione o la sedimentazione. Queste esperienze dirette sviluppano competenze pratiche, capacità osservative e adattabilità in contesti naturali variabili.

Il lavoro sul campo permette di sviluppare quella che si può definire una "alfabetizzazione paesaggistica": la capacità di leggere il territorio come un libro aperto, riconoscendo nelle forme del paesaggio le tracce dei processi geologici che lo hanno modellato nel tempo.

La narrazione digitale (Digital Storytelling) può essere utilizzata efficacemente per comunicare "storie geologiche", rendendo accessibili concetti complessi attraverso narrazioni coinvolgenti. Questo approccio può includere la ricostruzione dell'evoluzione di un paesaggio nel tempo geologico, la storia della "biografia" di un minerale dalla sua formazione all'utilizzo da parte dell'uomo, o la presentazione di un'indagine geologica come un "giallo" con indizi e soluzioni.

La narrazione digitale consente di integrare testi, immagini, video, animazioni e suoni per creare esperienze di apprendimento immersive e multisensoriali. Questo approccio risulta particolarmente efficace per comunicare concetti complessi come il tempo geologico o i processi tettonici, che possono essere difficili da visualizzare attraverso i metodi tradizionali.

Il geologo detective: un modello educativo integrato

L'approccio del "geologo detective" rappresenta un potente modello educativo che trasforma l'insegnamento delle geoscienze da trasmissione di nozioni a sviluppo di competenze trasversali. Questa modalità permette agli studenti di diventare protagonisti attivi del processo di apprendimento, formulando ipotesi e cercando evidenze per confermarle o confutarle, proprio come fa un geologo professionista sul campo.

I fenomeni geologici vengono così contestualizzati in una rete di relazioni con altri ambiti disciplinari, dalla fisica alla biologia, dalla storia all'economia, permettendo agli studenti di comprendere come le geoscienze non siano un ambito isolato, ma una disciplina profondamente interconnessa con tutti gli aspetti della conoscenza umana.

Questo approccio sviluppa competenze trasversali, utili per affrontare problemi complessi in molti ambiti. La capacità di analizzare sistemi complessi, di integrare dati provenienti da fonti diverse, di pensare su scale spaziali e temporali multiple, sono abilità preziose in numerosi ambiti professionali e scientifici.

Il fascino dell'indagine e della scoperta stimola inoltre la curiosità intellettuale e motiva all'approfondimento, trasformando lo studio delle geoscienze in un'avventura intellettuale affascinante. Come Sherlock Holmes utilizzava il suo metodo deduttivo per risolvere casi criminali partendo da indizi apparentemente insignificanti, così il geologo legge gli indizi nascosti nelle rocce, nei minerali e nei fossili per svelare i misteri della Terra e comprendere le complesse interconnessioni che legano il nostro pianeta, la sua storia e il nostro futuro.

Metacognizione e contestualizzazione nell'apprendimento geologico

Le competenze metacognitive – la consapevolezza e la gestione dei propri processi di apprendimento – sono essenziali per affrontare la complessità dei fenomeni geologici. I modelli didattici proposti favoriscono lo sviluppo di queste competenze, incoraggiando gli studenti a pianificare il proprio approccio investigativo, monitorare la propria comprensione e valutare criticamente le interpretazioni formulate. Gli "ostacoli concettuali" tipici delle geoscienze, come la comprensione del tempo geologico o la visualizzazione tridimensionale di strutture invisibili, diventano opportunità per sviluppare strategie metacognitive mirate.

La contestualizzazione delle conoscenze geologiche rappresenta un elemento centrale di questi approcci didattici. Lo studio dei fenomeni geologici del territorio locale crea connessioni immediate con l'esperienza quotidiana, trasformando concetti astratti in realtà osservabili. L'analisi dell'influenza di eventi geologici sulla storia umana collega le scienze naturali con le scienze umane, mentre l'esame delle implicazioni geologiche per sfide contemporanee come il cambiamento climatico o la gestione delle risorse evidenzia la rilevanza sociale della disciplina. Esplorare le connessioni tra geologia e vita quotidiana – dai minerali negli smartphone alle caratteristiche dell'acqua potabile – trasforma la geologia da disciplina astratta a chiave interpretativa della realtà di tutti i giorni, completando così il percorso che porta al "pensare geologicamente".

4.6 "Pensare geologicamente" come chiave interpretativa del mondo

Pensare geologicamente significa superare la visione frammentata per assumere un approccio sistemico. Gli studenti devono imparare a riconoscere le connessioni tra fenomeni diversi, a comprendere le dinamiche complesse e a pensare su scale diverse di spazio e tempo. L'insegnamento deve evolversi da trasmissione di nozioni a sviluppo di competenze cognitive, da memorizzazione di fatti a comprensione di processi, da visione statica a percezione dinamica dei fenomeni terrestri.

Pensare geologicamente non è solo un obiettivo disciplinare, ma un modo di interpretare la realtà che forma cittadini consapevoli.

Geyser nello Yellowstone National Park- USA

Per approfondire

Kastens, K.A., & Manduca, C.A. (2012). *Earth and Mind II: A Synthesis of Research on Thinking and Learning in the Geosciences*. Geological Society of America. https://doi.org/10.1130/SPE486

Occhipinti, S. (2020). "Motivation in Learning Geosciences. The Teaching-Learning Process: Analysis, Evaluations, and Proposals." DOI: 10.5772/INTECHOPEN.1007983.
https://www.intechopen.com/chapters/70778

McLaughlin, J. A., & Bailey, J. M. (2022). Students need more practice with spatial thinking in geoscience education: a systematic review of the literature. Studies in Science Education, 59(2), 147–204. https://doi.org/10.1080/03057267.2022.2029305https://link.springer.com/chapter/10.1007/1-4020-3613-2_13

DALLA TEORIA ALLA PRATICA

Nei capitoli precedenti sono state esaminate le basi teoriche dell'innovazione didattica e dell'evoluzione dei processi di apprendimento; sono stati proposti modelli educativi che possono rispondere alle sfide contemporanee e alle esigenze degli studenti del XXI secolo. Queste riflessioni teoriche devono ora tradursi in pratiche didattiche concrete.

La seconda parte di questo libro si propone di colmare il divario tra teoria e prassi, offrendo esempi, strumenti e metodologie concrete, con l'obiettivo di trasformare la didattica alla luce delle nuove conoscenze sull'apprendimento e adottando approcci di insegnamento più efficaci senza perdere il rigore scientifico.

Il passaggio dalla teoria alla pratica non è mai semplice né scontato. Richiede creatività, sperimentazione e una comprensione profonda sia dei contenuti che dei processi di apprendimento. I prossimi capitoli illustreranno questo percorso attraverso esempi concreti di trasformazione curricolare, prendendo le geoscienze come caso di una disciplina che necessita di essere ripensata nei suoi approcci didattici.

CAPITOLO 5.

RIVOLUZIONARE IL CURRICOLO NELLE GEOSCIENZE: DALL'APPROCCIO BOTTOM-UP AL TOP-DOWN

L'insegnamento delle geoscienze si trova oggi a un punto critico: mentre la loro importanza per affrontare le sfide della sostenibilità, la disciplina è ancora vista come frammentata e marginale.

Il viaggio dalla teoria alla pratica inizia esplorando come rivoluzionare l'insegnamento delle geoscienze attraverso un ripensamento radicale dell'approccio didattico. L'obiettivo è passare da una visione frammentaria e bottom-up a una visione integrata e top-down che rispecchia la natura sistemica e interdisciplinare di questa affascinante disciplina: una rivoluzione del curricolo che rappresenta un modello potenzialmente applicabile anche ad altri ambiti del sapere.

5.1 I limiti dell'approccio tradizionale bottom-up

Nelle geoscienze, la struttura tradizionale dell'acquisizione della conoscenza segue tipicamente un percorso "bottom-up" (dal basso verso l'alto), procedendo dal semplice al complesso. Questa progressione inizia con i fondamenti mineralogici e petrografici, focalizzandosi sull'identificazione di minerali e rocce come unità di base. Solo successivamente vengono introdotti i processi geomorfologici locali, i cicli biogeochimici e il sistema climatico, i sistemi regionali e infine le dinamiche globali rappresentate dalla Tettonica delle placche, suddivisi per anni scolastici e non sempre in continuità.

Sebbene apparentemente logica nella costruzione progressiva della conoscenza, questa struttura presenta importanti criticità: frammenta la conoscenza in compartimenti separati, crea l'impressione che i vari aspetti della geologia siano disconnessi tra loro piuttosto che parti di un sistema integrato, ritarda notevolmente la comprensione delle interconnessioni sistemiche tra i diversi fenomeni.

L'aspetto più critico riguarda la motivazione: concentrandosi inizialmente su aspetti tecnici come la classificazione dei minerali, questo approccio rischia di ridurre significativamente l'interesse iniziale degli studenti, che affrontano dettagli specialistici prima di comprendere il quadro d'insieme e la rilevanza di ciò che stanno studiando.

La sequenza tradizionale presenta anche un problema determinante per l'orientamento: la scelta universitaria viene effettuata verso il penultimo anno delle superiori, quando l'immagine delle geoscienze è ancora limitata a minerali, rocce, vulcani e terremoti, elementi spesso presentati come fenomeni isolati, slegati da un contesto sistemico.

5.2 L'approccio top-down: una rivoluzione concettuale

Un'efficace trasformazione dell'insegnamento delle geoscienze potrebbe essere rappresentata da un passaggio dall'approccio tradizionale "bottom-up" a un approccio "top-down", che inizia con le dinamiche globali per poi scendere progressivamente ai fenomeni specifici.

Questo approccio presenta numerosi vantaggi. Partendo dalla Tettonica delle placche come framework interpretativo fondamentale, gli studenti acquisiscono immediatamente una visione d'insieme dei processi che modellano il nostro pianeta. Questa comprensione globale fornisce un contesto significativo per lo studio successivo di fenomeni più specifici.

I fenomeni come vulcanismo, sismicità o formazione di catene montuose vengono così percepiti non come eventi isolati ma come manifestazioni di dinamiche planetarie interconnesse. La motivazione degli studenti si mantiene elevata perché comprendono fin dall'inizio la rilevanza e le interconnessioni di ciò che stanno studiando.

Quando l'attenzione si sposta in seguito sui minerali e sulle rocce, questi non appaiono più come semplici oggetti da classificare, ma come testimonianze tangibili di processi geologici fondamentali, aumentando l'interesse e la comprensione profonda. Questo approccio supera la separazione tipica dell'insegnamento tradizionale, creando fin dall'inizio una rete concettuale interconnessa entro cui collocare le conoscenze specifiche. L'approccio top-down non è semplicemente un'innovazione didattica, ma rappresenta un approccio più in linea con la natura delle geoscienze moderne. Le geoscienze si caratterizzano per la loro natura sistemica, per l'interconnessione dei fenomeni e per la predominanza delle relazioni sulle entità isolate: l'approccio tradizionale bottom-up, focalizzato inizialmente su entità discrete come minerali e rocce, rispecchia una visione riduzionista che non corrisponde all'evoluzione epistemologica della disciplina.

Il modello top-down, invece, riconosce che i fenomeni geologici sono comprensibili solo se si riconoscono le relazioni. Quando un geoscienziato esamina un affioramento roccioso o un minerale, non lo fa mai come oggetto isolato, ma sempre come parte di un sistema più ampio e come testimone di processi che operano a scale diverse. In questo senso, l'approccio top-down non è solo più efficace dal punto di vista didattico, ma è anche più autentico nel rappresentare come effettivamente funziona il pensiero geoscientifico contemporaneo e come si costruisce la conoscenza in questo campo.

5.3 Implementazione pratica dell'approccio top-down

L'adozione di un curriculum top-down nelle geoscienze si articola in fasi successive.

Il processo inizia presentando la tettonica delle placche come chiave di lettura unificante per comprendere i fenomeni geologici. Questo permette agli studenti di familiarizzare fin da subito con il quadro teorico che spiega e interconnette i diversi processi terrestri.

Vulcani, terremoti, formazione di montagne, oceani e bacini sedimentari vengono quindi introdotti come manifestazioni dirette dei movimenti delle placche, evidenziando le relazioni causali tra dinamiche planetarie e fenomeni locali.

L'approccio si arricchisce esplorando le interazioni tra i sistemi terrestri: atmosfera, idrosfera, biosfera e geosfera interagiscono in risposta ai processi tettonici, creando cicli di feedback che regolano il sistema Terra nel suo complesso.

Solo dopo aver costruito questa solida cornice concettuale, l'attenzione si sposta sui dettagli: lo studio di rocce e minerali assume ora un significato completamente diverso, poiché questi elementi vengono contestualizzati come prodotti e testimoni dei grandi processi planetari precedentemente illustrati.

Infine, i fenomeni geologici locali diventano finestre privilegiate per comprendere le dinamiche globali. Quando vengono presentati come manifestazioni specifiche di processi planetari, piuttosto che come casi isolati, acquisiscono un significato più profondo e stimolante per gli studenti.

Questo approccio è stato applicato con successo in diversi contesti educativi, mostrando che gli studenti che iniziano con la comprensione globale del sistema Terra mantengono un livello di motivazione più elevato durante lo studio successivo dei dettagli, percependoli come parti significative di un sistema più ampio anziché come nozioni isolate.

5.4 Integrazione con il modello di apprendimento a spirale

L'approccio top-down può essere efficacemente combinato con il modello di curriculum "a spirale", in cui i concetti fondamentali vengono riproposti ciclicamente a livelli crescenti di complessità. Questo modello, teorizzato da Jerome Bruner, si rivela particolarmente adatto alle geoscienze, offrendo un approccio che rispetta la natura interconnessa e multiscalare dei fenomeni geologici.

Nel modello a spirale, i concetti fondamentali non vengono abbandonati una volta introdotti, ma vengono continuamente rivisitati in forme via via più complesse e sofisticate. Questo approccio riconosce che la comprensione profonda dei concetti geologici richiede multiple esposizioni e rielaborazioni, ciascuna delle quali aggiunge nuovi livelli di complessità e significato.

L'implementazione dell'approccio a spirale nelle geoscienze segue un percorso ciclico e progressivo. La prima esposizione introduce i concetti fondamentali in forma semplificata, costruendo le basi cognitive necessarie. Ogni nuovo ciclo approfondisce gli stessi temi con crescente complessità, rivelando sfumature e variazioni precedentemente non considerate. Il processo si arricchisce collegando progressivamente i concetti geologici ad altre discipline, fino a trasformare le conoscenze teoriche in competenze pratiche applicabili in contesti reali.

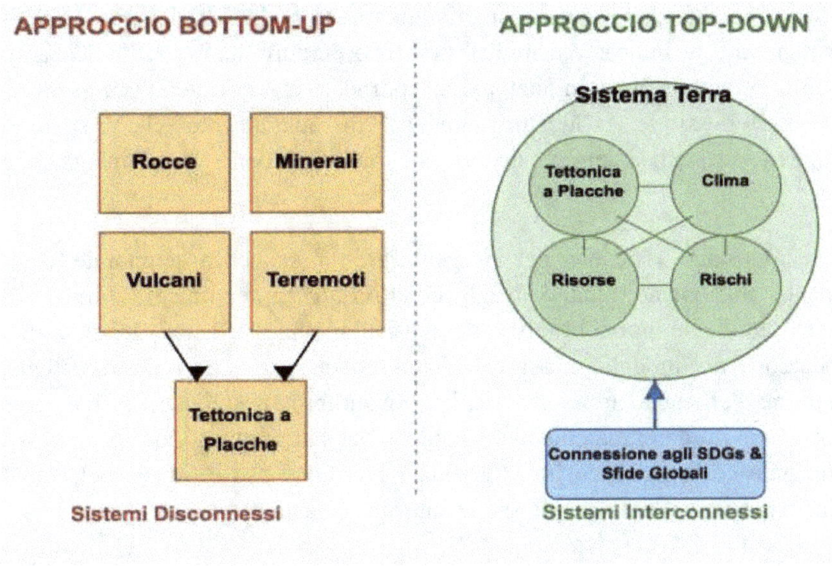

Ad esempio, il concetto di Tettonica delle placche può essere introdotto inizialmente come un semplice modello di placche rigide che si muovono sulla superficie terrestre. Nelle successive rivisitazioni, si può approfondire la fisica del movimento delle placche, le complesse interazioni ai margini, le implicazioni per il clima e la biodiversità, fino ad arrivare all'applicazione delle conoscenze per comprendere i rischi geologici o la distribuzione delle risorse minerarie.

5.5 Affrontare le sfide dell'implementazione

L'adozione di un approccio top-down nell'insegnamento delle geoscienze, sebbene pedagogicamente valido, può incontrare ostacoli pratici che meritano attenta considerazione. Il passaggio da un modello didattico consolidato a uno innovativo richiede non solo convinzione teorica, ma anche strategie concrete per superare le inevitabili resistenze e difficoltà operative.

Vincoli curricolari formali

I programmi ministeriali e le indicazioni nazionali seguono ancora, nella maggior parte dei casi, la sequenza tradizionale bottom-up. Questo rappresenta una sfida complessa, poiché gli insegnanti si trovano spesso nella difficile posizione di dover rispettare le Indicazioni ministeriali (che peraltro sono solo indicazioni, appunto) che potrebbero non adattarsi all'approccio che ritengono più efficace. Tuttavia, è possibile sviluppare strategie di adattamento che rispettino formalmente le indicazioni nazionali pur modificandone l'implementazione pratica.

La soluzione può risiedere nel riorganizzare la sequenza temporale degli argomenti, mantenendo inalterati gli obiettivi di apprendimento finali. Un approccio graduale potrebbe rivelarsi particolarmente efficace: iniziare con l'introduzione del modello top-down all'interno di specifiche unità didattiche, dimostrarne l'efficacia attraverso risultati misurabili, e solo successivamente proporre una riorganizzazione più completa del curriculum. Questo processo incrementale consente di costruire gradualmente consenso e fiducia nel nuovo approccio, sia tra colleghi che presso le autorità scolastiche.

Preparazione degli insegnanti

La maggior parte dei docenti ha ricevuto una formazione basata sull'approccio tradizionale e potrebbe non sentirsi adeguatamente preparata ad implementare un paradigma diverso. Questa insicurezza è comprensibile e merita di essere affrontata con serietà. Non si tratta semplicemente di spiegare teoricamente un nuovo approccio, ma di accompagnare gli insegnanti in un vero e proprio processo di trasformazione professionale.

Risultano fondamentali percorsi formativi specifici che vadano oltre la semplice illustrazione del metodo top-down, offrendo invece esperienze dirette di progettazione curriculare secondo questo paradigma. I workshop pratici, in cui i docenti possono sperimentare personalmente la costruzione di unità didattiche top-down, si rivelano particolarmente efficaci. Altrettanto importante è la creazione di comunità di pratica dove gli insegnanti possano condividere esperienze, scambiare materiali e confrontarsi sulle soluzioni adottate per superare difficoltà specifiche.

Risorse didattiche

Un ostacolo pratico significativo è rappresentato dal fatto che la maggior parte dei libri di testo e dei materiali didattici disponibili segue ancora l'impostazione tradizionale. Gli insegnanti che desiderano adottare l'approccio top-down si trovano spesso a dover creare o adattare personalmente i materiali, con un considerevole investimento di tempo ed energie.

Per risolvere questo problema, serve creare e condividere materiali didattici pensati per la visione sistemica. Particolarmente utili sono le risorse digitali come simulazioni che permettono di passare dalle scale globali a quelle locali, mostrando le connessioni tra fenomeni diversi. Anche la creazione di banche dati condivise di materiali didattici top-down, validate da esperti e arricchite dall'esperienza degli insegnanti, potrebbe accelerare significativamente la diffusione del nuovo approccio.

Resistenze culturali

La sfida più difficile sono le resistenze culturali. Molti, infatti pensano che l'approccio bottom-up, con la sua attenzione iniziale ai dettagli e alle classificazioni, sia "più rigoroso" e quindi più valido dal punto di vista scientifico. Questa convinzione, radicata sia tra alcuni docenti che nell'immaginario collettivo riguardo a cosa sia "vera scienza", può ostacolare l'adozione di approcci alternativi.

Per vincere queste resistenze, è necessario dimostrare, attraverso evidenze concrete, che l'approccio top-down non riduce il rigore scientifico, ma anzi lo potenzia inserendolo in un contesto significativo. Particolarmente efficace può essere il coinvolgimento di ricercatori del settore che possano testimoniare come, nella pratica contemporanea delle geoscienze, la comprensione globale e la capacità di lavorare su diverse scale siano competenze fondamentali, spesso più rilevanti della conoscenza enciclopedica di classificazioni dettagliate.

Infine, documentare e condividere casi di successo nell'implementazione dell'approccio top-down, con particolare attenzione ai risultati in termini di comprensione profonda, motivazione degli studenti e sviluppo di competenze trasversali, rappresenta una strategia efficace per costruire gradualmente consenso intorno al nuovo paradigma didattico.

Esempio di unità didattica top-down: "Comprendere i vulcani"

Fase 1: Il contesto globale (1-2 lezioni)

- Iniziare con la visualizzazione della distribuzione globale dei vulcani sulla mappa mondiale
- Sovrapporre la mappa dei margini di placca e discutere le correlazioni evidenti
- Introdurre il concetto di tettonica delle placche come "motore" del vulcanismo
- Esplorare i diversi tipi di margini di placca e la loro relazione con diversi tipi di attività vulcanica

Fase 2: Dai processi globali ai fenomeni regionali (1-2 lezioni)

- Analizzare come il magma si forma in diversi contesti tettonici
- Esplorare le differenze tra vulcanismo di dorsale oceanica, di zona di subduzione e di punto caldo
- Collegare queste differenze alle caratteristiche regionali dei diversi complessi vulcanici
- Esaminare casi studio rappresentativi: Hawaii (punto caldo), Ande (margine convergente), Islanda (dorsale oceanica)

Fase 3: Dalla regione al fenomeno locale (1-2 lezioni)

- Studiare la struttura di un singolo edificio vulcanico come manifestazione locale di processi globali
- Analizzare i prodotti delle eruzioni in relazione al contesto tettonico
- Esaminare come il tipo di magma (basaltico, andesitico, riolitico) sia determinato dalla posizione tettonica

Fase 4: Dal fenomeno ai componenti (1-2 lezioni)

- Solo ora, studiare minerali e rocce vulcaniche come "testimoni" dei processi già visti
- Collegare esplicitamente la composizione mineralogica e le tessiture ai processi di formazione del magma discussi nelle fasi precedenti

Valutazione: Chiedere agli studenti di analizzare un vulcano non studiato in classe, collocandolo nel contesto tettonico appropriato e prevedendo caratteristiche come il tipo di eruzione, la composizione delle lave e i rischi associati, basandosi sul framework globale acquisito.

Esempio di unità didattica top-down: "Il sistema idrogeologico"

Fase 1: Il contesto globale (1-2 lezioni)

- Iniziare con il ciclo idrologico planetario e la distribuzione globale delle risorse idriche
- Illustrare l'interconnessione tra acque superficiali, sotterranee e atmosferiche come sistema unitario
- Esplorare le interazioni tra il ciclo dell'acqua e i grandi sistemi climatici globali
- Scoprire come la distribuzione delle acque dipenda dalla tettonica delle placche (formazione di bacini, catene montuose, etc.)

Fase 2: Dai processi globali ai sistemi regionali (2-3 lezioni)

- Analizzare come i grandi bacini idrografici si formano in relazione all'assetto tettonico regionale
- Studiare le differenze tra sistemi fluviali in diverse regioni tettoniche (es. fiumi in aree di margine attivo vs. margine passivo)
- Esplorare come gli acquiferi regionali si sviluppano in diversi contesti geologici
- Esaminare casi studio rappresentativi: il margine atlantico sudamericano (bacino di margine passivo), il Gange (bacino di avampaese), il Reno (bacino post-orogenico)

Fase 3: Dai sistemi regionali ai fenomeni locali (2-3 lezioni)

- Studiare le forme fluviali (meandri, terrazzi, delta) come manifestazioni locali di processi regionali
- Analizzare come la litologia influenza le caratteristiche degli acquiferi locali

- Esaminare fenomeni di erosione e trasporto in relazione ai sistemi regionali di drenaggio
- Concentrarsi sull'interazione tra acque superficiali e sotterranee a scala locale

Fase 4: Dai fenomeni ai componenti (1-2 lezioni)

- Solo a questo punto, esaminare i sedimenti fluviali e le rocce sedimentarie come "archivi" della storia idrogeologica
- Studiare i minerali argillosi e le altre componenti delle rocce sedimentarie come indicatori dei processi idrologici
- Collegare la porosità e la permeabilità delle rocce ai sistemi acquiferi precedentemente studiati

Valutazione: Chiedere agli studenti di analizzare un bacino idrografico locale, come la Pianura Padana, interpretandolo come parte di un sistema più ampio. Gli studenti dovrebbero essere in grado di prevedere le caratteristiche dei sedimenti, il comportamento idrologico e i potenziali rischi naturali, basandosi sulla comprensione del framework globale e regionale.

L'eruzione dell'Erta Ale- Etiopia, Dancalia

Per approfondire

King, C., & Kennett, P. (2010). *Earth Science Investigations: 50 Earth Science Activities for Use in the Classroom and Outdoors*. Association for Science Education.

Occhipinti, S. (2013). *Esperienze e attività di laboratorio di Scienze della Terra: Viaggio al centro della Terra*. Assessorato Istruzione e Cultura, Regione Autonoma Valle d'Aosta.

https://centrorisorsescienze.scuole.vda.it/images/Viaggio.pdf

https://distancelearning.institute/curriculumdevelopment/curriculum-development-models-top-down-vs-bottom-up/

CAPITOLO 6.

LE GEOSCIENZE OLTRE I SASSI: MODELLI E SIMULAZIONI

Dopo aver esplorato l'approccio top-down nel curricolo delle geoscienze, è necessario considerare gli strumenti didattici che rendono possibile questa trasformazione. Come già illustrato, le geoscienze hanno una specificità: studiano processi difficili da osservare direttamente o impossibili da riprodurre in laboratorio.

Questa specificità richiede strumenti didattici particolari che permettano di visualizzare l'invisibile, comprimere tempi geologici e rappresentare sistemi complessi. I modelli, quindi, non sono semplici ausili didattici, ma veri e propri strumenti epistemologici, essenziali per costruire una comprensione profonda dei fenomeni geologici.

In questo capitolo si analizzerà come i modelli, in particolare quelli fisici basati su un approccio hands-on, possano rendere accessibili concetti altrimenti astratti, trasformando l'insegnamento delle geoscienze da una disciplina apparentemente statica e descrittiva a un'avventura di esplorazione e scoperta dei processi dinamici che plasmano il nostro pianeta.

6.1 Quando un modello diventa necessario

I modelli sono particolarmente utili nell'insegnamento delle geoscienze quando gli studenti si trovano di fronte a fenomeni impossibili da osservare direttamente o troppo complessi da comprendere immediatamente:

- **Inaccessibilità fisica dei fenomeni**: Lo studio della struttura interna della Terra richiede necessariamente modelli che rappresentino strati e dinamiche nascoste. Dalla crosta alle profondità del nucleo interno, la nostra conoscenza deriva da modelli interpretativi basati su dati indiretti come le onde sismiche. I modelli fisici tridimensionali o le simulazioni digitali permettono agli studenti di "vedere" ciò che altrimenti rimarrebbe confinato all'immaginazione.

- **Incompatibilità delle scale temporali**: I processi geologici come l'orogenesi, la sedimentazione o i cicli di Wilson si sviluppano nell'arco di decine o centinaia di milioni di anni. I modelli permettono di comprimere questi enormi intervalli temporali in pochi minuti o ore, rendendo percepibili dinamiche che altrimenti risulterebbero astratte. Un modello che simula la formazione di un delta fluviale può mostrare in pochi minuti processi che richiederebbero secoli per manifestarsi completamente.
- **Complessità dei sistemi naturali**: Fenomeni come i sistemi meteorologici o i cicli biogeochimici coinvolgono innumerevoli variabili interdipendenti, rendendo praticamente impossibile la loro riproduzione integrale. I modelli permettono di isolare e visualizzare alcune componenti chiave, facilitando la comprensione dei meccanismi fondamentali senza perdersi nella complessità del sistema completo.
- **Limitazioni nella riproduzione sperimentale**: Anche quando è tecnicamente possibile riprodurre un fenomeno geologico in laboratorio, spesso la riproduzione può essere solo parziale o a scala ridotta. I modelli consentono di superare queste limitazioni, fornendo rappresentazioni che, pur semplificate, catturano l'essenza dei processi studiati.
- **Cambiamenti di concezione scientifica**: Quando emerge la necessità di abbandonare teorie consolidate in favore di nuove interpretazioni più coerenti con i dati disponibili, i modelli facilitano questa transizione concettuale. Il passaggio dalla visione fissista della Terra alla teoria della deriva dei continenti, e successivamente alla tettonica delle placche, è stato supportato da modelli che hanno permesso di visualizzare e testare le nuove interpretazioni.

In tutte queste situazioni, i modelli non sono semplici ausili didattici, ma diventano strumenti fondamentali che collegano i fenomeni naturali alla loro comprensione concettuale. Permettono di rendere visibile ciò che normalmente sfugge all'osservazione diretta.

Il contributo più significativo è la visualizzazione di processi invisibili o inaccessibili. Fenomeni che avvengono nel sottosuolo, come la circolazione di fluidi nelle falde acquifere o la generazione di magma nelle zone di subduzione, possono essere rappresentati attraverso modelli con materiali trasparenti o sezioni esposte. Questa visualizzazione permette di costruire rappresentazioni mentali adeguate di processi altrimenti astratti.

La compressione delle scale temporali rappresenta un altro vantaggio importante. I modelli permettono di accelerare processi che nella realtà richiederebbero millenni in pochi minuti o ore di osservazione didattica. Un modello di erosione fluviale può mostrare in tempo reale ciò che in natura richiederebbe secoli per manifestarsi completamente.

La semplificazione consente di isolare specifici aspetti o meccanismi di sistemi geologici complessi. Un modello di circolazione atmosferica può inizialmente concentrarsi solo sugli effetti della rotazione terrestre, per poi incorporare gradualmente altri fattori come le differenze di temperatura o l'orografia.

6.2 L'approccio hands-on: una scelta consapevole

Nel panorama educativo contemporaneo, caratterizzato da una crescente disponibilità di risorse digitali e virtuali, la scelta di privilegiare un approccio hands-on nell'insegnamento delle geoscienze rappresenta una decisione metodologica consapevole e fondata su solide basi pedagogiche. Sebbene esistano numerosi software di simulazione e applicazioni interattive di elevata qualità, l'esperienza diretta con modelli fisici tangibili continua a dimostrare una particolare efficacia in contesti scolastici di ogni ordine e grado.

L'interazione attiva con i modelli stimola un approccio sperimentale, essenziale nella formazione scientifica. Gli studenti, manipolando variabili, alterando condizioni iniziali e osservando come queste modifiche influenzino l'evoluzione del sistema rappresentato, vivono in prima persona il processo scientifico. Questa sperimentazione diretta favorisce l'apprendimento per scoperta e sviluppa competenze metodologiche fondamentali basate sulla formulazione e verifica di ipotesi.

L'esperienza fisica con i modelli attiva processi cognitivi, coinvolgendo diversi canali sensoriali e creando esperienze educative più ricche. Durante la manipolazione di strati di sabbia per simulare deformazioni tettoniche, l'osservazione della formazione di onde in una vasca d'acqua, o la modellazione del rilievo di un territorio con materiali diversi, gli studenti attivano connessioni multiple che facilitano comprensione e memorizzazione.

Questa dimensione manipolativa dell'apprendimento risulta particolarmente utile nelle geoscienze, dove molti concetti fondamentali si riferiscono a processi fisici e materiali concreti.

L'esperienza sul campo conferma l'efficacia di questo metodo. Molti docenti, osservando l'attenzione che si spegne durante le spiegazioni teoriche, hanno scoperto come semplici modelli costruiti con materiali comuni riescano a risvegliare l'interesse e a coinvolgere attivamente gli studenti. La collaborazione interdisciplinare, coinvolgendo docenti di diverse materie e gli stessi studenti nella realizzazione dei modelli, arricchisce ulteriormente l'esperienza formativa.

Le osservazioni evidenziano come concetti appresi attraverso l'interazione con modelli fisici tendano a permanere più facilmente nella memoria. Anche a distanza di anni, ex allievi richiamano con sorprendente precisione queste esperienze, spesso citandole come momenti chiave del loro percorso formativo. Non sono necessariamente le attrezzature sofisticate a determinare l'efficacia didattica, quanto la capacità del modello di catturare l'essenza di un processo complesso, rendendolo comprensibile pur mantenendone l'integrità scientifica.

La costruzione stessa dei modelli rappresenta una componente fondamentale dell'esperienza educativa. Quando gli studenti partecipano attivamente alla creazione di un modello vulcanico, alla predisposizione di un esperimento sull'erosione o all'assemblaggio di un simulatore di onde sismiche, si impegnano in un processo che richiede comprensione preliminare, pianificazione e risoluzione di problemi. Questo coinvolgimento diretto favorisce l'appropriazione concettuale e lo sviluppo dell'"intelligenza manuale", abilità sempre più preziosa in un'epoca di crescente virtualizzazione.

L'UNESCO, nel documento "Hands-on Science", ha sottolineato come "il modo migliore per aumentare l'interesse degli studenti verso le materie scientifiche sia utilizzare metodi di insegnamento che facciano appello alla curiosità e alla creatività che caratterizzano tutti i bambini". L'approccio hands-on stimola la motivazione, elemento chiave per un apprendimento efficace. L'esperienza diretta con i modelli risveglia la curiosità naturale: toccando e sperimentando, gli studenti iniziano spontaneamente a porsi domande e a formulare ipotesi. L'approccio hands-on si basa su una lunga tradizione pedagogica che, da Aristotele a John Dewey, ha riconosciuto il valore dell'esperienza diretta. Il principio dell'"imparare facendo" (learning by doing) funziona particolarmente bene nelle geoscienze: è più naturale partire dall'esperienza concreta per arrivare ai concetti, piuttosto che iniziare dalla teoria astratta.

Le attività hands-on favoriscono anche lo sviluppo di competenze trasversali come il lavoro di squadra, il pensiero critico e il problem-solving. Quando gruppi di studenti collaborano nell'analisi di un modello geologico, si creano dinamiche di apprendimento cooperativo che riproducono i processi di costruzione sociale della conoscenza scientifica.

L'efficacia di questo approccio richiede un continuo aggiornamento di materiali e metodi. I modelli devono crescere insieme alle nuove scoperte scientifiche, adattandosi ai diversi contesti grazie alla collaborazione tra ricercatori, esperti e insegnanti sul campo.

Nonostante le potenzialità delle tecnologie digitali, l'approccio hands-on rimane centrale nell'insegnamento delle geoscienze, offrendo esperienze concrete sui fenomeni studiati. Non si tratta di rifiutare il digitale, ma di riconoscere il valore insostituibile dell'esperienza diretta con modelli materiali, specialmente in una disciplina dove toccare e manipolare è fondamentale. Come verrà approfondito in un capitolo dedicato, le moderne tecnologie di simulazione rappresentano strumenti complementari che, integrati con l'approccio hands-on, ampliano le possibilità didattiche senza sostituire l'esperienza diretta.

6.3 Tipologie di modelli per l'insegnamento delle geoscienze

La modellizzazione nelle geoscienze può assumere diverse forme, ciascuna con caratteristiche e potenzialità didattiche specifiche.

I modelli fisici utilizzano materiali comuni per simulare processi geologici complessi. Ad esempio, strati di sabbia colorata possono rappresentare sequenze sedimentarie deformate da movimenti tettonici; la gelatina può simulare il comportamento elastico della crosta terrestre; miscele di glicerina e acqua possono riprodurre celle convettive nel mantello. Questi modelli consentono un'interazione tangibile e un'osservazione diretta dei processi simulati.

I modelli concettuali rappresentano relazioni astratte tra componenti di un sistema geologico. Un modello del ciclo idrologico, ad esempio, identifica i principali serbatoi d'acqua (oceani, atmosfera, ghiacciai, acque sotterranee) e i flussi tra essi.

Questi modelli, spesso rappresentati attraverso diagrammi di flusso o mappe concettuali, sono particolarmente utili per visualizzare interconnessioni e feedback in sistemi complessi.

I modelli di visualizzazione tridimensionale, realizzati con tecnologie digitali o materiali fisici, aiutano a comprendere strutture geologiche complesse come pieghe, faglie o sistemi vulcanici. La visualizzazione 3D è particolarmente importante nelle geoscienze, dove la comprensione delle relazioni spaziali è spesso determinante per l'interpretazione dei processi. Le tecnologie di realtà aumentata hanno ulteriormente arricchito queste possibilità, permettendo di sovrapporre dati geofisici e geologici su modelli topografici reali.

I modelli matematici e computazionali traducono processi geologici in equazioni e algoritmi. Sebbene più astratti, permettono simulazioni precise e l'esplorazione di scenari multipli, incorporando numerose variabili e rappresentando evoluzioni su lunghi intervalli temporali.

6.4 Caratteristiche di un modello efficace

L'efficacia didattica di un modello non dipende dalla sua complessità tecnica ma dalla sua capacità di illuminare concetti fondamentali. Un modello didatticamente valido dovrebbe rispettare alcuni criteri che ne determinano il valore pedagogico e scientifico.

Correttezza scientifica: anche se semplificato, un modello deve mantenere le relazioni fondamentali tra gli elementi del sistema, evitando errori che potrebbero creare false idee. Un modello di vulcano può essere semplice ma deve mostrare correttamente come risale il magma e le differenze tra tipi di eruzioni.

Essenzialità: un buon modello si concentra sugli aspetti principali del fenomeno, eliminando dettagli inutili che potrebbero confondere. Questa "economia" permette agli studenti di focalizzarsi sui meccanismi fondamentali senza perdersi nei particolari.

Accessibilità: per essere davvero utile, un modello deve poter essere realizzato con materiali comuni e procedure semplici. Questo lo rende utilizzabile anche dove le risorse sono limitate, democratizzando l'accesso a esperienze didattiche di qualità.

Interattività: un modello valido permette agli studenti di agire su di esso, modificando parametri e osservando i risultati. Questa interazione trasforma l'esperienza da passiva ad attiva, coinvolgendo gli studenti in un processo di scoperta.

Capacità di stimolare: un modello veramente efficace non dà solo risposte già pronte, ma genera domande e stimola la curiosità. Quando gli studenti iniziano spontaneamente a formulare domande e ipotesi, il modello diventa uno strumento di ricerca scientifica.

6.5 L'analisi preliminare del target

Un modello deve essere calibrato sulle capacità cognitive e sulle conoscenze pregresse degli studenti. Gli stessi modelli possono funzionare per livelli diversi di scolarità, ma occorre adattare l'approccio e il grado di approfondimento, oltre alle eventuali connessioni con altre discipline.

Un modello di erosione fluviale per la scuola primaria si concentrerà su aspetti visibili e concreti, mentre lo stesso fenomeno per studenti più grandi potrà includere variabili quantitative come la velocità del flusso e la granulometria dei sedimenti. I modelli devono costruire ponti cognitivi tra ciò che gli studenti già conoscono e i nuovi concetti da introdurre.

Il modello deve integrarsi armoniosamente nel curriculum più ampio, collegandosi con altre esperienze didattiche e contribuendo a una visione coerente della disciplina. Un modello di vulcano, ad esempio, acquisisce maggior significato se inserito in un percorso che comprende lo studio dei tipi di roccia, della tettonica delle placche e del rischio geologico.

Il coinvolgimento degli insegnanti

Per garantire l'efficacia dei modelli didattici, il coinvolgimento degli insegnanti è fondamentale. Gli insegnanti non dovrebbero essere semplici utilizzatori ma partner attivi nella progettazione, portando la loro esperienza sul campo e la conoscenza delle esigenze dei loro studenti. Questa collaborazione aumenta significativamente l'applicabilità pratica dei modelli.

Altrettanto importante è l'integrazione curricolare. I modelli non devono essere attività isolate ma integrarsi nel curriculum complessivo, supportando gli obiettivi formativi del corso. Un modello perde efficacia se non si inserisce in un percorso di apprendimento strutturato.

L'obiettivo finale è sviluppare l'autonomia professionale: l'insegnante deve non solo usare i modelli con sicurezza, ma adattarli creativamente alle specifiche esigenze del proprio contesto, personalizzandoli e migliorandoli.

L'adozione di modelli innovativi richiede spesso un ripensamento dell'approccio educativo. Gli insegnanti devono essere supportati in questa transizione che implica un cambiamento nel loro ruolo: da trasmettitori di conoscenza a facilitatori di esperienze di apprendimento attivo.

L'utilizzo dei modelli nell'insegnamento delle geoscienze presenta numerosi benefici consolidati. La modellizzazione offre vantaggi significativi, a partire dalla visualizzazione di processi invisibili. I modelli rendono percepibili fenomeni altrimenti inaccessibili come i movimenti delle placche tettoniche o la circolazione nel mantello, aiutando a comprendere concetti complessi e astratti.

Consentono anche di semplificare sistemi geologici complessi, isolandone aspetti specifici per creare rappresentazioni funzionali. Gli studenti possono così comprendere i principi fondamentali senza perdersi nelle numerose variabili dei sistemi naturali.

Particolarmente importante è la possibilità di sperimentare attivamente. Gli studenti possono testare ipotesi, modificare variabili e osservare gli effetti in tempo reale. I modelli fisici offrono un'esperienza multisensoriale - vedere, toccare, manipolare - che crea apprendimenti più ricchi e memorabili.

Un ulteriore vantaggio è la possibilità di realizzare modelli efficaci con materiali comuni e poco costosi, rendendo l'insegnamento di qualità accessibile anche dove le risorse sono limitate.

È importante riconoscere anche i limiti intrinseci di questo approccio. Il rischio principale è l'eccessiva semplificazione: ridurre troppo la complessità può portare a comprensioni incomplete, facendo perdere di vista le intricate interazioni dei sistemi naturali.

Un'altra sfida riguarda le scale temporali e spaziali. I modelli devono comprimere processi di milioni di anni in tempi gestibili e ridurre dimensioni immense a scale manipolabili, rischiando di alterare la percezione delle reali dimensioni dei fenomeni geologici.

È anche difficile mostrare come i processi naturali avvengano simultaneamente: spesso si finisce per isolare meccanismi singoli invece di rappresentarli insieme. Inoltre, i materiali dei modelli possono solo approssimare le proprietà reali di rocce e fluidi.

Infine, serve sempre contestualizzare l'esperienza. Senza collegare la modellizzazione all'osservazione diretta, gli studenti rischiano di scambiare il modello per la realtà invece che per una sua rappresentazione semplificata.

Verso un approccio integrato

Per massimizzare i benefici della modellizzazione minimizzandone i limiti, è essenziale adottare un approccio integrato. I modelli acquisiscono pieno significato educativo quando sono inseriti in un percorso didattico coerente che sviluppi progressivamente la comprensione dei fenomeni geologici, creando connessioni concettuali tra diverse esperienze di apprendimento.

Risulta fondamentale l'affiancamento di metodologie complementari: i modelli dovrebbero essere supportati da altre strategie didattiche, come l'osservazione diretta sul campo, lo studio di casi reali e l'utilizzo di tecnologie digitali, ciascuna con i propri punti di forza specifici.

La massima efficacia dei modelli si ottiene quando gli studenti sono guidati attraverso una riflessione metacognitiva sui modelli stessi, riconoscendone sia le potenzialità che le limitazioni. Questa consapevolezza metacognitiva trasforma l'esperienza con i modelli da semplice attività pratica ad autentica opportunità di apprendimento scientifico.

6.6 I modelli come strumenti per una literacy geoscientifica

L'utilizzo consapevole dei modelli nell'insegnamento delle geoscienze trascende la semplice trasmissione di contenuti: contribuisce allo sviluppo di una vera e propria "literacy geoscientifica", la capacità di interpretare il mondo attraverso la prospettiva delle geoscienze. Questa competenza fondamentale integra la comprensione delle scale temporali profonde, la percezione delle interconnessioni sistemiche, il pensiero spaziale tridimensionale e la consapevolezza delle interazioni tra processi naturali e attività umane.

In un'epoca di sfide ambientali senza precedenti, questa literacy diventa essenziale non solo per gli specialisti, ma per tutti i cittadini. I modelli, rendendo visibile l'invisibile e comprimendo il tempo geologico in esperienze passivi a interpreti consapevoli dell'ambiente che li circonda.

I modelli didattici: semplicità ed efficacia per comprendere la complessità

I modelli che seguono si caratterizzano per la loro semplicità costruttiva e i costi contenuti, spesso realizzabili con materiali di uso comune facilmente reperibili in qualsiasi scuola. Alcuni di questi modelli sono ormai dei classici consolidati nella didattica delle geoscienze, altri meno noti ma ugualmente preziosi, altri ancora potrebbero apparire persino banali nella loro elementarità.

Ma proprio questa apparente semplicità costituisce la loro forza: l'efficacia sperimentata nel rendere comprensibili fenomeni geologici complessi, nel visualizzare sequenze temporali difficili da immaginare e nel facilitare la comprensione di processi che si sviluppano su scale spaziali e temporali spesso inaccessibili all'esperienza diretta. Questi strumenti didattici incarnano perfettamente l'approccio hands-on precedentemente illustrato, trasformando concetti astratti in esperienze concrete e manipolabili. L'approccio visuale che li caratterizza, anche quando le rappresentazioni possono sembrare un po' naïf o semplificate rispetto alla realtà dei fenomeni, si rivela fondamentale per costruire quella prima comprensione intuitiva che costituisce la base per apprendimenti più sofisticati.

La loro vera ricchezza sta nella capacità di rendere universalmente accessibile l'insegnamento delle geoscienze, indipendentemente dalle dotazioni tecnologiche della scuola. Permettono così a ogni studente di "toccare con mano" i grandi processi che hanno plasmato e continuano a plasmare il nostro pianeta.

MODELLO DI DERIVA DEI CONTINENTI
DESCRIZIONE E STRUTTURA: Puzzle realizzato con continenti ritagliati in materiali diversi (cartone rigido, compensato, legno) secondo le linee di costa attuali. Si possono rappresentare ponti continentali e frammenti continentali minori per completare le ricostruzioni paleogeografiche.
FINALITÀ DIDATTICA: Dimostra come i continenti si incastrino perfettamente nella ricostruzione della Pangea, fornendo evidenze concrete per la teoria della deriva dei continenti di Wegener. Permette di visualizzare la continuità di catene montuose e formazioni geologiche; sviluppa capacità di ragionamento spaziale e temporale, prepara alla comprensione dei meccanismi fisici della tettonica delle placche e introduce il concetto di tempo profondo nella storia terrestre.
ATTIVITÀ SPERIMENTALI: È possibile ricomporre la Pangea osservando le corrispondenze geometriche delle forme costiere ma anche l'allineamento di catene montuose e la distribuzione di faune e flore fossili caratteristiche. Si possono confrontare dettagliatamente le coste atlantiche di Africa e Sud America per evidenziare le corrispondenze dei margini continentali, le corrispondenze geologiche tra Brasile e Ghana, Appalachiani e Caledonidi la distribuzione del Mesosaurus tra Sud America e Africa meridionale, e delle tilliti permiane.

MODELLO DELLA PANGEA
DESCRIZIONE E STRUTTURA: Puzzle realizzato con pannelli di cartone che riproducono i continenti attuali seguendo i margini delle piattaforme continentali. Il modello potrebbe usare marcatori colorati per evidenziare catene montuose, depositi glaciali e aree fossilifere che si allineano nella ricostruzione del supercontinente.
FINALITÀ DIDATTICA: Visualizza come i continenti si incastrino perfettamente nella configurazione della Pangea. Sviluppa le capacità di ragionamento spaziale e visualizzazione tridimensionale.
ATTIVITÀ SPERIMENTALI: Gli studenti ricostruiscono la Pangea partendo dai continenti attuali, confrontando particolarmente le coste atlantiche di Africa e Sud America. Localizzano le catene montuose che si allineano nella configurazione Pangea e tracciano i percorsi di distribuzione di fossili identici su continenti oggi separati. La simulazione della frammentazione progressiva del supercontinente permette di ricostruire il progressivo processo di frammentazione dei continenti ed in particolare le fasi di apertura dell'Oceano Atlantico

MODELLO DI APERTURA DELL'OCEANO ATLANTICO
DESCRIZIONE E STRUTTURA: Puzzle realizzato con pannelli che riproducono i continenti africano, europeo e americano, e la posizione dell'attuale Italia. È possibile realizzare strisce colorate che rappresentano fasce di crosta oceanica di età progressivamente crescente.
FINALITÀ DIDATTICA: Il modello visualizza l'apertura dell'Oceano Atlantico alla separazione progressiva della Pangea verso la Tetide ed il Bacino Ligure-Piemontese e la collocazione della futura penisola italiana e delle sue isole
ATTIVITÀ SPERIMENTALI: È possibile simulare l'espansione progressiva dell'Oceano Atlantico attraverso diverse ere geologiche e ricostruire la storia dell'Italia in relazione alla presenza della Placca Adria.
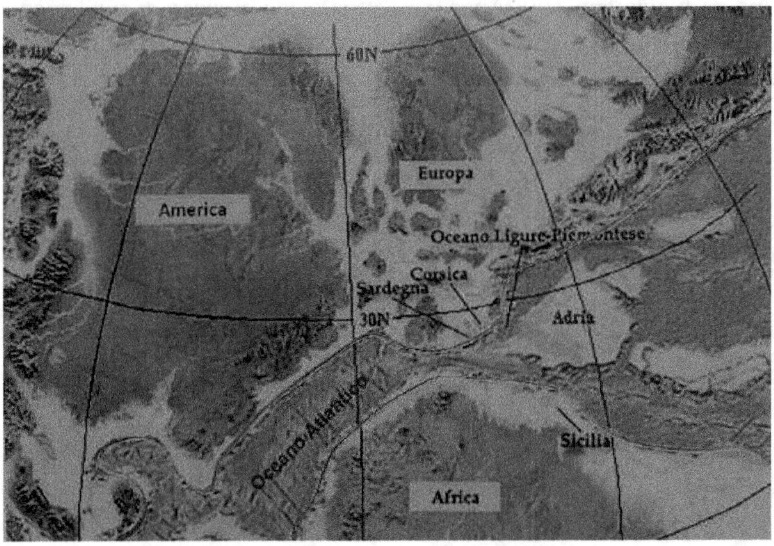

MODELLO DELLA PLACCA ADRIA- O APULA- E DEL SISTEMA DI FAGLIE DELL'AREA MEDITERRANEA
DESCRIZIONE E STRUTTURA: Modello in compensato che riproduce il bacino del Mediterraneo con placche mobili della placca africana, la microplacca apula (Adriatica) e la placca eurasiatica Frecce colorate indicano le direzioni di movimento, mentre linee tratteggiate evidenziano i principali sistemi di faglie attive.
FINALITÀ DIDATTICA: Spiega la complessa geometria del sistema tettonico mediterraneo e il ruolo della microplacca apula nella formazione delle catene montuose italiane. Collega i movimenti tettonici attuali con la sismicità del territorio nazionale e spiega la formazione di Alpi e Appennini.
ATTIVITÀ SPERIMENTALI: Gli studenti simulano la convergenza tra placca apula e margine europeo che ha portato alla formazione delle Alpi, e l'evoluzione degli Appennini attraverso i processi di subduzione della crosta ionica. Si possono identificare le principali faglie attive e correlarle con la distribuzione della sismicità storica

MODELLO DI TETTONICA DELLE PLACCHE
DESCRIZIONE E STRUTTURA: Pannello con sezioni rappresentanti le principali placche tettoniche terrestri. Ogni placca permette di simulare i tre tipi di margini: divergenti, convergenti e trasformi.
FINALITÀ DIDATTICA. Visualizza come i movimenti relativi delle placche tettoniche generino terremoti, attività vulcanica e catene montuose, dimostra la relazione diretta tra processi geodinamici profondi e fenomeni superficiali osservabili. Facilita la comprensione dei diversi tipi di margini di placca e dei processi associati, collegando la teoria della tettonica delle placche con la distribuzione globale dei rischi geologici.
ATTIVITÀ SPERIMENTALI: Gli studenti spostano le placche secondo i loro movimenti reali e prevedono dove si formeranno dorsali oceaniche, fosse di subduzione e catene montuose, verificano le previsioni con la distribuzione effettiva di terremoti e vulcani. Si possono simulare collisioni continentali, aperture di bacini oceanici e processi di subduzione, osservando come questi influenzino la morfologia terrestre.

<table>
<tr><td colspan="2">MODELLO DELL’INTERNO DELLA TERRA</td></tr>
<tr><td colspan="2">DESCRIZIONE E STRUTTURA: Modello sezionato che riproduce la struttura interna del pianeta con colori diversi per rappresentare da un lato le caratteristiche fisiche, litosfera e astenosfera, nucleo esterno liquido e nucleo interno solido e dall’altra la composizione chimica, crosta, mantello, nucleo. Il modello permette di evidenziare le discontinuità principali (Moho, Gutenberg).</td></tr>
<tr><td colspan="2">FINALITÀ DIDATTICA: Visualizza la struttura stratificata della Terra e spiega come le variazioni di composizione, densità e stato fisico dei materiali influenzino i processi geodinamici. Facilita la comprensione dell'origine del campo magnetico terrestre, dei meccanismi di convezione del mantello e della propagazione delle onde sismiche. Collega le proprietà fisiche profonde con i fenomeni superficiali osservabili, dalla tettonica delle placche al vulcanismo.</td></tr>
<tr><td colspan="2">ATTIVITÀ SPERIMENTALI: Gli studenti osservano le diverse interfacce, confrontano densità e composizioni dei diversi livelli, e come queste influenzino i tempi di arrivo delle onde. Considerazioni sulle celle convettive nel mantello permettono di collegare i processi profondi con i movimenti delle placche superficiali.</td></tr>
<tr><td></td><td></td></tr>
</table>

MODELLO DI ISOSTASIA

DESCRIZIONE E STRUTTURA: Blocchi di legno o di plastica riempiti di piombini, di diverse dimensioni e densità che galleggiano su un materiale spugnoso simulano il comportamento della crosta terrestre sul mantello astenosferico; rappresentano diversi tipi di crosta (oceanica sottile e densa, continentale spessa e leggera) e masse montuose di vario spessore.

FINALITÀ DIDATTICA: Dimostra l'equilibrio isostatico e spiega perché catene montuose abbiano radici profonde mentre i bacini oceanici corrispondano a crosta sottile. Illustra i meccanismi di sollevamento post-glaciale e la subsidenza da carico sedimentario.

ATTIVITÀ SPERIMENTALI: Gli studenti possono aggiungere e rimuovere carichi per osservare i conseguenti aggiustamenti verticali. Simulano formazione e fusione di calotte glaciali osservando gli effetti sul livello relativo del mare, così come il carico sedimentario di delta e bacini subsidenti. Il confronto tra crosta oceanica e continentale permette di spiegare le differenze altimetriche tra continenti e fondali oceanici.

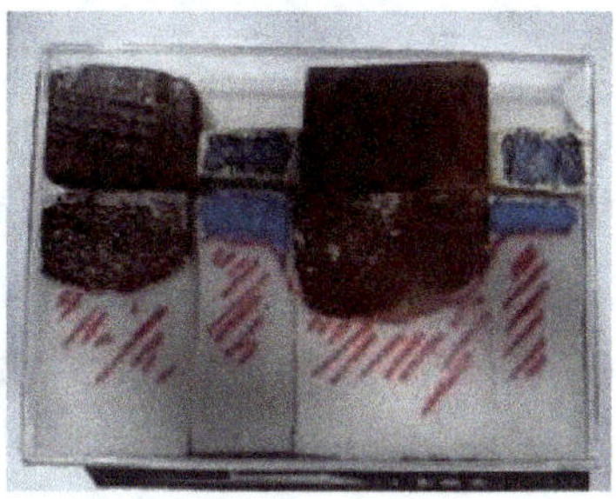

MODELLO DI DEFORMAZIONE TETTONICA – SAND BOX-

DESCRIZIONE E STRUTTURA: Contenitori trasparenti riempiti con strati alternati di materiali granulari di diversi colori (sabbia fine, farina, caffè macinato) che riproducono sequenze stratigrafiche. Un pistone laterale azionabile manualmente o meccanicamente applica forze compressive

FINALITÀ DIDATTICA: Visualizza processi deformativi che richiederebbero milioni di anni, permettendo di osservare in tempo reale la formazione di pieghe, faglie, sovrascorrimenti e strutture complesse. Collega le forze tettoniche profonde con le strutture geologiche osservabili sul terreno e facilita l'interpretazione di sezioni geologiche e carte strutturali.

ATTIVITÀ SPERIMENTALI: Gli studenti possono applicare diversi regimi di stress per generare strutture comparabili con quelle osservabili nelle catene montuose reali, variando velocità e intensità delle forze per osservare comportamenti fragili o duttili. L'analisi delle geometrie risultanti permette di interpretare la storia deformativa e correlarla con l'evoluzione geodinamica regionale.

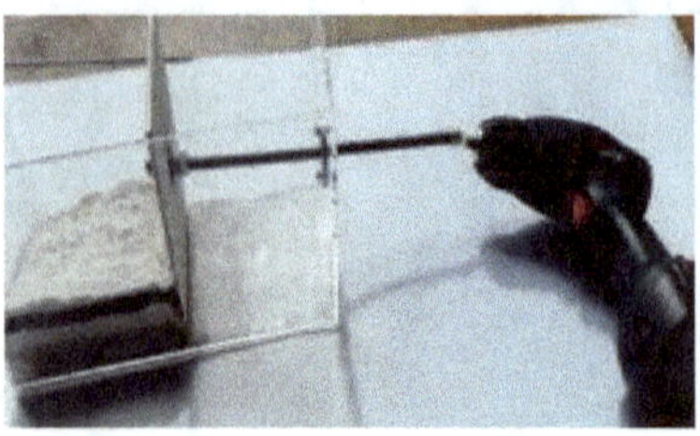

MODELLO DI CIRCOLAZIONE OCEANICA
DESCRIZIONE E STRUTTURA: Contenitore diviso in sezioni, o alimentabile a diversi livelli, per creare masse d'acqua a diverse temperature, salinità e densità. Pompe a velocità variabile e sistemi di coloranti permettono di visualizzare correnti superficiali e profonde.
FINALITÀ DIDATTICA: Illustra i meccanismi fisici che guidano la circolazione oceanica globale, collegando processi locali (densità, convezione) con fenomeni planetari complessi come la circolazione termoalina. Dimostra il ruolo degli oceani nella regolazione climatica globale e nella distribuzione del calore planetario.
ATTIVITÀ SPERIMENTALI: Gli studenti creano diverse configurazioni di densità per osservare la formazione di correnti profonde e superficiali, aggiungendo coloranti per visualizzare i percorsi delle masse d'acqua e i tempi di mescolamento. Simulano la formazione di acque profonde polari e l'upwelling. L'alterazione delle condizioni iniziali permette di discutere gli effetti dei cambiamenti climatici sulla circolazione oceanica globale.
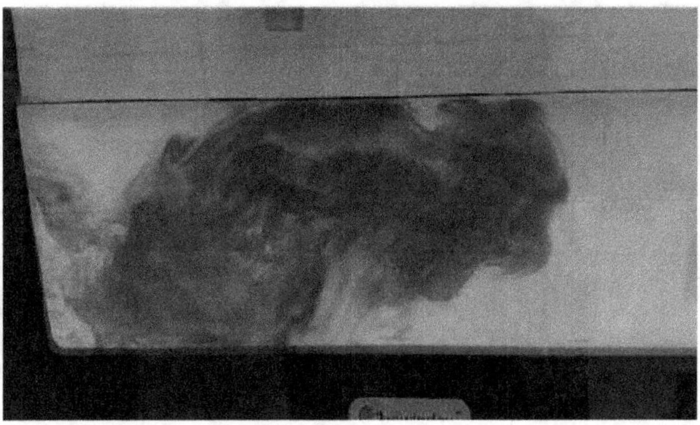 Realizzato con il Geowindow - https://www.geowindow.de

<table>
<tr><td colspan="2">MODELLI DI DISTRIBUZIONE DI VULCANI E TERREMOTI</td></tr>
<tr><td colspan="2">DESCRIZIONE E STRUTTURA: Planisfero interattivo a LED che rappresentano vulcani attivi ed epicentri sismici. Strati trasparenti permettono di sovrapporre diverse informazioni: attività sismica, vulcani per tipo di attività, correlazioni con strutture tettoniche profonde.</td></tr>
<tr><td colspan="2">FINALITÀ DIDATTICA: Dimostra visivamente la correlazione tra distribuzione globale di terremoti, vulcani e margini di placca. Evidenzia come i fenomeni geologici seguano pattern precisi collegati alla Tettonica delle placche.</td></tr>
<tr><td colspan="2">ATTIVITÀ SPERIMENTALI: Gli studenti attivano i fenomeni per osservare correlazioni spaziali e confrontare la distribuzione osservata con quella prevista dalla Tettonica delle placche, la relazione tra i diversi tipi di attività sismica e vulcanica e i contesti geodinamici. Analizzano zone di particolare concentrazione sismica (cintura di fuoco del Pacifico, sistema alpino-himalayano) e discutono le implicazioni per le popolazioni esposte.</td></tr>
<tr><td></td><td></td></tr>
</table>

MODELLI DI SIMULAZIONE DI TERREMOTI	
DESCRIZIONE E STRUTTURA: Tavola vibrante con edifici in scala realizzati con materiali diversi (legno, cartone, plastilina) che riproducono diverse tipologie costruttive. Un generatore di onde produce terremoti con diverse caratteristiche di frequenza e durata.	
FINALITÀ DIDATTICA: Spiega come le onde sismiche si propaghino attraverso materiali diversi e come la risposta degli edifici dipenda dalle caratteristiche del terremoto e delle strutture. Illustra i principi dell'ingegneria antisismica e l'importanza della progettazione appropriata in zone sismiche.	
ATTIVITÀ SPERIMENTALI: Gli studenti generano terremoti artificiali con caratteristiche diverse e osservare quantitativamente i danni su strutture di varia tipologia, testando l'efficacia di diversi sistemi antisismici. Sviluppano consapevolezza scientifica del rischio sismico e delle strategie di mitigazione attraverso la tecnologia	

MODELLO DI VULCANO
DESCRIZIONE E STRUTTURA: Modello sezionabile che mostra la struttura interna completa di un sistema vulcanico, camera magmatica, condotti di alimentazione e edificio vulcanico. Materiali a viscosità variabile simulano diversi tipi di magma per riprodurre comportamenti eruttivi distinti.
FINALITÀ DIDATTICA: Focalizza la relazione tra composizione chimica del magma, tipo di eruzione e forma dell'edificio vulcanico, Collega chimica, fisica e geomorfologia nella spiegazione dei fenomeni vulcanici
ATTIVITÀ SPERIMENTALI: Gli studenti utilizzano materiali a diversa viscosità per simulare magmi diversi, osservando come la composizione influenzi il comportamento eruttivo. Confrontano eruzioni effusive con esplosioni piroclastiche e analizzano la localizzazione per valutare rischi e prevenzione.
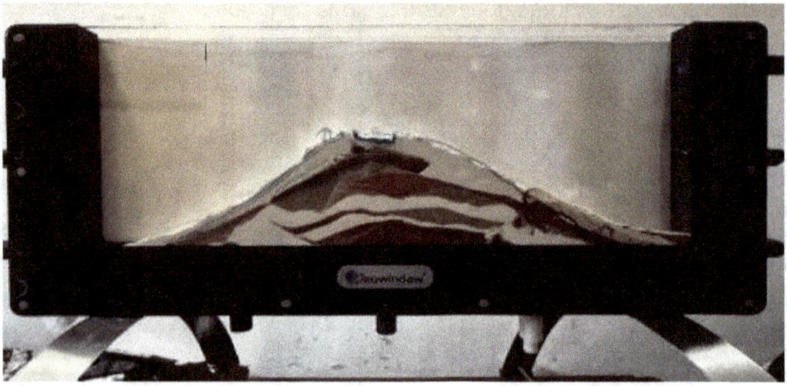 Realizzato con il Geowindow - https://www.geowindow.de

MODELLO DI EROSIONE FLUVIALE
DESCRIZIONE E STRUTTURA: Vassoio inclinabile riempito con sedimenti a granulometria diversa. Sistema di irrigazione controllato simula precipitazioni di varia intensità, mentre canali di drenaggio riproducono il reticolo idrografico.
FINALITÀ DIDATTICA: Permette di osservare in tempo reale la formazione di canali, meandri e conoidi alluvionali. Dimostra come pendenza, portata e granulometria influenzino i processi erosivi e deposizionali.
ATTIVITÀ SPERIMENTALI: Gli studenti modificano un parametro per volta e verificano le previsioni attraverso esperimenti controllati. Simulano eventi alluvionali, modifiche antropiche dei corsi d'acqua ed effetti dell'uso del suolo sul deflusso.

MODELLO DI SISTEMA IDROGRAFICO
Sistema che riproduce un bacino idrografico completo dalla sorgente alla foce, con superfici topografiche diverse che rappresentano un reticolo idrografico. Include serbatoi di testata per simulare diverse condizioni di alimentazione (sorgenti, laghi, ghiacciai), canali a sezione variabile per rappresentare l'evoluzione morfologica dei corsi d'acqua dall'alta montagna alla pianura, e sistemi di controllo come derivazioni, dighe, opere di regimazione e urbanizzazione del bacino.
FINALITÀ DIDATTICA: Facilita la comprensione del concetto di bacino idrografico e delle relazioni tra morfologia, clima, vegetazione e idrologia superficiale. Permette di visualizzare i processi di formazione del reticolo idrografico collegando processi erosivi montani, trasporto in alveo e sedimentazione nelle aree di pianura, evidenziando come modifiche locali possano propagarsi attraverso l'intero sistema idrografico.
ATTIVITÀ SPERIMENTALI: Gli studenti simulano diversi regimi idrologici osservando la propagazione delle variazioni di portata, analizzando tempi di corrivazione. Simulano eventi alluvionali osservando dinamiche di esondazione e individuando aree critiche per la sicurezza. Possono testare effetti dell'urbanizzazione attraverso l'impermeabilizzazione progressiva, osservando modifiche nei tempi di risposta e nei picchi di piena.

MODELLO DI PERMEABILITÀ DEI SUOLI	
DESCRIZIONE E STRUTTURA: Sistema di contenitori trasparenti riempiti con diversi tipi di materiali (argilla, limo, sabbia fine, sabbia grossolana, ghiaia) per riprodurre suoli con permeabilità crescente. Un sistema di coloranti permette di visualizzare i percorsi preferenziali dell'acqua attraverso i diversi materiali	
FINALITÀ DIDATTICA: Illustra le proprietà idrauliche dei suoli e la loro relazione con granulometria e porosità. Facilita la comprensione dei processi di infiltrazione, ritenzione idrica e movimento dell'acqua. Collega le proprietà fisiche dei suoli con problematiche applicate come irrigazione e gestione delle risorse idriche.	
ATTIVITÀ SPERIMENTALI: Gli studenti confrontano velocità di infiltrazione e capacità di ritenzione di diversi tipi di suolo, misurando tempi di percolazione e volumi d'acqua trattenuti. Simulare diverse intensità di pioggia per osservare fenomeni di ruscellamento differenziale. L'uso di coloranti permette di visualizzare zone di accumulo preferenziale e percorsi di flusso sotterraneo.	
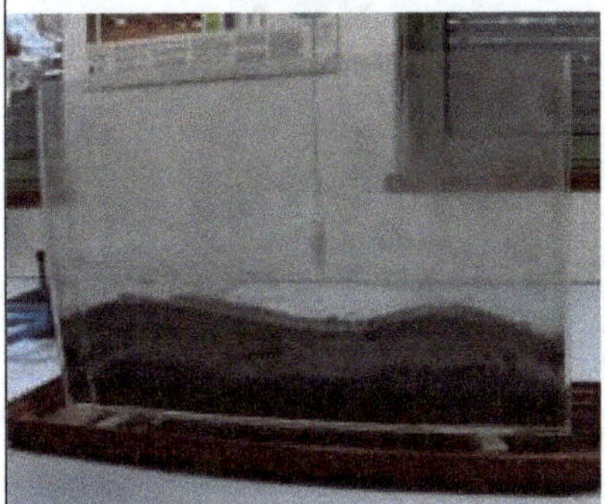	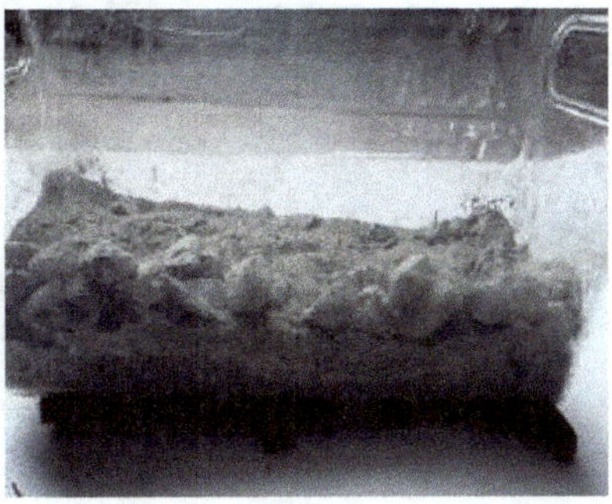

MODELLO DI SIMULAZIONE DI PIOGGIA
DESCRIZIONE E STRUTTURA: Sistema composto da irroratore a goccia posizionato sopra una superficie inclinata con diversi materiali (suolo nudo, vegetazione, superficie impermeabilizzata). Permette di variare intensità, durata e distribuzione spaziale delle precipitazioni simulate.
FINALITÀ DIDATTICA: Dimostra gli effetti dell'intensità delle precipitazioni sui processi di erosione e ruscellamento, evidenziando il ruolo della copertura vegetale e dell'impermeabilizzazione nella gestione delle acque meteoriche. Facilita la comprensione dei processi che collegano meteorologia, pedologia e idrologia superficiale.
ATTIVITÀ SPERIMENTALI: Gli studenti confrontano gli effetti di diverse intensità di pioggia su superfici con e senza copertura vegetale, misurando tassi di erosione. Simulano eventi meteorici estremi e valutano l'efficacia di strategie di protezione del suolo.
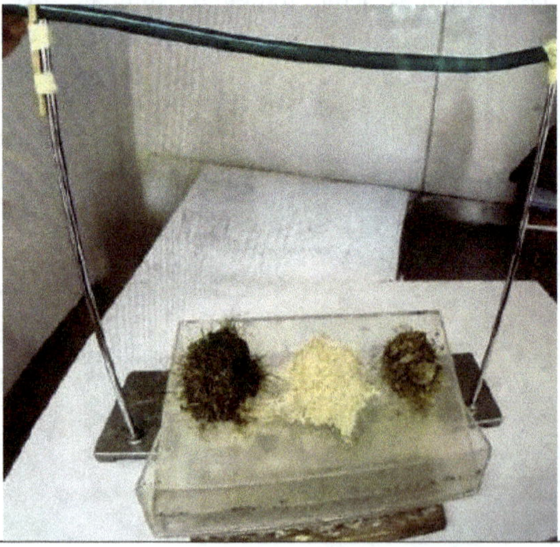

MODELLO DI FALDA
DESCRIZIONE E STRUTTURA: Contenitore trasparente stratificato con materiali a permeabilità diversa (sabbia grossa, sabbia fine, ghiaia, lenti argillose impermeabili) che riproducono la struttura degli acquiferi naturali. Include piezometri per misurare i livelli della falda e sistemi di alimentazione per simulare la ricarica da precipitazioni. Coloranti o acqua calda, permettono di tracciare il movimento dell'acqua e simulare fenomeni di inquinamento.
FINALITÀ DIDATTICA: Visualizza il movimento dell'acqua sotterranea e la formazione di falde libere e confinate, illustrando concetti fondamentali come superficie piezometrica, zona satura e insatura, direzioni di flusso. Dimostra l'impatto dell'attività umana sulle risorse idriche sotterranee e la vulnerabilità degli acquiferi.
ATTIVITÀ SPERIMENTALI: Gli studenti simulano cicli di ricarica e scarica osservando le variazioni dei livelli piezometrici. Introducono contaminanti colorati per studiare i meccanismi di dispersione degli inquinanti.
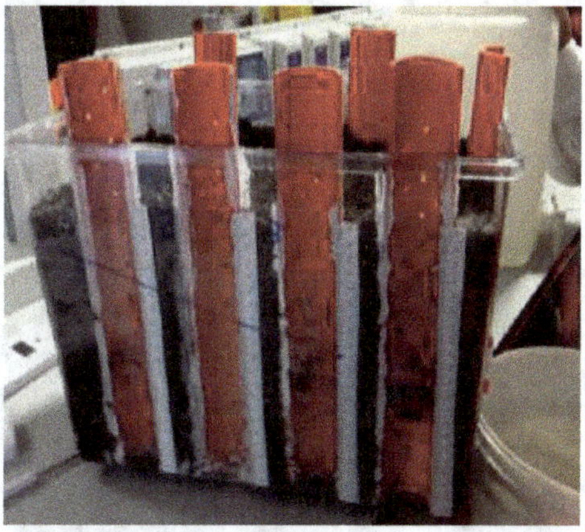

MODELLO DI VALLE DEI RISCHI
DESCRIZIONE E STRUTTURA Modello tridimensionale che riproduce una valle fluviale con multiple tipologie di rischio geologico: versanti instabili per simulare zone di frana o di valanga, piane alluvionali per evidenziare aree inondabili. Il modello è equipaggiato con elementi mobili (abitazioni, infrastrutture, attività produttive)
FINALITÀ DIDATTICA: Sviluppa capacità di valutazione integrata dei rischi geologici. Illustra come eventi apparentemente indipendenti possano concatenarsi in scenari di rischio complessi. Promuove la comprensione del ruolo fondamentale della pianificazione territoriale nella riduzione della vulnerabilità.
ATTIVITÀ SPERIMENTALI: Gli studenti posizionano strategicamente insediamenti e infrastrutture valutando l'esposizione ai diversi rischi. Analizzano l'efficacia di strategie alternative di mitigazione e costruiscono mappe di rischio integrate.

MODELLO DI GEOLOGIA DELLA VALLE D'AOSTA	
DESCRIZIONE E STRUTTURA: Pannello e sezione geologica che riproduce la struttura complessa delle Alpi occidentali attraverso l'esempio della Valle d'Aosta, mostrando unità tettoniche sovrascorse, e plutoni intrusivi. Elementi rimovibili permettono di osservare le relazioni geometriche tra le diverse unità geologiche, mentre una sezione trasversale illustra la struttura profonda della catena alpina.	
FINALITÀ DIDATTICA: Permette di comprendere la complessità strutturale delle catene montuose e la storia geologica alpina. Illustra concetti come sovrascorrimenti, metamorfismo, plutonismo in un contesto geologico reale.	
ATTIVITÀ SPERIMENTALI: Gli studenti ricostruiscono la sequenza cronologica degli eventi tettonici osservando le relazioni tra le diverse unità rocciose. Interpretano la storia deformativa e confrontano geologia attuale con l'evoluzione quaternaria della catena alpina.	

Il contatto tra placca Europea e placca americana- Parco nazionale Thingvellir- Islanda

Per approfondire

1. UNESCO (2010). *Hands-on Science: Promoting Scientific Inquiry in Education*. UNESCO Publishing.
2. Dewey, J. (1938). *Experience and Education*. Kappa Delta Pi. [Classico sulla pedagogia dell'esperienza diretta]
3. Gilbert, J.K. & Justi, R. (2016). *Modelling-based Teaching in Science Education*. Springer International Publishing. https://link.springer.com/chapter/10.1007/978-3-319-29039-3_4
4. Oreskes, N. (2007). "Models and the History of Science". *Earth Science History*, 26(1), https://history.ucsd.edu/_files/faculty/oreskes-naomi/roleofmodels.pdf
5. McLaughlin, J. A., & Bailey, J. M. (2022). Students need more practice with spatial thinking in geoscience education: a systematic review of the literature. *Studies in Science Education*, *59*(2), 147–204. https://doi.org/10.1080/03057267.2022.2029305
6. Reynolds, S.J. et al. (2005). "Visualization in Undergraduate Geology Courses". In *Visualization in Science Education* (pp. 253-266). Springer.

CAPITOLO 7.

MINERALI E ROCCE: NARRATORI DI STORIE

Le geoscienze sembrano spesso una disciplina distante dalla vita quotidiana, confinata in vetrine museali. In particolare, l'insegnamento tradizionale dei minerali e delle rocce si riduce spesso a sterili classificazioni. Questo capitolo propone una rivoluzione: trasformare i "sassi" in protagonisti di storie che collegano il passato del pianeta alle sfide di oggi. Ogni "sasso" racchiude storie affascinanti che collegano la geologia alla vita quotidiana, alla storia, all'economia e ai grandi processi del pianeta. L'approccio narrativo può risvegliare la curiosità degli studenti rivelando come i "sassi" siano in realtà testimoni eloquenti delle trasformazioni geologiche, tecnologiche e culturali che hanno plasmato - e continuano a plasmare - la nostra esistenza.

Con esempi che vanno dall'archeologia alla geopolitica, dall'arte alle tecnologie digitali, si scoprono le possibilità di un insegnamento interdisciplinare, che rende visibile la trama che lega i minerali alla storia umana.

7.1 I minerali come protagonisti invisibili della storia umana

Un approccio diverso nell'insegnamento dei minerali consiste nel presentarli come agenti che hanno plasmato la storia umana. Il ferro rappresenta un elemento emblematico: il passaggio dal rame/bronzo al ferro (1200-1000 a.C.) ridefinì gli equilibri di potere nel mondo antico. I primi manufatti in ferro erano realizzati con metallo di origine meteorica, come alcune spade rituali di Tutankhamon, un materiale raro e prezioso che si ritrova allo stato elementare solo nei meteoriti e in pochissimi giacimenti. Gli Ittiti costruirono il loro impero grazie al monopolio della tecnologia siderurgica, ma quando questa si diffuse, l'abbondanza relativa del ferro portò a una vera "democratizzazione" del metallo, cambiando radicalmente le strutture sociali e militari.

L'Età del Ferro segna il passaggio della Preistoria alla Storia. Oggi, la produzione di ferro e di acciaio è responsabile del 30% di tutte le emissioni industriali di CO_2, oltre che di SO_2 in relazione al minerale utilizzato.

Il ferro non è solo un materiale industriale, ma è essenziale per gli organismi viventi, in quanto costituente dell'emoglobina. La magnetite serve da sensore biologico del campo magnetico terrestre per i piccioni viaggiatori e altri animali, permettendo loro di orientarsi durante le migrazioni, così come da strumento di datazione dei fondi oceanici, che hanno consentito a geologi, come Wine e Matthews, di fornire la basi scientifiche per la teoria della Tettonica delle placche.

Il piombo: un pericoloso protagonista della storia umana

I Romani utilizzarono il piombo per le tubature in quanto era tenero e malleabile, al contrario del ferro che risultava duro, era riservato alle armi e tendeva ad arrugginire. Gli effetti tossici del piombo erano noti ai Romani, ma furono sottovalutati in favore della praticità.

Il piombo causa il saturnismo, malattia diffusa nell'antica Roma che causò sterilità, anemia, dolori addominali e danni nervosi e renali. Si ritiene che almeno nove imperatori ne abbiano sofferto: Tiberio, Domiziano, Caligola, Commodo, Claudio, Nerone, Nerva, Traiano e Adriano. Le pratiche romane aumentavano l'esposizione: il vino veniva distribuito tramite tubature di piombo; il diacetato di piombo produceva lo "zucchero di Saturno"; il basso pH del vino favoriva l'alta concentrazione di piombo.

La cerussite produceva la cerussa, pigmento bianco impiegato dai pittori fin dall'antichità. Nell'800 fu utilizzata in creme cosmetiche "anti-età": la pelle rimaneva giovane più a lungo, da qui la "Maschera della Giovinezza" di Elisabetta I Tudor, ma le conseguenze erano nausea, mal di testa e paralisi.

La galena fu utilizzata nei primi ricevitori radio: un cristallo di galena permetteva di costruire un diodo, poco affidabile ma economico.

L'oro: splendore e devastazione

Secondo recenti studi, oro e platino sarebbero giunti sulla Terra 4 miliardi di anni fa, trasportati da un bombardamento di meteoriti durato 200 milioni di anni. Allo stato nativo, anche dopo la separazione dalla roccia incassante, l'oro è sempre presente in concentrazioni estremamente basse, solitamente associato ad argento, rame, piombo, zinco e altri metalli. Per produrre un'oncia d'oro (circa 31 grammi) è necessario lavorare in media più di 100 tonnellate di roccia e produrre 3 tonnellate di rifiuti.

Per essere commerciabile, l'oro deve essere puro almeno al 99,5%, ma la sua lavorazione è tra le più inquinanti, sia per il consumo di energia che per la produzione di scarti altamente tossici. I metodi principali di estrazione sono la cianurazione, in cui i minerali vengono trattati con una soluzione di cianuro di potassio, sostanza altamente tossica e letale per l'uomo già in una concentrazione del 2% e l'amalgamazione, in cui i minerali i vengono polverizzati e trattati con mercurio per formare un amalgama da cui poi l'oro verrà distillato.

Il mercurio provoca danni gravissimi alla salute: circa dieci milioni di persone soffrono di malattie causate dal mercurio rilasciato nell'aria e nell'acqua, che si diffonde nella catena alimentare, in particolare nei pesci come tonno, spada e merluzzo. Per le sue proprietà di rarità, lavorabilità e inalterabilità, l'oro ha identificato nella storia un tempo mitico di prosperità e abbondanza, l'Età dell'oro, ricorrente in varie culture antiche. Per i romani, l'*aurea aetas* corrisponde al II secolo d.C., periodo di massimo benessere dell'Impero.

L'impatto della coltivazione dell'oro sull'ambiente

Oltre al suo ruolo nel mercato finanziario, l'oro è oggi presente in tutti i dispositivi hi-tech (tablet, smartphone, PC) in piccole quantità. Solo recentemente sono state avviate procedure sistematiche per il suo recupero dai rifiuti elettronici (urban mining).

Il salgemma: il minerale che costruì imperi

Il salgemma non è solo un minerale di cloruro di sodio, ma un elemento che ha costruito imperi e determinato rotte commerciali. Le "vie del sale" rappresentano una delle prime forme di globalizzazione. I giacimenti di sale hanno giocato un ruolo fondamentale nello sviluppo delle società preistoriche europee. Tra questi, Hallstatt in Austria è il caso più emblematico: un'intera epoca (cultura di Hallstatt, prima età del Ferro) prende il nome da questo sito. Le miniere di sale hanno portato allo sviluppo di tecniche minerarie sotterranee complesse già nell'età del Bronzo. Anche a Wieliczka in Polonia e Cardona in Spagna, altri importanti giacimenti salini hanno influenzato lo sviluppo locale. Il controllo di queste risorse ha portato alla nascita di élite sociali potenti, come dimostra la ricchezza dei corredi funerari. Inoltre, essendo il sale essenziale per la conservazione degli alimenti, questi centri sono diventati nodi cruciali di reti commerciali a lunga distanza, favorendo scambi di merci, tecnologie e idee tra diverse culture europee dell'età del Bronzo e del Ferro.

La cattedrale di Realmonte, nei giacimenti di salgemma in provincia di Agrigento

La Repubblica di Venezia basò parte della sua potenza economica sul monopolio del sale nell'Adriatico, mentre in Francia la gabella del sale fu tra le cause della Rivoluzione Francese. La parola "salario" deriva dal latino "salarium", la razione di sale data ai soldati romani, testimoniando il valore economico di questo minerale nell'antichità.

In Italia, i depositi di salgemma delle saline siciliane, formatisi durante la crisi di salinità del Messiniano circa sei milioni di anni fa, hanno modellato l'economia locale e ispirato la letteratura: Giovanni Verga nei "Malavoglia" descrive le fatiche dei salinari, mentre Luigi Pirandello ambienta "Ciàula scopre la luna" nelle miniere di zolfo associate ai depositi salini, creando potenti metafore sulla condizione umana.

Lo stagno: il metallo che forgiò le rotte dell'Europa antica

La fascia dello stagno, che si estende dalla Cornovaglia alla Boemia, caratterizzata da depositi idrotermali legati a intrusioni granitiche, è stata determinante per lo sviluppo dell'età del Bronzo in Europa. La distribuzione geologica dei giacimenti di stagno ha determinato le prime rotte commerciali e ha stimolato lo sviluppo della navigazione per il trasporto del minerale. I principali centri minerari (Cornovaglia, Erzgebirge, Bretagna) sono diventati poli di innovazione tecnologica, sviluppando tecniche estrattive e metallurgiche sempre più avanzate, portando alla formazione di comunità minerarie specializzate e allo sviluppo di reti commerciali a lunga distanza.

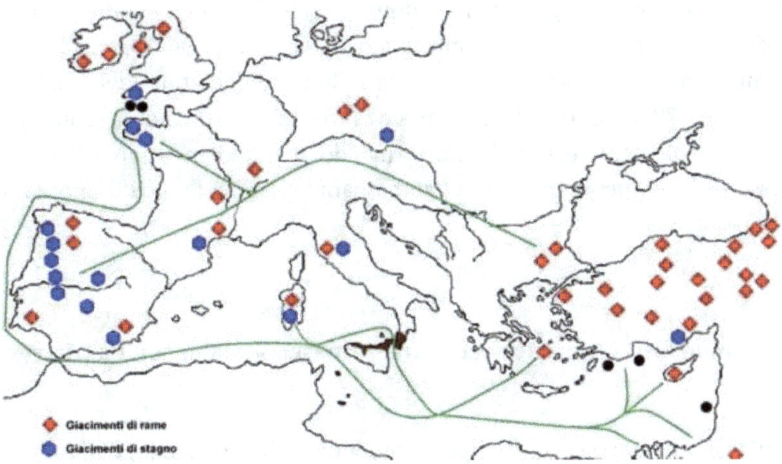

L'area del Mediterraneo e i giacimenti a Rame e Stagno

Il controllo di queste risorse ha influenzato gli equilibri di potere e ha stimolato lo sviluppo di tecnologie: la distribuzione geologica delle risorse minerarie ha plasmato l'economia ma anche l'intera struttura sociale delle prime civiltà europee.

Arte e minerali: colori dal cuore della Terra

I minerali e l'arte sono strettamente legati fin dalla preistoria. Le prime tracce dell'uso di minerali per la pittura risalgono all'ultima era glaciale, tra i 15.000 e i 35.000 anni fa, nelle grotte di Chauvet, Lascaux e Altamira, dove i colori si sono mantenuti quasi inalterati per millenni.

Ossidi e solfuri di metalli o di terre rare hanno prodotto la maggior parte dei pigmenti usati in pittura: il giallo dalla goethite, il rosso dall'ematite, il blu oltremare, usato per dettagli più preziosi in quanto ricavato dai costosi lapislazzuli, il rosso brillante dal cinabro, definito da Plinio *minio*, da cui il termine "miniare" usato per le miniature medievali.

Il rosso ha sempre rappresentato un simbolo di potere attraverso la storia: dai paramenti cardinalizi dei papi al prestigioso "rosso pompeiano" che caratterizzava le dimore più raffinate dell'antica Roma. Questo celebre rosso veniva tradizionalmente attribuito all'uso del cinabro, un minerale di solfuro di mercurio che produceva una tonalità intensa e brillante. Tuttavia, recenti ricerche archeologiche hanno rivelato una scoperta sorprendente: molte delle case pompeiane erano originariamente dipinte con pigmenti giallo ocra, e il caratteristico rosso che oggi ammiriamo sarebbe in realtà il risultato della trasformazione chimica causata dalle altissime temperature dell'eruzione del Vesuvio nel 79 d.C. Il calore estremo avrebbe modificato la composizione chimica dei pigmenti originali, trasformando il giallo in rosso a causa di un processo di "cottura" involontaria che ha paradossalmente creato uno dei colori più iconici dell'arte antica.

La metamorfosi cromatica nell'Arte rinascimentale: dall'azzurrite alla malachite

Di particolare interesse è il fenomeno della trasformazione dell'azzurrite in malachite nei dipinti rinascimentali, un processo chimico che ha alterato numerose opere d'arte nel corso dei secoli. L'azzurrite era utilizzata dai pittori rinascimentali come alternativa economica al prezioso lapislazzuli per dipingere i manti della Madonna e i cieli. Questa scelta economica portava conseguenze a lungo termine non immediatamente evidenti.

A differenza del lapislazzuli, l'azzurrite era chimicamente instabile e reagiva con l'umidità e l'anidride carbonica. Nel corso dei secoli, molti dipinti hanno subito questa trasformazione cromatica, alterando l'intenzione originale dell'artista e creando discrepanza tra come le opere appaiono oggi e come furono concepite. Questo cambiamento si manifestava gradualmente, modificando la percezione delle opere attraverso il tempo.

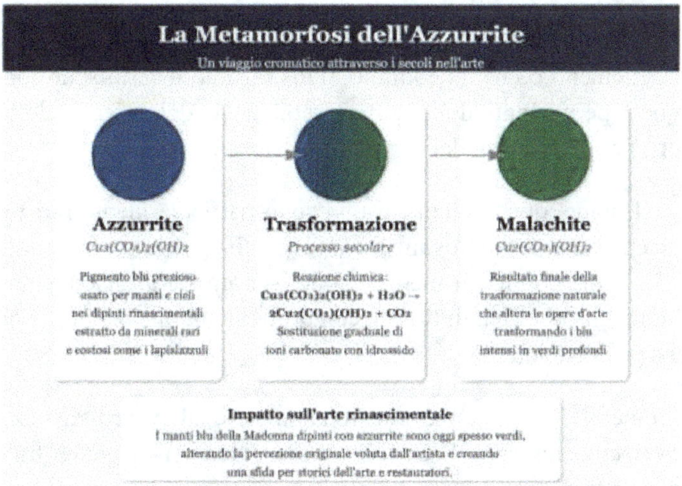

Alcuni artisti erano più consapevoli di questa problematica chimica. Michelangelo, ad esempio, evitava deliberatamente l'uso dell'azzurrite in affreschi importanti come la Cappella Sistina, preferendo pigmenti più stabili.

Questa trasformazione costituisce un importante esempio dell'intersezione tra chimica, mineralogia e storia dell'arte, ed è fondamentale per i restauratori che devono interpretare i colori originali delle opere. La comprensione di questi processi permette oggi di ricostruire l'aspetto originale dei dipinti e comprendere le intenzioni artistiche dei maestri rinascimentali.

Le diverse sfumature esprimevano anche potere sociale ed economico, come nelle rappresentazioni di Papa Giulio II dipinte da Raffaello. La trasformazione dei coloranti in pigmenti portò alla grande evoluzione delle tecniche pittoriche, sfruttate dagli impressionisti.

L'invenzione del tubetto metallico nel 1841 rivoluzionò l'arte pittorica: i colori divennero trasportabili, permettendo di dipingere all'aperto e aprendo la strada all'impressionismo.

Le terre rare: quando la geologia diventa geopolitica

Le terre rare sono un punto di incontro perfetto tra geologia, tecnologia e geopolitica. Elementi come il neodimio, il disprosio o il cerio sono fondamentali per i magneti permanenti delle turbine eoliche e dei motori elettrici, per i catalizzatori, per gli schermi dei dispositivi elettronici.

Nonostante il nome, questi elementi non sono particolarmente rari nella crosta terrestre, ma raramente si trovano concentrati in giacimenti economicamente sfruttabili. La Cina domina il mercato mondiale grazie al giacimento di Bayan Obo (la "Montagna dei Metalli Rari"), con profonde implicazioni per gli equilibri economici e politici globali.

Il coltan, minerale da cui si estrae il tantalio, è al centro di conflitti nella Repubblica Democratica del Congo, evidenziando il legame tra geologia, sfruttamento delle risorse e diritti umani.

Minerali della transizione energetica: sfide contemporanee

La transizione verso un'economia a basse emissioni di carbonio ha posto al centro dell'attenzione globale minerali che fino a pochi decenni fa erano considerati marginali. Questi "minerali critici" rappresentano un perfetto caso di studio per collegare geologia, tecnologia, sostenibilità e geopolitica in un approccio didattico integrato.

Il litio, elemento chiave per le batterie ricaricabili, viene estratto principalmente da salares in Argentina, Bolivia e Cile – il "triangolo del litio" – o da rocce pegmatitiche in Australia. La crescente domanda di veicoli elettrici ha trasformato questo elemento da curiosità chimica a risorsa strategica globale, con profonde implicazioni ambientali e sociali. Il processo di estrazione dai salares, che richiede l'evaporazione di enormi quantità di acqua in regioni aride, solleva questioni sulla sostenibilità di tecnologie presentate come "verdi".

Il cobalto, altro componente essenziale delle batterie al litio-ione, proviene per oltre il 60% dalla Repubblica Democratica del Congo, dove l'estrazione avviene spesso in condizioni problematiche dal punto di vista dei diritti umani, con documentati casi di lavoro minorile. Questo minerale esemplifica il concetto di "impronta etica" dei prodotti tecnologici, stimolando riflessioni sulla responsabilità dei consumatori e delle aziende. Il nichel, tradizionalmente associato alla produzione di acciaio inossidabile, è diventato indispensabile per le batterie di nuova generazione.

L'Indonesia, con le sue lateriti nichelifere formate dall'alterazione di rocce ultramafiche in ambiente tropicale, è emersa come produttore dominante, modificando gli equilibri geopolitici globali e sollevando preoccupazioni per la deforestazione. Il rame, elemento noto fin dall'antichità, vive una rinascita nell'era dell'elettrificazione: un'auto elettrica richiede fino a quattro volte più rame di un veicolo tradizionale, mentre le infrastrutture per le energie rinnovabili ne sono grandi consumatrici. La distribuzione geologica dei giacimenti di rame, concentrati in Cile, Perù, Repubblica Democratica del Congo e Zambia, influenza gli investimenti globali e le strategie industriali delle maggiori potenze economiche.

Dimensione etica dello sfruttamento minerario

Il coltan rappresenta solo la punta dell'iceberg di una problematica globale che merita approfondimento. I "minerali dei conflitti" (conflict minerals) - che includono anche stagno, tungsteno e oro estratti in zone di guerra - sollevano questioni fondamentali sui diritti umani, sulla responsabilità delle aziende tecnologiche e sulle scelte dei consumatori.

Le miniere di rame in Cile consumano enormi quantità di acqua in regioni già afflitte da siccità, creando conflitti con le comunità locali.

Lo studio dei minerali apre a discussioni sull'etica, economia, politica e diritti umani, trasformandoli da oggetti di studio astratti a potenti strumenti per sviluppare negli studenti conoscenze scientifiche, consapevolezza civica e pensiero critico sulle complesse interconnessioni tra geologia, economia globale e giustizia sociale, preparandoli ad affrontare le sfide della sostenibilità del futuro.

7.2 Le rocce come pagine di storia della Terra e dell'umanità

Combinando diversi minerali in strutture complesse, le rocce ci permettono di leggere sequenze di eventi geologici e di comprendere i processi che hanno modellato il nostro pianeta, intrecciandosi naturalmente con l'evoluzione culturale, artistica e tecnologica dell'umanità.

Anche le rocce – al pari dei minerali – possono essere presentate agli studenti non come semplici oggetti di classificazione, ma come testimoni di storie affascinanti che collegano il passato geologico alla nostra esperienza quotidiana.

Rocce ignee: dal cuore della Terra all'architettura

Le rocce ignee offrono l'opportunità di raccontare sia la dinamica interna del pianeta sia il loro utilizzo nelle civiltà umane. Il granito, ad esempio, roccia intrusiva formata dal lento raffreddamento del magma in profondità, è anche il materiale che ha definito l'architettura di civiltà dall'Antico Egitto ai moderni monumenti. Le sculture del Monte Rushmore e le piramidi di Assuan testimoniano la resistenza e la durabilità di questo materiale.

Il basalto, il pavimento degli oceani, ha fornito evidenze fondamentali per la teoria della Tettonica delle placche. Il basalto colonnare del Lastricato dei Giganti in Irlanda non solo rappresenta un esempio perfetto di contrazione per raffreddamento di una colata lavica, ma ha anche generato leggende come quella del gigante Finn McCool, che avrebbe costruito una strada per attraversare il mare verso la Scozia. Formazioni simili si trovano in Islanda e vicino all'Etna, nelle gole del fiume Alcantara, dove i prismi esagonali o pentagonali si dispongono in strutture che sembrano create artificialmente.

Il porfido, con la sua caratteristica tessitura porfirica, ha goduto di un prestigio particolare nell'antica Roma, dove era considerato simbolo di potere imperiale. La sua colorazione rossa intensa lo rendeva particolarmente adatto per colonne, vasche e decorazioni di edifici monumentali. La famosa vasca battesimale del Duomo di Milano, scolpita in un unico blocco di porfido, è un capolavoro che testimonia l'abilità degli artigiani medievali nel lavorare questa dura roccia vulcanica.

L'ossidiana, un vetro vulcanico nero formato dal raffreddamento rapidissimo della lava, fu utilizzata fin dal Neolitico per realizzare utensili taglienti grazie alla sua eccellente frattura concoide. Punte di freccia, lame e raschiatoi in ossidiana rappresentarono una tecnologia avanzata per molte culture preistoriche. In Sardegna, del Monte Arci fu oggetto di un vasto commercio mediterraneo già 7000 anni fa, testimoniando l'esistenza di rotte commerciali marittime ben prima dell'età del bronzo.

Un basalto poroso nero, prodotto dalle eruzioni dell'Etna è stato utilizzato per secoli nell'architettura tradizionale siciliana, definendo l'aspetto di Catania che venne ricostruita dopo l'eruzione del 1669 e il terremoto del 1693. Le sue proprietà di resistenza al fuoco e la sua abbondanza locale la resero il materiale ideale in una regione vulcanicamente attiva. Oggi, la lavorazione artigianale della pietra lavica per pavimentazioni decorative e oggetti d'arte esprime ancora l'identità culturale di un territorio.

la Pietra lavica del Liotru, simbolo di Catania

La riolite, equivalente vulcanico del granito, forma spettacolari strutture nel Parco Nazionale di Yellowstone negli Stati Uniti, dove estese colate di lava riolitica sono associate a spessi depositi di ceneri vulcaniche della stessa composizione. Il monumento neolitico di Stonehenge è costituito in parte da blocchi di riolite che presentano proprietà acustiche uniche, suggerendo un possibile utilizzo del monumento anche come spazio sonoro per rituali antichi.

Rocce sedimentarie: archivi della vita e dell'ambiente

Le rocce sedimentarie costituiscono veri e propri archivi della storia ambientale del pianeta, registrando nei loro strati millenni di evoluzione della Terra e della vita. Il calcare, ben oltre la semplice definizione chimica, rappresenta una "roccia vivente" formata dall'accumulo di gusci e scheletri di organismi marini. Questa connessione tra mondo minerale e biologico si manifesta in monumenti iconici come le piramidi di Giza, costruite con blocchi di calcare che un tempo erano parte di antichi mari tropicali, o nelle scogliere bianche di Dover, simbolo nazionale britannico costituite da miliardi di microscopici scheletri di microrganismi.

Il travertino, protagonista dell'architettura romana nel maestoso Colosseo, racconta una storia diversa ma altrettanto interessante: una roccia sedimentaria formata dalla precipitazione di carbonato di calcio in acque termali, le cui microstrutture porose, visibili a occhio nudo, conservano traccia dell'attività di microorganismi che influenzarono la precipitazione del minerale. Lo stesso processo geologico ha creato le spettacolari terrazze bianche di Pamukkale in Turchia, dove la geologia si trasforma in un paesaggio di straordinaria bellezza.

Le terrazze di travertino a Pamukkale in Turchia

Nella città di Bath in Inghilterra, si incontra un'intera architettura georgiana realizzata con il celebre "Bath Stone", un calcare oolitico giallastro caratterizzato da piccole sfere di carbonato di calcio formate in acque marine calde e poco profonde. Questa pietra, che possiede la peculiare proprietà di essere facilmente lavorabile dopo l'estrazione per poi indurirsi quando esposta all'aria, ha rappresentato il materiale ideale per l'espansione delle città del XVIII secolo, creando uno dei paesaggi urbani più armonici d'Europa.

L'arenaria, formata dalla disgregazione e successiva cementazione di rocce preesistenti, ha permesso la creazione di monumenti straordinari come i templi di Abu Simbel in Egitto, scolpiti in arenaria nubiana nel XIII secolo a.C. La storia geologica di questa roccia si intreccia con la storia contemporanea quando, negli anni '60 del Novecento, questi monumenti dovettero essere smontati e spostati a causa della costruzione della diga di Assuan, in un'operazione che dimostra la complessa interazione tra geologia, patrimonio culturale e sviluppo tecnologico.

A Petra, in Giordania, i Nabatei sfruttarono le proprietà dell'arenaria per creare un'intera città scavata nella pietra. La stratificazione naturale dell'arenaria con bande di diversi colori, dal rosso intenso al giallo dorato all'ocra, venne incorporata nei disegni architettonici, creando effetti decorativi naturali di straordinaria bellezza. Questa tecnica testimonia come le civiltà antiche avessero sviluppato una profonda comprensione intuitiva della geologia locale.

Base di lesena in pietra serena. Cappella Pazzi, Firenze, piazza Santa Croce

Nel Rinascimento fiorentino, la pietra Serena, un'arenaria grigio-azzurra caratterizzata da grana fine e uniforme, divenne il materiale prediletto di Brunelleschi e altri maestri architetti. Il contrasto tra questa pietra scura e l'intonaco bianco definì l'estetica rinascimentale della città, creando forme architettoniche tipiche che ancora oggi caratterizzano il centro storico fiorentino e ne definiscono l'identità urbana.

L'alabastro di Volterra, una varietà di gesso finemente cristallino, collega la geologia all'arte e all'artigianato: usato fin dall'epoca etrusca per urne cinerarie e, in tempi più recenti, per lampade e oggetti decorativi. Deve la sua caratteristica traslucidità alla particolare struttura cristallina formatasi durante il Messiniano, circa 5,6 milioni di anni fa, quando l'evaporazione ripetuta del Mediterraneo portò alla deposizione di enormi quantità di evaporiti.

Questa proprietà di diffondere delicatamente la luce ha reso l'alabastro un materiale prediletto per oggetti d'arte che sembrano illuminarsi dall'interno, creando un ponte tra la geologia e l'espressione artistica attraverso i millenni.

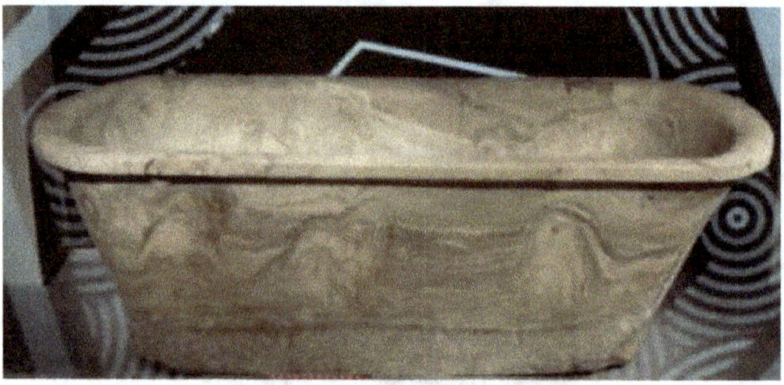

La vasca in alabastro di Nerone

I depositi di carbone raccontano una storia ancora diversa: formati dall'accumulo e dalla trasformazione di antiche foreste in ambienti paludosi, testimoniano non solo ecosistemi scomparsi milioni di anni fa, ma anche la rivoluzione industriale che ha trasformato profondamente la società umana. Questo combustibile fossile, principale fonte energetica del XIX secolo, ha permesso l'industrializzazione di intere nazioni, modificando paesaggi, modelli sociali ed equilibri geopolitici. La "cintura del carbone" nell'Europa centrale e negli Stati Uniti orientali ha definito territori, culture locali e persino movimenti politici, dimostrando come una roccia possa influenzare il corso della storia moderna.

Rocce metamorfiche: trasformazioni sotto pressione

Le rocce metamorfiche offrono l'opportunità di esplorare il concetto di trasformazione, sia in senso geologico che culturale. Queste rocce, nate dalla trasformazione di materiali preesistenti sotto l'azione di calore e pressione, raccontano storie di cambiamento che si intrecciano con l'evoluzione delle civiltà umane.

Il marmo, risultato del metamorfismo del calcare, ha plasmato l'estetica occidentale dal Partenone alle opere di Michelangelo. La sua distribuzione geografica, particolarmente abbondante nel Mediterraneo, ha influenzato lo sviluppo dell'arte scultorea in questa regione. Il Marmo di Carrara, estratto dalle Alpi Apuane dal tempo dei Romani, è il materiale di eccellenza per la scultura. Michelangelo viaggiava personalmente fino alle cave per selezionare i blocchi per le sue statue. Le diverse qualità di questo marmo, dal bianco statuario al bardiglio venato, derivano dal diverso grado di metamorfismo subito dai calcari originari e dalla presenza di impurità minerali. Il Cristo Velato di Giuseppe Sanmartino nella Cappella Sansevero di Napoli rappresenta un capolavoro in cui l'abilità dello scultore si coniuga con le caratteristiche tecniche di omogeneità e lavorabilità del marmo.

L'ardesia, derivata dal metamorfismo a bassa pressione di rocce argillose, ha avuto un impatto sorprendente sull'educazione di massa: le lavagne scolastiche in ardesia hanno democratizzato l'accesso all'istruzione. Il nome deriva dalla località Ardesio (BG) dove erano presenti importanti cave, e dalle sue proprietà deriva il nome della località Cavi di Lavagna in Liguria. I suoi usi come materiale per coperture di tetti nell'Europa settentrionale hanno modellato paesaggi culturali caratteristici.

Lo gneiss, una roccia metamorfica zonata a grana medio-grossolana, può derivare da differenti rocce preesistenti, raccontando storie complesse ed eventi sovrapposti. La disposizione a bande dei minerali chiari e scuri è l'ultimo stadio di una sequenza metamorfica che passa da argilloscisto, a fillade e a micascisto. Gli gneiss variamente deformati determinano la formazione di pieghe e strutture che raccontano l'intensa attività tettonica che ha modellato la crosta terrestre.

Le ofioliti sono frammenti dell'antico oceano Ligure-Piemontese incorporati nelle catene alpina ed appenninica. Queste rocce metamorfiche di colore verde scuro includono serpentiniti, gabbri metamorfosati e basalti trasformati, raccontando la storia di una crosta oceanica subdotta durante i processi orogenetici che hanno formato le Alpi e gli Appennini. Il loro studio ha fornito evidenze fondamentali per la comprensione della tettonica delle placche.

Il serpentino estratto nelle valli alpine del Piemonte e della Valle d'Aosta, verde scuro con venature bianche detto "Marmo verde Alpi", era considerato dai Romani un materiale di gran pregio. È stato usato nella Basilica di San Pietro a Roma e in numerose chiese rinascimentali, dimostrando come le rocce metamorfiche alpine abbiano influenzato l'arte sacra.

La quarzite, derivata dal metamorfismo di arenarie ricche in quarzo, è stata utilizzata fin dalla preistoria per la produzione di utensili grazie alla sua eccezionale durezza. In epoca romana e medievale venne impiegata per macine da mulino, sfruttando la sua resistenza all'abrasione. Nelle Alpi, affioramenti di quarzite bianca creano riferimenti paesaggistici visibili da grande distanza. La quarzite del Deserto Bianco in Egitto, formata dal metamorfismo di arenarie nubiane, crea un paesaggio di straordinaria geometria naturale.

Tra le rocce che hanno attraversato diverse fasi di trasformazione, la selce merita menzione particolare. Formata da noduli di silice cristallina, fu il materiale fondamentale per strumenti taglienti dal Paleolitico al Neolitico grazie alla sua frattura concoide. Nelle pianure dell'Europa settentrionale venne successivamente impiegata nell'architettura medievale, creando chiese dalle facciate decorative con motivi geometrici di selci nere e pietre bianche, come nella tradizione del "flint

Insolito traforo e flushwork, presso la chiesa della Santissima Trinità a Barsham, Suffolk

flushwork" britannico. La stessa durezza che la rendeva ideale per utensili preistorici venne sfruttata negli acciarini per l'accensione del fuoco fino all'Ottocento.

Rocce e architettura sostenibile: tradizione e innovazione

L'architettura contemporanea sta riscoprendo i materiali lapidei tradizionali in una nuova chiave sostenibile, offrendo spunti stimolanti per collegare lo studio delle rocce ai temi della sostenibilità ambientale e dell'innovazione tecnologica. La pietra, materiale da costruzione millenario, presenta caratteristiche di sostenibilità sorprendentemente moderne: durabilità eccezionale, bassa energia incorporata rispetto a cemento e acciaio, proprietà di isolamento termico e capacità di regolare naturalmente l'umidità degli ambienti.

Il suo ciclo di vita, dall'estrazione alla possibilità di riutilizzo, è un esempio di economia circolare ante litteram. Architetti come Peter Zumthor hanno reinterpretato l'uso della pietra locale: le Terme di Vals in Svizzera, realizzate in quarzite grigio-verde estratta a pochi chilometri di distanza, dimostrano come un materiale geologico possa creare spazi contemporanei in perfetta armonia con il paesaggio circostante, riducendo al minimo l'impronta ecologica dell'edificio.

Le tecnologie di taglio computerizzato hanno rivoluzionato la lavorazione della pietra, permettendo di ottenere elementi sottili e leggeri che sfidano la percezione tradizionale dei materiali lapidei come pesanti e massivi. L'Armadillo Vault, presentato alla Biennale di Architettura di Venezia del 2016, esemplifica questa rivoluzione: una volta autoportante composta da 399 blocchi di pietra calcarea non legati da malta o collanti, la cui forma complessa, calcolata mediante algoritmi complessi distribuisce perfettamente le forze compressive.

Il riutilizzo di materiali lapidei storici rappresenta un'altra frontiera dell'architettura sostenibile. La Punta della Dogana a Venezia, restaurata da Tadao Ando, integra mattoni e pietra d'Istria del XVI secolo con interventi contemporanei, creando un dialogo tra epoche diverse e riducendo il consumo di nuove risorse. Questi esempi dimostrano come lo studio delle rocce possa collegarsi a temi di grande attualità come l'architettura sostenibile, l'identità culturale e l'innovazione tecnologica, trasformando ciò che potrebbe apparire come un argomento tradizionale in una finestra sulle sfide contemporanee.

7.3 Strategie didattiche per un approccio narrativo ai "sassi"

Lo studio dei minerali e delle rocce può trasformarsi da un'arida memorizzazione di nomi e proprietà in un avvincente viaggio attraverso la storia del nostro pianeta e della civiltà umana. Un approccio narrativo che collega i "sassi" alle esperienze quotidiane, alla storia e alla cultura può risvegliare la curiosità degli studenti e rendere l'apprendimento più significativo.

Partire dagli oggetti quotidiani

Iniziare l'esplorazione delle geoscienze dagli oggetti familiari crea un immediato collegamento con la vita degli studenti. I dispositivi tecnologici che utilizziamo quotidianamente sono veri e propri musei mineralogici portatili: uno smartphone contiene circa 30 elementi minerali diversi, tra cui litio nelle batterie, silicio nei microchip, indio negli schermi tattili e terre rare nei magneti degli altoparlanti, mentre un laptop presenta componenti che derivano da minerali estratti in oltre 40 paesi, creando una rete globale di dipendenze economiche.

Il tantalio impiegato nei condensatori proviene principalmente dalla Repubblica Democratica del Congo, dove la sua estrazione è spesso legata a gravi violazioni dei diritti umani. Seguendo il percorso di questi minerali dall'estrazione alla produzione, gli studenti possono comprendere l'impatto globale dei loro dispositivi e le complesse interconnessioni tra tecnologia, geologia e giustizia sociale.

Gli edifici scolastici stessi possono diventare laboratori geologici. Le pavimentazioni in marmo raccontano di antichi mari tropicali e pressioni intense, mentre i graniti delle scale mostrano il lento raffreddamento di magmi profondi. Le pareti intonacate nascondono gesso e calcare, testimoni di processi sedimentari millenari.

I cosmetici offrono un'altra finestra sul mondo minerale: il talco nei prodotti per il corpo, l'ossido di zinco nelle creme solari, la mica nei lucidalabbra e la biacca (carbonato basico di piombo) usata come fondotinta dalle nobildonne romane. Confrontando questi prodotti nei secoli, gli studenti possono discutere come la conoscenza scientifica abbia influenzato l'evoluzione dei prodotti cosmetici, ma anche il ruolo della donna nel tempo e gli stereotipi della bellezza.

Utilizzare le "connessioni impreviste"

Le connessioni inaspettate tra minerali e altre discipline creano momenti di apprendimento che danno significato allo studio. La storia dell'arte si intreccia con la mineralogia quando si considerano i pigmenti: i cambiamenti nelle tavolozze dei pittori nel corso dei secoli riflettono non solo l'evoluzione estetica, ma anche la disponibilità di minerali e le rotte commerciali.

La letteratura offre sorprendenti connessioni con la geologia. Pirandello ambientò la sua novella "Ciaùla scopre la luna" nelle miniere di zolfo siciliane, dove il protagonista, un caruso che lavora in condizioni disumane, scopre per la prima volta il chiarore lunare all'uscita dalla miniera, vivendo un'epifania che contrasta con la sua misera esistenza. Analogamente, Émile Zola in "Germinal" descrisse le dure condizioni dei minatori di carbone. L'esplorazione di questi testi, accanto a campioni di minerali, crea un'esperienza educativa multisensoriale che unisce scienze e umanità.

La musica trova un'eco nella geologia: i cristalli di quarzo oscillano con frequenze precise quando sottoposti a pressione, principio utilizzato negli orologi al quarzo.

Anche i marmi e le rocce sonore (litofoni) sono stati utilizzati come strumenti musicali in diverse culture.

Le guerre e gli eventi storici sono spesso connessi a risorse minerarie. Le "guerre dell'oppio" del XIX secolo videro il Regno Unito scambiare oppio indiano con porcellana cinese (derivata dal caolino, l'argilla bianca). Durante la Seconda Guerra Mondiale, gli Stati Uniti svilupparono un programma segreto per acquisire cristalli di quarzo dal Brasile, essenziali per le comunicazioni radio militari.

Integrare le discipline attraverso i minerali

La chimica diventa tangibile attraverso i minerali. I cristalli di quarzo (SiO_2) illustrano i legami covalenti, mentre la struttura cubica ordinata del sale da cucina ($NaCl$) identifica perfettamente il legame ionico.

La fisica trova applicazioni nel comportamento dei minerali. La birifrangenza della calcite, che fa apparire doppie le immagini osservate attraverso un romboedro, illustra le proprietà ottiche dei cristalli. Le proprietà magnetiche della magnetite permettono di dimostrare i campi magnetici, mentre i cristalli piezoelettrici di quarzo generano elettricità quando compressi, principio che ritroviamo negli accendini.

La biologia si collega alla geologia grazie ai i biominerali: le conchiglie di calcite e aragonite, le ossa con idrossiapatite, e i denti con fluorapatite. I coralli, accumulando carbonato di calcio nei loro scheletri, hanno creato intere catene montuose come le Dolomiti, un tempo barriere coralline in un mare tropicale.

Un esempio eccezionale di interconnessione tra geologia, oceanografia, biologia ed economia è rappresentato dai depositi di fosfato del Cile e del Perù. Questi giacimenti si sono formati grazie a un complesso sistema naturale che inizia con l'upwelling della corrente di Humboldt, dove acque profonde ricche di nutrienti risalgono lungo la costa sudamericana. Questo processo alimenta una delle zone di pesca più produttive al mondo, sostenendo enormi colonie di uccelli marini. I loro escrementi, il guano, accumulatisi per millenni in condizioni di clima arido, hanno formato depositi di fosfato di straordinaria ricchezza. Nel XIX secolo, questi giacimenti divennero così strategici per l'agricoltura europea da scatenare la "Guerra del Pacifico" (1879-1884) tra Cile, Perù e Bolivia. Un singolo minerale collega così processi oceanografici, ecosistemi marini, clima, agricoltura globale e conflitti geopolitici, offrendo uno straordinario esempio dell'interconnessione dei sistemi terrestri.

La geografia economica si comprende meglio studiando la distribuzione delle risorse minerarie. La "fascia del rame" africana nello Zambia e nella Repubblica Democratica del Congo ha determinato le frontiere coloniali e continua a influenzare le relazioni internazionali. I depositi di fosfati in Marocco e Florida sostengono l'agricoltura globale, mentre le terre rare cinesi dominano la produzione di tecnologie verdi.

La geologia sotto i nostri piedi: valorizzare il contesto locale

Un approccio particolarmente efficace nell'insegnamento delle geoscienze consiste nel partire dal territorio circostante, trasformando l'ambiente locale in un laboratorio a cielo aperto dove gli studenti possono esplorare concretamente le connessioni tra geologia, paesaggio, storia e cultura. La lettura geologica del paesaggio urbano rappresenta un'attività accessibile e illuminante: una passeggiata per le strade della città si trasforma in un viaggio nel tempo e lo spazio geologico, osservando i materiali lapidei di edifici, monumenti e pavimentazioni. L'indagine sulla provenienza di queste rocce, sui processi che le hanno formate e sui motivi della loro scelta per specifiche applicazioni trasforma un edificio storico in un catalizzatore di scoperte scientifiche e culturali.

I toponimi spesso conservano indizi preziosi sui materiali geologici locali: nomi di vie, quartieri o località che fanno riferimento a cave, miniere o caratteristiche geologiche peculiari (via della Cava, piazza dell'Ardesia, quartiere delle Fornaci) rappresentano tracce linguistiche di antiche attività estrattive che hanno plasmato l'economia e la società locali.

I materiali da costruzione tradizionali raccontano la storia geologica del territorio e delle connessioni economiche: il Tufo Giallo Napoletano estratto dal sottosuolo della città partenopea, la Pietra Leccese che caratterizza il barocco salentino, o la Pietra di Vicenza che domina l'architettura palladiana sono esempi di come le comunità umane abbiano sviluppato tecniche costruttive e stili architettonici in stretta simbiosi con i materiali geologici disponibili localmente.

Le attività produttive tradizionali legate alle risorse geologiche – dalle ceramiche ai laterizi, dalle vetrerie alle officine metallurgiche – hanno plasmato l'identità di intere comunità. La riscoperta di queste attività utilizzando percorsi didattici che colleghino la geologia alle tradizioni artigianali locali non solo arricchisce la comprensione scientifica, ma promuove anche la valorizzazione del patrimonio culturale.

7.4 Verso una nuova percezione dei "sassi"

L'approccio narrativo trasforma elementi apparentemente inerti in potenti strumenti per comprendere la storia della Terra e dell'umanità. Superando la tradizionale didattica basata su classificazioni, questa prospettiva rivela le connessioni tra geologia e vita quotidiana, stimolando la curiosità verso fenomeni complessi a partire da oggetti familiari.

Queste storie aiutano a sviluppare naturalmente la capacità di collegare scienze naturali e umane, promuovendo la consapevolezza della dimensione temporale dei processi geologici. I "sassi" cessano così di essere oggetti morti e diventano testimoni di processi che collegano il passato profondo della Terra con le sfide presenti e future dell'umanità. Insegnare minerali e rocce attraverso le loro storie significa aiutare gli studenti a percepire questo tempo profondo e a collocarvi la breve ma intensa avventura umana sul pianeta Terra.

Basalto a Corde, nella caldera dell'Erta Ale in Etiopia

Per approfondire

McPhee, J. (1998). *Annals of the Former World*. Farrar, Straus and Giroux. https://us.macmillan.com/books/9780374518738/annalsoftheformerworld

Hjelle, A. (2022). *Rocks and Minerals in Human History*. Springer. https://link.springer.com/book/10.1007/978-3-030-83659-6

Kean, S. (2012). *The Disappearing Spoon: And Other True Tales of Madness, Love, and the History of the World from the Periodic Table of the Elements*. Back Bay Books. https://www.basicbooks.com/titles/sam-kean/the-disappearing-spoon/9780316051637/

Zalasiewicz, J. (2010). *The Planet in a Pebble: A Journey into Earth's Deep History*. Oxford University Press. https://global.oup.com/academic/product/theplanetinapebble978019964569

CAPITOLO 8

I FOSSILI COME FINESTRE SULL'EVOLUZIONE: IL RECORD PALEONTOLOGICO NELLA DIDATTICA

I fossili rappresentano un archivio insostituibile della storia della vita sulla Terra, che trasforma l'evoluzione da ipotesi a teoria confermata da evidenze concrete. Studiare l'evoluzione senza i fossili sarebbe come leggere solo l'ultimo capitolo di un romanzo. Si potrebbero intuire le dinamiche recenti, ma resterebbero invisibili l'origine, i conflitti e le trasformazioni che hanno plasmato la storia.

Sebbene la genetica, l'embriologia comparata e altre discipline offrano preziose intuizioni sui meccanismi dell'evoluzione, solo i fossili forniscono evidenze concrete delle forme di vita passate e della loro successione nel tempo. La loro natura è duplice: sono oggetti materiali, testimonianze fisiche di organismi vissuti in epoche remote, ma sono anche concetti intellettuali che hanno guidato e sfidato il pensiero scientifico nel corso dei secoli.

8.1 La comprensione del tempo profondo attraverso i fossili

Uno dei concetti più difficili da trasmettere nell'insegnamento dell'evoluzione è la vastità del tempo geologico. I fossili offrono un'opportunità unica per rendere tangibile questa dimensione temporale che sfugge all'esperienza umana quotidiana.

La disposizione dei fossili negli strati rocciosi costituisce una delle prime e più intuitive dimostrazioni dell'evoluzione. L'ordinamento verticale dei fossili, con forme più semplici negli strati più antichi e forme progressivamente più complesse in quelli più recenti, fornisce un supporto visivo e concreto alla nozione di cambiamento evolutivo nel tempo.

L'approccio didattico più efficace consiste nel presentare sezioni stratigrafiche reali, evidenziando come i fossili-guida permettano di datare e correlare strati rocciosi distanti geograficamente. Questo non solo illustra il principio di successione faunistica, ma dimostra anche come la paleontologia abbia applicazioni pratiche nella geologia e nell'esplorazione delle risorse.

Le stromatoliti, strutture laminate prodotte da colonie di cianobatteri risalenti a 3,7 miliardi di anni fa, sono l'esempio particolarmente efficace per illustrare l'antichità della vita sulla Terra. La possibilità di osservare stromatoliti moderne in ambienti estremi come Shark Bay in Australia consente di creare un collegamento diretto tra passato e presente, rendendo meno astratto il concetto di tempo profondo.

Stromatoliti a Shark Bay- Australia

Comprendere il tempo profondo richiede uno sforzo particolare e non è un concetto intuitivo per la mente umana. Come scrisse Stephen Jay Gould: "Il tempo profondo è così difficile da comprendere, così remoto dalla nostra esperienza ordinaria, che può essere veramente assimilato solo come una metafora". I fossili aiutano a costruire queste metafore, rendendo tangibile l'incommensurabile.

8.2 Dimostrare le trasformazioni evolutive attraverso le sequenze fossili

I fossili offrono la possibilità di osservare direttamente i cambiamenti morfologici avvenuti nel corso del tempo evolutivo, fornendo evidenze concrete dei processi di trasformazione.

Le sequenze evolutive complete: storie di successo

Alcune linee evolutive sono documentate da sequenze fossili particolarmente complete che illustrano in modo convincente la trasformazione graduale delle specie e rappresentano potenti strumenti didattici:

La sequenza evolutiva dei cavalli, dal piccolo Hyracotherium (delle dimensioni di un cane) ai cavalli moderni, illustra non solo l'aumento delle dimensioni corporee ma anche l'evoluzione da piedi con più dita a zoccoli singoli, in risposta all'adattamento all' ambiente di prateria. Questa sequenza dimostra che l'evoluzione non segue necessariamente un percorso lineare, ma procede spesso mediante radiazioni adattative con numerosi rami collaterali.

L'evoluzione delle balene da antenati terrestri quadrupedi offre un altro esempio straordinario. Fossili come Pakicetus (simile a un lupo con adattamenti all'ambiente acquatico), Ambulocetus (la "balena che camminava") e Rodhocetus (con arti posteriori già ridotti) documentano la transizione dalla terraferma all'ambiente marino completo nel corso di circa 10 milioni di anni. Questa sequenza dimostra come strutture anatomiche possano essere riproporzionate per nuove funzioni.

La scoperta di Tiktaalik, un organismo intermedio tra pesci e tetrapodi rinvenuto nell'Artico canadese, è il caso emblematico di come le previsioni evolutive possano guidare la ricerca paleontologica. I ricercatori hanno cercato deliberatamente in rocce di specifica età e ambiente, trovando esattamente ciò che la teoria evolutiva prevedeva: organismo con caratteristiche transitorie come un corpo da pesce con collo mobile, costole robuste e primitive "braccia" con polso e dita.

Rappresentazione del Tiktaalik (credit: Ted Daeschler, Academy of Natural Sciences)

Le forme di transizione: colmare i divari concettuali

Le cosiddette "forme di transizione" sono particolarmente efficaci per dimostrare i cambiamenti evolutivi tra grandi gruppi di organismi: Archaeopteryx, scoperto appena due anni dopo la pubblicazione dell'Origine delle Specie di Darwin, rappresenta il classico esempio di forma intermedia tra rettili e uccelli. Il suo scheletro mostra una combinazione di caratteristiche rettiliane (denti, lunga coda ossea, artigli sulle ali) e aviarie (penne asimmetriche adatte al volo).

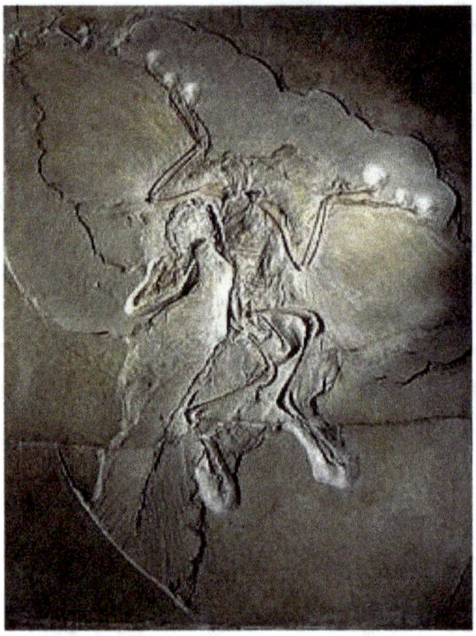

Archaeopteryx lithographica

Un esempio meno noto ma significativo è dato da Ichthyostega e Acanthostega, tetrapodi primitivi del Devoniano che mostrano caratteristiche transitorie tra pesci e anfibi, inclusi arti con dita ma ancora adattati a un ambiente prevalentemente acquatico. Questi fossili dimostrano come le innovazioni evolutive spesso emergano in un contesto funzionale diverso da quello che avrebbero assunto successivamente: le estremità con dita apparvero prima che gli animali iniziassero a camminare sulla terraferma, ma fu necessario un adattamento al cinto scapolare, affinché gli arti fossero in grado di sostenere il corpo, e lo scheletro in assenza di spinta idrostatica.

È importante chiarire che le "forme di transizione" non sono organismi "a metà strada" tra due gruppi moderni, né sono anelli di una catena lineare. Sono piuttosto organismi reali, perfettamente adattati al loro ambiente, che condividevano caratteristiche oggi separate in gruppi distinti.

8.3 Esplorare la biodiversità perduta e le radiazioni adattative

I fossili rivelano una straordinaria diversità di forme di vita che non hanno equivalenti nel mondo attuale, dimostrando come l'evoluzione abbia esplorato molteplici soluzioni adattative nel tempo.

Le esplosioni di diversità: sperimentazioni evolutive

Periodi particolari della storia della Terra hanno visto straordinarie radiazioni adattative, in cui numerose nuove forme di vita sono apparse in tempi relativamente brevi:

I fossili della Fauna di Burgess Shale (Cambriano medio, circa 508 milioni di anni fa) rivelano una diversità sorprendente di piani corporei, molti dei quali non hanno equivalenti moderni. Organismi come Hallucigenia, inizialmente ricostruito al contrario e a testa in giù prima di essere correttamente identificato come appartenente al gruppo degli onicofori (i "vermi di velluto"), o Opabinia con i suoi cinque occhi e proboscide prensile, dimostrano l'ampia sperimentazione evolutiva avvenuta all'inizio della storia degli animali. Questi esempi permettono di introdurre il concetto di contingenza storica nell'evoluzione: non tutte le innovazioni evolutive sopravvivono, indipendentemente dalla loro efficacia immediata.

Opabinia - opere di Hobo Tamura CC ***Hallucigenia***

I trilobiti sono un altro particolare esempio di radiazione adattativa, con oltre 20.000 specie documentate in 270 milioni di anni di esistenza. La loro diversità di forme, dimensioni e adattamenti ecologici li rende ottimi soggetti per discutere i processi di specializzazione e diversificazione. In particolare, l'evoluzione dei loro occhi composti, con lenti di calcite cristallina così perfette da permettere agli scienziati di ricostruire come vedevano il mondo, offre un affascinante esempio di evoluzione di organi complessi.

Le estinzioni di massa: reset evolutivi

Le grandi estinzioni documentate dal record fossile forniscono l'opportunità di discutere come eventi catastrofici abbiano ripetutamente rimodellato la biodiversità terrestre

I fossili permettono di studiare le cinque grandi estinzioni di massa, evidenziando come diversi gruppi abbiano risposto in modo differente agli stress ambientali. L'estinzione di fine Permiano, che eliminò quasi il 95% delle specie marine, dimostra come eventi di impatto globale possano rimodellare radicalmente la biosfera, creando opportunità per la diversificazione dei gruppi sopravvissuti.

Un approccio didattico efficace consiste nell'analizzare i modelli di estinzione e recupero, evidenziando come i gruppi dominanti in un'era possano essere sostituiti da gruppi precedentemente marginali nell'era successiva. L'estinzione dei dinosauri non-aviani alla fine del Cretacico e la successiva radiazione dei mammiferi illustra chiaramente questo principio.

Quando le estinzioni avvengono a seguito di attività magmatica databile e correlabile, offrono esempi particolarmente interessanti per ricostruire le complesse interazioni tra sistemi geologici e biologici. La catena di eventi che porta a questi eventi catastrofici per gli ecosistemi può essere presentata come il caso di studio sui feedback ambientali.

Questi eventi catastrofici mostrano come i sistemi terrestri siano interconnessi. Le enormi eruzioni vulcaniche in India, avvenute durante l'estinzione dei dinosauri, rilasciarono grandi quantità di gas nell'atmosfera. Questo causò riscaldamento globale e piogge acide. Questi cambiamenti ambientali causarono il collasso degli ecosistemi marini, con acidificazione degli oceani e riduzione dell'ossigeno disponibile. Il record fossile documenta questa catena di eventi attraverso strati sedimentari che mostrano il declino progressivo di forme planctoniche e la scomparsa di interi gruppi tassonomici, offrendo un esempio straordinario dell'interconnessione tra geosfera, atmosfera, idrosfera e biosfera. La discussione di questi eventi passati fornisce un contesto storico per comprendere le attuali crisi ambientali e le loro potenziali conseguenze sulla biodiversità.

→ intensificarsi dell'attività magmatica, intrusiva ed effusiva

→ aumento della concentrazione di gas serra nell'atmosfera

→ aumento della temperatura

- → fusione di *permafrost* presente alle alte latitudini
- → dissociazione di idrati di metano intrappolati nei sedimenti marini
- → aumento della concentrazione di CO2 nell'atmosfera
  - → *feed back positivo*
- → aumento dell'acidità degli oceani (diminuzione del pH) con impatti negativi sugli organismi a guscio calcareo
  - → *feed back negativo*
- → espansione delle fasce climatiche tropicali verso alte latitudini aumento delle precipitazioni
- → maggiore alterazione chimico-fisica dei suoli
- → maggiore erosione e ruscellamento superficiale con maggior apporto di nutrienti a laghi, fiumi, e mari
  - → immissione di metalli biolimitanti e tossici
  - → aumento drastico della produttività
  - → eccesso di materia organica
  - → deficit di ossigeno disciolto
  - → sviluppo di vaste aree anossiche

8.4 Illustrare i meccanismi dell'evoluzione attraverso i fossili

I fossili non documentano solo i risultati dell'evoluzione, ma forniscono anche indizi sui meccanismi che la guidano, permettendo di illustrare concretamente le forze evolutive in azione.

Adattamento e selezione naturale

Numerosi esempi fossili illustrano chiaramente il processo di adattamento a condizioni ambientali specifiche:

I mammut lanosi, grazie all'eccezionale conservazione di esemplari congelati nel permafrost siberiano, offrono un caso di studio ideale sull'adattamento al freddo estremo. Il loro pelo lungo fino a un metro, uno strato di grasso di 10 cm, orecchie ridotte e altri adattamenti fisiologici (rivelati dall'analisi del DNA recuperato) dimostrano come la selezione naturale possa modellare gli organismi in risposta a specifiche pressioni ambientali. I contenuti dello stomaco preservati permettono di ricostruire la loro dieta e l'ambiente in cui vivevano.

La miniaturizzazione delle specie insulari, come l'Homo floresiensis o gli elefanti nani del Mediterraneo, illustra come l'isolamento geografico e le risorse limitate possano guidare l'evoluzione verso dimensioni corporee ridotte, dimostrando la plasticità evolutiva anche in gruppi caratterizzati normalmente da grandi dimensioni.

Coevoluzione e interazioni ecologiche

I fossili possono rivelare antiche interazioni ecologiche, dimostrando come specie diverse evolvano in risposta reciproca.

Tracce fossili di predazione, come fori nei gusci di molluschi o segni di morsi su ossa di vertebrati, documentano l'antica "corsa agli armamenti" evolutiva tra predatori e prede. L'evoluzione di gusci più spessi nei molluschi in risposta a predatori con apparati buccali più efficaci, o comportamenti di fuga più sofisticati nei vertebrati per sfuggire a predatori più veloci, illustrano la coevoluzione in azione.

I fossili vegetali offrono evidenze particolarmente significative di coevoluzione con gli impollinatori. I granuli di polline fossili, preservati in sedimenti risalenti a oltre 300 milioni di anni fa, documentano l'evoluzione della riproduzione nelle piante terrestri e il passaggio dall'impollinazione tramite vento a quella tramite insetti. I fossili del Cretacico (145-66 milioni di anni fa) mostrano la radiazione esplosiva delle piante con fiori insieme a quella degli insetti impollinatori, rivelando una delle più antiche e significative interazioni nella storia della vita.

L'ambra fossile conserva esempi eccezionali di queste interazioni "fotografate" nel momento stesso in cui avvenivano: insetti con polline attaccato ai corpi, parassitoidi con le loro vittime, funghi simbionti di insetti, e fiori con strutture specializzate per attirare specifici impollinatori. Questi fossili dell'ambra del Baltico (circa 40 milioni di anni fa) permettono di discutere come le relazioni ecologiche rappresentino potenti forze selettive nell'evoluzione.

Non solo adattamento: vincoli e contingenza

I fossili rivelano che l'evoluzione non produce sempre la soluzione "migliore", ma è limitata dalla storia passata degli organismi.

Le stelle marine e i ricci di mare hanno mantenuto la loro struttura a cinque raggi per oltre 500 milioni di anni, anche se questa forma crea difficoltà funzionali. Questo dimostra come caratteristiche antiche possano limitare i cambiamenti futuri.

Ancora più chiaro è il caso dagli ittiosauri, rettili marini estinti che assomigliavano molto ai delfini. La loro coda sembrava identica a quella di un pesce, ma all'interno aveva una struttura completamente diversa. Nei pesci la colonna vertebrale si estende nella parte superiore della coda, negli ittiosauri in quella inferiore. Questo rivela la loro origine terrestre: nonostante milioni di anni di evoluzione marina, conservavano tracce della loro storia di rettili terrestri.

Questi esempi mostrano come il passato evolutivo ponga vincoli alle soluzioni possibili, anche quando l'ambiente favorirebbe forme diverse.

Anatomia comparata: finestre sull'evoluzione

L'anatomia comparata è uno degli strumenti più potenti per comprendere l'evoluzione, e i fossili ne sono una componente essenziale. Confrontando strutture anatomiche tra organismi estinti e viventi, gli studenti possono riconoscere direttamente i principi dell'unità di tipo con modificazione.

Un'attività particolarmente efficace consiste nel fornire agli studenti ossa omologhe (come gli arti anteriori) di diversi vertebrati, sia fossili che moderni, chiedendo loro di identificare somiglianze e differenze strutturali. Il confronto tra l'arto anteriore di un rettile fossile, un'ala di pterosauro, un'ala di uccello, un'ala di pipistrello, una pinna di balena e un braccio umano rivela la struttura fondamentale condivisa (omero, radio-ulna, carpali, metacarpali, falangi) modificata per funzioni diverse.

Le strutture vestigiali fossili, come gli arti posteriori rudimentali nei fossili di balene primitive o il bacino vestigiale nelle balene moderne, offrono evidenze particolarmente convincenti dell'evoluzione. Queste strutture, prive di funzione attuale ma presenti negli antenati, sono "relitti evolutivi" che testimoniano il passato evolutivo di un organismo.

L'anatomia comparata dei crani di ominini fossili consente di tracciare i cambiamenti nella capacità cranica, nella posizione del foramen magnum, nella morfologia dentale e in altre caratteristiche, documentando la graduale acquisizione delle caratteristiche umane nel tempo. Confrontando crani di australopitecine, Homo habilis, Homo erectus e Homo sapiens, gli studenti possono letteralmente "toccare con mano" l'evoluzione umana.

8.5 L'evoluzione umana: dal cespuglio evolutivo alla comprensione di noi stessi

L'evoluzione umana offre un'opportunità unica per esplorare concetti evolutivi complessi con un racconto che tocca direttamente gli studenti. È importante sfatare subito un mito comune: l'evoluzione umana non è stata una linea evolutiva diretta dal "primitivo" al "moderno". Il record fossile rivela invece una storia complessa con numerosi rami, molti dei quali si sono estinti senza lasciare discendenti diretti.

Oggi sappiamo che diverse specie di ominini hanno coesistito: Homo sapiens, Homo neanderthalensis, Homo floresiensis, Denisoviani e altri. Le analisi del DNA antico rivelano che alcune di queste specie si sono anche incrociate tra loro, creando una rete di relazioni molto più complessa di quanto immaginassimo. Questi dati permettono di discutere concetti come la speciazione geografica e l'ibridazione in un contesto direttamente rilevante per la nostra specie.

L'evoluzione umana rappresenta un eccellente esempio di evoluzione a mosaico, in cui diversi tratti evolvono a ritmi differenti e in momenti diversi. La postura eretta, ad esempio, precedette significativamente l'aumento delle dimensioni cerebrali, come dimostrato da "Lucy" (Australopithecus afarensis), che camminava su due gambe ma aveva un cervello grande quanto quello di uno scimpanzé.

I fossili permettono di tracciare l'emergere graduale delle caratteristiche umane: bipedismo, aumento della capacità cranica, riduzione del muso, cambiamenti nella dentizione, precisione della presa, uso di strumenti e comportamento simbolico. Questi tratti non sono apparsi simultaneamente, ma grazie una complessa sequenza di adattamenti a condizioni ambientali e sociali mutevoli.

I fossili umani, insieme agli strumenti associati, permettono di esplorare l'interazione unica tra evoluzione biologica e culturale. La crescente dimensione cerebrale nei fossili di Homo, accompagnata da strumenti sempre più complessi, illustra come evoluzione culturale e biologica si siano influenzate reciprocamente, accelerando entrambi i processi.

I fossili che documentano controllo del fuoco, sepolture e arte primitiva mostrano l'evoluzione del comportamento culturale. Grazie a questi reperti possiamo studiare lo sviluppo delle capacità cognitive e dei sistemi simbolici umani.

8.6 I fossili come fondamento dell'educazione evolutiva integrata

L'incorporazione dei fossili nell'insegnamento delle scienze trasforma questi reperti da oggetti statici a potenti strumenti narrativi che collegano diverse discipline scientifiche. Attraverso i fossili, l'evoluzione cessa di essere teoria astratta e diventa storia leggibile, racconto scritto nelle rocce della Terra.

Strategie didattiche pratiche

Una collezione didattica di fossili, anche modesta, è un investimento prezioso per qualsiasi istituzione scolastica. Idealmente dovrebbe includere esemplari comuni manipolabili (ammoniti, trilobiti, denti di squalo) e repliche di fossili evolutivamente significativi. Le attività pratiche possono spaziare dalle simulazioni del processo di fossilizzazione con materiali comuni ai laboratori di preparazione fossile, fino agli esercizi di ricostruzione paleobiologica dove gli studenti deducono stile di vita e habitat dalle caratteristiche anatomiche.

Le escursioni in siti fossiliferi locali offrono esperienze formative insostituibili, contestualizzando i fossili nei loro ambienti sedimentari e sviluppando responsabilità verso il patrimonio paleontologico. Prima di ogni uscita è fondamentale verificare le normative sulla raccolta di fossili, trasformando questa necessità in un'opportunità educativa sulla tutela del patrimonio naturale.

Approccio top-down e modellizzazione

L'insegnamento della paleontologia si presta perfettamente all'approccio top-down. Anziché iniziare con dettagliate classificazioni tassonomiche, questo approccio parte dai grandi processi evolutivi visibili nel record fossile: comparsa della vita multicellulare, conquista delle terre emerse, radiazioni adattative, estinzioni di massa. Successivamente si esplorano le relazioni tra questi eventi e la storia geologica della Terra, per poi esaminare casi studio specifici che illustrano principi evolutivi fondamentali.

Per rendere tangibile la vastità temporale sono particolarmente efficaci modelli fisici come ricostruzioni tridimensionali di paleoambienti e simulazioni interattive che visualizzano i cambiamenti evolutivi. Ogni fossile può essere presentato come narratore di storie interconnesse: la vita dell'organismo, il processo di fossilizzazione, l'ambiente antico e la storia della sua scoperta scientifica.

Prospettiva integrata

Il record fossile illustra la natura dinamica dei sistemi terrestri, l'interconnessione tra ambiente ed evoluzione biologica, e quella dimensione temporale che ridimensiona la nostra percezione antropocentrica. Studiando le radiazioni adattative e le estinzioni, gli studenti incontrano la contingenza dei sistemi complessi e la vulnerabilità degli ecosistemi di fronte a rapidi cambiamenti ambientali - lezioni che trascendono la paleontologia per toccare la nostra stessa comprensione dell'essere umani in un universo in continua evoluzione.

Scheda Didattica: Radiazioni Adattative ed evoluzione

Titolo: "Esplorazioni evolutive: Il caso della Fauna di Burgess Shale"

Tipologia: Unità didattica interdisciplinare geo-bio

Target: Scuola secondaria di II grado (licei)

Durata: 5 ore (2 lezioni + 1 laboratorio)

Approccio: Top-down, dal macroscopico al microscopico

Obiettivi di apprendimento:

- Comprendere il concetto di contingenza storica nell'evoluzione
- Analizzare come i fossili documentino la sperimentazione evolutiva
- Sviluppare capacità di interpretazione dei dati paleontologici
- Integrare conoscenze geologiche e biologiche

Lezione 1: Il contesto e l'esplorazione (2 ore)

- Presentazione della timeline geologica con focus sul Cambriano (25 min)
- Video introduttivo sul "Big Bang biologico" del Cambriano (15 min)
- Attività di gruppo: analisi di immagini di organismi di Burgess Shale (Hallucigenia, Opabinia, Anomalocaris) con ipotesi su habitat e modo di vita (50 min)
- Confronto con le interpretazioni scientifiche attuali (30 min)

Lezione 2: Dall'osservazione all'interpretazione (2 ore)

- Simulazione di scavo paleontologico con modelli di fossili cambriani (40 min)
- Introduzione al concetto di contingenza evolutiva attraverso il pensiero di S.J. Gould (25 min)
- Discussione: "E se riavvolgessimo il nastro della vita?" (25 min)
- Analisi delle condizioni ambientali del Cambriano e loro influenza sull'esplosione di biodiversità (30 min)

Laboratorio conclusivo (1 ora)

- Creazione di mappe concettuali che integrano aspetti geologici e biologici (30 min)
- Discussione di classe e quiz interattivo di verifica dell'apprendimento (30 min)

Risorse online suggerite:

- Museo di Storia Naturale di Londra: https://www.nhm.ac.uk/discover/burgess-shale-fossils-and-their-importance.html

- Royal Ontario Museum: https://burgess-shale.rom.on.ca/en/
- Modelli 3D di fossili di Burgess Shale su Sketchfab

Lago Mono- lago alcalino tra Yosemite e la Death Valley

Per approfondire

- Benton, M.J. (2003). When Life Nearly Died: The Greatest Mass Extinction of All Time. Thames & Hudson. https://thamesandhudson.com/when-life-nearly-died9780500291931
- Dal Sasso, C. (2016). Dinosauri Italiani. Museo di Storia Naturale di Milano. https://www.museonaturalastoria.it/pubblicazioni/dinosauri-italiani/
- Erwin, D.H. (2015). Extinction: How Life on Earth Nearly Ended 250 million Years Ago. Princeton University Press. https://press.princeton.edu/books/paperback/9780691165653/extinction
- Alvarez, L.W., et al. (1980). "Extraterrestrial cause for the Cretaceous-Tertiary extinction." Science, 208(4448), 1095-1108. https://doi.org/10.1126/science.208.4448.1095
- Gould, S.J. (1989). *Wonderful Life: The Burgess Shale and the Nature of History*. W.W. Norton & Company. https://wwnorton.com/books/Wonderful-Life/
- Pievani, T. (2019). *Imperfezione: Una storia naturale*. Raffaello Cortina Editore. https://www.raffaellocortina.it/scheda-libro/telmo-pievani/imperfezione-9788832851069-3139.html
- Fortey, R. (2011). *Survivors: The Animals and Plants that Time has Left Behind*. Harper Collins. https://www.harpercollins.com/products/survivors-richard-fortey

CAPITOLO 9.

ANCHE QUI PUÒ SUCCEDERE?

COSTRUIRE CONSAPEVOLEZZA DEI RISCHI E DEI PERICOLI

Il concetto di "rischio naturale" richiede di rivedere radicalmente le strategie didattiche. L'approccio tradizionale ai fenomeni geologici come frane, terremoti ed eruzioni vulcaniche li presenta come eventi eccezionali, improvvisi e imprevedibili, anziché come processi normali del sistema Terra. Questa prospettiva genera un senso di impotenza di fronte a forze considerate incontrollabili, ostacolando lo sviluppo di una relazione consapevole con l'ambiente.

9.1 Dalla "catastrofe" al processo sistemico

Una visione sistemica offre una prospettiva radicalmente diversa, fondata sulla conoscenza delle interconnessioni che caratterizzano il sistema Terra. I fenomeni geologici vengono riconosciuti come componenti naturali dell'evoluzione terrestre, parti integranti dei processi che modellano il nostro pianeta. Le frane, ad esempio, sono processi fondamentali nell'evoluzione dei versanti che contribuiscono al modellamento del paesaggio e al trasporto di materiali.

Questi fenomeni sono ricorrenti, con frequenze e intensità variabili ma spesso prevedibili entro determinati limiti. La loro ricorrenza può essere analizzata attraverso evidenze storiche e geologiche, permettendo di sviluppare modelli probabilistici utili per la pianificazione territoriale. La comprensione di queste dinamiche è fondamentale per proporre strategie di adattamento efficaci, che adottino un metodo integrato e preventivo basato sulla conoscenza approfondita dei processi.

9.2 I tre fattori del rischio: pericolosità, vulnerabilità ed esposizione

Il rischio è il risultato dell'interazione di tre fattori, solo uno dei quali è direttamente legato ai processi naturali.

La **pericolosità** è la probabilità che un fenomeno naturale di determinata intensità si verifichi in un dato periodo e area, caratterizzata da intensità, frequenza, estensione spaziale e prevedibilità.

La **vulnerabilità** è la propensione degli elementi esposti a subire danneggiamenti, includendo dimensioni strutturali (resistenza delle costruzioni), sistemiche (capacità di reazione dei sistemi sociali) e culturali (consapevolezza della popolazione).

L'**esposizione** quantifica gli elementi presenti nell'area interessata: densità di popolazione, valore economico di beni e attività, presenza di infrastrutture strategiche. È direttamente legata alle scelte insediative e di uso del territorio.

Il rischio può essere concettualizzato come $R = f(H, V, E)$. Poiché vulnerabilità ed esposizione dipendono dalle scelte umane, il termine "rischio naturale" risulta fuorviante. Sarebbe più corretto parlare di "rischio da fenomeni naturali", sottolineando la componente antropica sempre presente. Due città nella stessa zona sismica possono presentare rischi drasticamente diversi in base alle tecniche costruttive e alla densità abitativa, dimostrando come il rischio sia determinato principalmente dalle scelte di pianificazione territoriale.

9.3 Implicazioni didattiche: Sviluppare nuovi approcci educativi

Come discusso nei capitoli precedenti, l'insegnamento tradizionale dei fenomeni geologici spesso presenta gli eventi naturali come eccezionali e distanti dall'esperienza quotidiana. Questo approccio frammentato e decontestualizzato non favorisce lo sviluppo di una reale consapevolezza dei rischi presenti nel proprio territorio. La comprensione sistemica dei processi geologici richiede invece metodologie didattiche innovative che coinvolgano attivamente e li guidino a riconoscere le complesse interazioni tra fenomeni naturali e attività umane nel contesto specifico del loro territorio.

Approcci didattici efficaci: Problem-Based Learning e Case Analysis

L'approccio didattico basato sui problemi (Problem-Based Learning, PBL) è particolarmente efficace per lo studio dei rischi geologici perché stimola gli studenti a farsi domande e cercare soluzioni a problemi reali. Non si tratta di un metodo innovativo in sé, ma la sua applicazione alle geoscienze risulta particolarmente pertinente perché sfida gli studenti ad affrontare situazioni complesse tipiche dei fenomeni naturali.

Nel PBL il processo di apprendimento parte da problemi concreti che richiedono di essere analizzati e risolti. Nel caso dei rischi geologici, questi problemi possono riguardare la stabilità di un versante, la sicurezza di un edificio in area sismica, o la pianificazione territoriale in una zona a rischio.

Diverse caratteristiche rendono il PBL particolarmente adatto allo studio dei rischi geologici. Questo metodo incoraggia la formulazione di domande aperte piuttosto che la ricerca di risposte prefissate, integrando conoscenze teoriche e competenze pratiche in un unico processo di apprendimento. Esso promuove il lavoro collaborativo e una modalità interdisciplinare, sviluppando il pensiero critico e la capacità di prendere decisioni in condizioni di incertezza.

Un metodo complementare è la Case Analysis, che prevede lo studio dettagliato di casi reali di fenomeni geologici e delle loro conseguenze. Lo studio di casi come frane storiche, eventi sismici o eruzioni vulcaniche permette di analizzare i fattori predisponenti e le cause scatenanti, le conseguenze ambientali, sociali ed economiche, le strategie di mitigazione adottate e l'efficacia delle misure preventive.

Questi approcci didattici favoriscono una padronanza profonda dei concetti attraverso la loro applicazione in contesti reali e sviluppano competenze trasversali, come il pensiero spaziale e la capacità di collegare fenomeni diversi, essenziali per interpretare le complesse interazioni dei fenomeni geologici con l'ambiente e le attività umane.

Strumenti e modelli didattici: dalla semplificazione alla complessità reale

A partire dalle Earth Learning Ideas si è voluto sviluppare un modello didattico che introducesse investigazione, problematizzazione e più variabili, creando contesti più vicini alla realtà. Questa modalità richiede di riconoscere le diverse variabili nei fenomeni geologici pur utilizzando strumenti semplici e accessibili. L'obiettivo è stimolare un processo di apprendimento attivo dove gli studenti devono identificare autonomamente le relazioni tra componenti in sistemi progressivamente più complessi.

Kit sperimentali: evoluzione da modelli semplici a sistemi complessi

Il modello di base proposto dalle Earth Learning Ideas si fonda su elementi estremamente semplici: un piano inclinabile e un mazzo di carte da gioco. Osservando a quale angolo di inclinazione le carte iniziano a scivolare, gli studenti comprendono il principio dell'angolo di riposo. Sebbene efficace per introdurre un concetto fondamentale, questo modello è necessariamente limitato a una sola variabile (la pendenza).

A partire da questa base, si è voluto costruire un kit che integrasse le necessarie variabili per rendere il modello più rappresentativo dei fenomeni reali, permettendo di:

1. **Identificare autonomamente le variabili rilevanti** nei fenomeni di instabilità dei versanti (non solo la pendenza, ma anche il contenuto d'acqua, la rugosità del substrato, la tipologia di materiale, ecc.)
2. **Formulare ipotesi sulle relazioni tra variabili**, prevedendo ad esempio come l'aumento del contenuto d'acqua modifichi il comportamento di materiali diversi
3. **Progettare esperimenti controllati** variando un parametro alla volta per isolare gli effetti di ciascuna variabile
4. **Raccogliere e analizzare dati quantitativi**, misurando ad esempio gli angoli critici per diversi materiali in diverse condizioni
5. **Confrontare i risultati di laboratorio con osservazioni sul campo**, collegando i modelli semplificati ai fenomeni reali osservabili nel territorio

Questo approccio trasforma un'attività dimostrativa in un'indagine scientifica completa, dove gli studenti devono riconoscere e gestire la complessità dei sistemi naturali. I materiali restano semplici e accessibili, ma la struttura concettuale si arricchisce significativamente, avvicinandosi alle reali dinamiche dei processi geologici e alle metodologie di indagine scientifica utilizzate dai ricercatori.

9.4 Il modello di apprendimento e le variabili nel percorso didattico

Una modalità didattica più efficace per lo studio dei rischi geologici si basa su un percorso di apprendimento progressivo che parte da modelli semplici per arrivare gradualmente alla comprensione della complessità dei fenomeni reali. Questo metodo, sviluppato a partire dalle Earth Learning Ideas, trasforma gli studenti da osservatori passivi in investigatori attivi.

Il punto di partenza è rappresentato da strumenti estremamente semplici: un piano inclinabile e un mazzo di carte da gioco. Osservando a quale angolo le carte iniziano a scivolare, gli studenti comprendono il concetto fondamentale dell'angolo di riposo. Questo modello base, pur essendo efficace per introdurre il principio, considera una sola variabile: la pendenza.

Modello per simulare il comportamento di diversi detriti o coperture erbose con diverse pendenze e substrati.

Modello per simulare il comportamento di diversi blocchi o strati rocciosi, con basso ed alto attrito interno (strati lisci o ruvidi), diverse pendenze, diversi substrati, da lisci a ruvidi.

L'evoluzione didattica consiste nell'arricchire progressivamente il sistema con nuove variabili che lo rendono più rappresentativo dei fenomeni reali. Si possono utilizzare materiali diversi (sabbia, ghiaia, argilla), substrati con rugosità variabile, contenuti d'acqua differenti e coperture vegetali simulate. Questa complessità crescente permette di mantenere strumenti semplici e accessibili mentre si esplora la ricchezza dei processi naturali.

Attraverso questo approccio, gli studenti sviluppano competenze di ricerca strutturate. Identificano autonomamente le variabili rilevanti nei fenomeni di instabilità, formulano ipotesi sulle relazioni tra variabili e progettano esperimenti controllati variando un parametro alla volta. Raccolgono dati quantitativi misurando gli angoli critici per diversi materiali in condizioni diverse, per poi confrontare i risultati di laboratorio con osservazioni sul campo, collegando i modelli semplificati ai fenomeni reali del territorio.

Imparano a riconoscere e definire le variabili chiave: substrato, materiale, presenza di acqua, pendenza e copertura vegetale. Questa capacità di identificare i componenti e i processi all'interno del sistema sviluppa capacità analitiche. Devono inoltre specificare le condizioni limite per ciascun materiale e riconoscere le relazioni reciproche, utilizzando tabelle per organizzare le informazioni e trarre generalizzazioni.

La seconda fase del percorso formativo prevede il passaggio dall'esperimento controllato all'analisi del territorio reale. Gli studenti utilizzano immagini, mappe, dati GIS e fotografie aeree per analizzare casi concreti, verificando le condizioni in cui i fenomeni si verificano e identificando i fattori scatenanti. L'obiettivo è sviluppare la capacità di riconoscere vari fenomeni nell'ambiente familiare, ricostruire la loro storia e prevedere la loro evoluzione.

Fattori chiave e comunicazione del rischio

Il successo di questo metodo dipende da una gestione efficace del gruppo classe, dove l'insegnante funge da guida favorendo il coinvolgimento attivo degli studenti. Fondamentale è l'identificazione di domande guida che stimolino la risoluzione di problemi e portino lo studente a confrontare le variabili del fenomeno con casi reali nel territorio locale.

Un aspetto spesso trascurato ma fondamentale è la comunicazione del rischio. Gli studenti apprendono non solo a identificare e analizzare i rischi, ma anche a comunicarli efficacemente attraverso la creazione di mappe semplificate, campagne informative o simulazioni di briefing alle autorità. La capacità di tradurre concetti tecnici in messaggi chiari rappresenta un'abilità essenziale per trasformare la conoscenza scientifica in comportamenti preventivi efficaci.

9.5 Verso una nuova cultura del territorio

Il passaggio da una visione catastrofista a una comprensione sistemica dei processi geologici richiede un cambiamento culturale profondo. Non si tratta solo di modificare i metodi di insegnamento, ma di pensare a un nuovo modo di vivere il territorio.

La storia ci offre esempi preziosi di comunità che hanno saputo convivere con i fenomeni geologici. Le popolazioni alpine hanno sviluppato tecniche costruttive per proteggersi da valanghe e frane. Gli abitanti del Vesuvio nell'antichità riconoscevano i segnali delle eruzioni. Le tradizioni architettoniche giapponesi integrano da secoli la consapevolezza sismica. Queste esperienze dimostrano che è possibile sviluppare una "cultura del rischio" basata sulla conoscenza e sull'adattamento.

L'educazione gioca un ruolo centrale in questo cambiamento. Queste metodologie didattiche - dal Problem-Based Learning alle attività pratiche con i kit sperimentali - dimostrano come sia possibile coinvolgere attivamente gli studenti. Quando toccano con mano i fenomeni attraverso esperimenti e osservazioni dirette, sviluppano una competenza più profonda e duratura.

È necessario superare la tradizionale separazione tra "natura" e "attività umane". I fenomeni geologici non sono eventi esterni che occasionalmente colpiscono i nostri insediamenti, ma processi con cui le nostre comunità convivono costantemente. Frane, inondazioni e terremoti fanno parte della dinamica terrestre quanto le nostre città e le nostre vite.

Solo quando la consapevolezza geologica diventerà parte del nostro "senso di appartenenza" al territorio, potremo parlare di vera prevenzione. Questo rappresenta il contributo più importante che l'educazione alle geoscienze può dare alla costruzione di comunità più sicure e sostenibili.

La DGPV di Torgnon - Un laboratorio naturale di rischio geologico

La Deformazione Gravitativa Profonda di Versante (DGPV) di Torgnon rappresenta un esempio concreto di fenomeno meno immediatamente riconoscibile, ma con significative conseguenze sulla morfologia dell'area e sulle attività umane. Questo caso studio offre l'opportunità di applicare un modello pluridisciplinare e le metodologie didattiche innovative descritte in precedenza.

Localizzata nella Valle di Torgnon in Valle d'Aosta, questa DGPV è una deformazione post-glaciale che interessa circa 3 km² di superficie con una profondità stimata tra 100-200 metri nel substrato metamorfico, prevalentemente composto da gneiss e micascisti. Il fenomeno presenta caratteristiche distintive come gradini trasversali multipli sulla superficie del versante, contropendenze e depressioni chiuse, trincee e fratture parallele alla linea di massima pendenza, sdoppiamento della cresta sommitale ed evidenze di movimento differenziale tra blocchi. La velocità di movimento varia da millimetrica a centimetrica all'anno, con accelerazioni in periodi di precipitazioni intense.

Tra i processi correlati si osservano lo sbarramento della valle principale con formazione di bacino lacustre ora colmato, canali di scorrimento preferenziale che evidenziano la complessità del movimento, formazione di pianura paleo-fluviale a seguito dello sbarramento e sviluppo di zone di ristagno idrico in corrispondenza delle contropendenze.

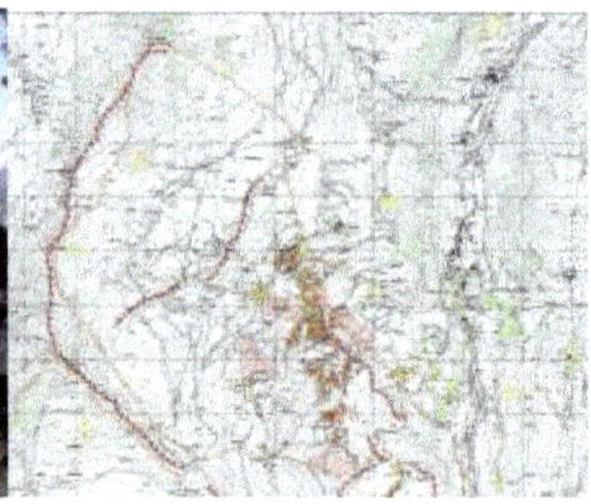

Torgnon-Valle d'Aosta ***Cartografia dei dissesti***

Il Ru du Pan Perdu

Scheda didattica: La DGPV di Torgnon

Target: Scuola secondaria di II grado
Durata: 8 ore (aula, laboratorio e campo)
Approccio: Sistemico e Problem-Based Learning
Obiettivi:

- Comprendere i fenomeni di DGPV e il loro impatto territoriale
- Sviluppare capacità di lettura e interpretazione dei segni del paesaggio
- Integrare conoscenze scientifiche e saperi tradizionali nella valutazione dei rischi
- Elaborare proposte di mitigazione e convivenza con fenomeni a lenta evoluzione

1. Inquadramento del fenomeno (2 ore) Analisi delle caratteristiche distintive: gradini trasversali, contropendenze, depressioni chiuse, fratture parallele alla pendenza, sdoppiamento della cresta. Studio dei processi correlati: sbarramento della valle, formazione di bacino lacustre, canali di scorrimento preferenziale, zone di ristagno idrico.

2. Dimensione storica e culturale (2 ore) Esplorazione delle evidenze storiche: documenti dal 1600 sui "terreni che camminano", il canale "Ru du Pan Perdu" (canale del pane sprecato) e la sua manutenzione secolare, toponimi significativi come "Rovine" e "Lou Plan dou Crépon" (piano della crepa). Raccolta di testimonianze orali: racconti tramandati sui cambiamenti morfologici, memoria collettiva degli eventi di accelerazione, conoscenza empirica delle aree stabili per l'edificazione. Analisi dell'evoluzione della percezione del rischio dalle comunità tradizionali alle generazioni recenti.

3. Attività didattiche pratiche (3 ore)

- **Analisi documentale:** Confronto di carte storiche e fotografie aeree multi-temporali, identificazione dei cambiamenti morfologici, correlazione con eventi climatici
- **Simulazione:** Creazione di modelli fisici dei meccanismi di deformazione, simulazione degli effetti di diverse variabili

- **Indagine territoriale:** Mappatura dei segnali morfologici, interviste alla popolazione locale, analisi delle tecniche costruttive tradizionali

4. Sintesi e proposta (1 ora) Elaborazione di mappa di rischio integrata che combini dati scientifici e conoscenze tradizionali. Sviluppo di strategie di mitigazione: proposte per la pianificazione territoriale, misure strutturali e non strutturali, strategie di comunicazione per la comunità locale.

Competenze sviluppate: Lettura del paesaggio, pensiero sistemico, integrazione tra conoscenza scientifica e tradizionale, capacità di analisi multidisciplinare, comunicazione del rischio.

Collegamenti interdisciplinari: Storia (evoluzione degli insediamenti), Geografia (interazioni uomo-ambiente), Scienze sociali (percezione del rischio), Economia (valutazione costi-benefici delle strategie).

Prodotto finale: "Atlante del rischio" della DGPV di Torgnon che integri dati scientifici, conoscenze tradizionali e proposte di gestione, da presentare alla comunità locale e alle autorità competenti.

Yosemite National Park- Half Dome

Per approfondire

Peppoloni, S. (2021). *Scienza, Arte e Filosofia: conoscere e comunicare i rischi naturali.* INGV Edizioni. https://www.ingv.it/it/pubblicazioni-e-prodotti-editoriali/prodotti-editoriali/libri-e-guide/scienza-arte-e-filosofia-conoscere-e-comunicare-i-rischi-naturali

Guidoboni, E., & Valensise, G. (2013). *L'Italia dei disastri: dati e riflessioni sull'impatto degli eventi naturali 1861-2013.* Bononia University Press. https://buponline.com/prodotto/italia-dei-disastri-dati-riflessioni-sullimpatto-degli-eventi-naturali-1861-2013/

Luino, F., & Turconi, L. (2017). *Eventi di piena e frana in Italia settentrionale nel periodo 2005-2016.* CNR-IRPI. https://www.irpi.cnr.it/focus/eventi-di-piena-e-frana-in-italiasettentrionale-nel-periodo-2005-2016/

Crescimbene, M., La Longa, F., & Camassi, R. (2012). *Psicologia dell'emergenza e gestione dello stress nelle organizzazioni.* Quaderni di Geofisica, INGV. http://www.ingv.it/editoria/quaderni/2012/quaderno98.pdf:

Wisner, B., Blaikie, P., Cannon, T., & Davis, I. (2014). *At Risk: Natural Hazards, People's Vulnerability and Disasters* (2nd ed.). Routledge. https://www.routledge.com/At-Risk-Natural-Hazards-Peoples-Vulnerability-and-Disasters/Wisner-Blaikie-Cannon-Davis/p/book/9780415252164

Slovic, P. (2016). *The Perception of Risk.* Routledge. https://www.routledge.com/ThePerceptionofRisk/Slovic/p/book/9781853835285

UNDRR. (2022). *Global Assessment Report on Disaster Risk Reduction 2022.* United Nations Office for Disaster Risk Reduction. https://www.undrr.org/gar2022-our-world-risk

Peduzzi, P. (2019). *The Disaster Risk, Global Change, and Sustainability Nexus.* Sustainability, 11(4), 957. https://doi.org/10.3390/su11040957

CAPITOLO 10.

CATASTROFI ... E ALTRE STORIE. COMPRENDERE I PROCESSI, SCOPRIRE CONNESSIONI IMPREVISTE

Le geoscienze sono spesso percepite come "la scienza delle catastrofi", e i geologi come profeti di sventura, Cassandre pronte a prevedere eventi drammatici. In realtà, dovrebbero essere visti come interpreti di processi complessi che intrecciano profondamente la storia naturale con quella umana.

Nei capitoli precedenti abbiamo esplorato come rinnovare l'approccio didattico alle geoscienze attraverso la modellizzazione contestualizzata, l'approccio narrativo e una nuova comprensione dei rischi. Questo capitolo completa questa visione, mostrando come le geoscienze rappresentino una "disciplina ponte" tra i fenomeni naturali e le vicende umane.

I processi geologici non sono eventi isolati, ma forze che hanno dato origine a nuovi paesaggi, strutture sociali e movimenti culturali, catalizzando cambiamenti storici profondi. Dalle eruzioni che hanno ispirato capolavori artistici ai terremoti che hanno ridefinito l'urbanistica, dai cambiamenti climatici che hanno guidato migrazioni agli impatti meteoritici che hanno modificato il corso dell'evoluzione, le geoscienze offrono una chiave interpretativa unica per comprendere la storia del nostro pianeta e della nostra specie.

Attraverso esempi concreti e connessioni interdisciplinari, si scoprirà come eventi geologici apparentemente distanti abbiano influenzato arte, letteratura, politica e società, trasformando quello che potrebbe sembrare un elenco di catastrofi in una narrazione coinvolgente delle interconnessioni Terra-umanità.

Chicxulub: Un caso emblematico di catastrofe con conseguenze inaspettate

Il meteorite di Chicxulub rappresenta forse l'esempio più iconico di come una catastrofe geologica possa avere ripercussioni complesse e di vasta portata. Questo enorme corpo celeste di 10-12 km di diametro, schiantatosi sulla penisola dello Yucatan 66 milioni di anni fa, non fu semplicemente un evento distruttivo isolato, ma l'innesco di una trasformazione evolutiva di portata planetaria.

L'impatto sollevò un'enorme quantità di polveri e ceneri nell'atmosfera, oscurando il sole per anni e causando un raffreddamento globale che alterò drasticamente gli ecosistemi terrestri. Questa "catastrofe" portò all'estinzione dei dinosauri, organismi che avevano dominato la Terra per oltre 160 milioni di anni e che, contrariamente all'immagine popolare di creature primitive, avevano raggiunto notevoli livelli evolutivi: molte specie erano a sangue caldo, alcune ovovivipare, molte avevano sviluppato piume e penne, e mostravano comportamenti complessi come le cure parentali.

Ma ciò che rappresentò una drammatica fine per i dinosauri si rivelò un'opportunità senza precedenti per i piccoli mammiferi che fino ad allora avevano vissuto nell'ombra dei grandi rettili. Liberati dalla pressione predatoria e competitiva, questi animali poterono diversificarsi, occupare nuove nicchie ecologiche ed evolversi in forme sempre più complesse - un processo che, a distanza di decine di milioni di anni, avrebbe portato all'emergere della nostra specie.

La complessità di relazioni, di dinamiche e di connessioni tra le geoscienze e infiniti altri ambiti scientifici, storici e culturali, apre a una moltitudine di esempi didattici. Questi collegamenti, raccolti da ricerche specialistiche e divulgative, possono diventare potenti strumenti per sviluppare negli studenti non solo curiosità ma anche spirito investigativo, avvicinandoli alle geoscienze attraverso un percorso di scoperta costruito su passaggi logici. Questo approccio rivela come le geoscienze abbiano spesso rappresentato la causa innescante di avvenimenti apparentemente distanti da questa disciplina, condizionando la storia dell'umanità e gli sviluppi culturali, passati e recenti.

Esplorando le connessioni inaspettate tra eventi geologici e storia dell'umanità è importante stabilire fin dall'inizio il livello di certezza di queste relazioni. Alcune di queste connessioni, come gli effetti dell'eruzione del Tambora nel 1815 e il conseguente "anno senza estate", sono ampiamente documentate attraverso registri storici, dati meteorologici e prove geologiche. In questi casi, la catena di causa-effetto è stata ricostruita con notevole precisione dagli studiosi. Per altre connessioni, soprattutto quelle relative a periodi più remoti della storia o della preistoria umana, come l'eruzione del supervulcano Toba o i possibili legami tra terremoti e il declino di antiche civiltà, ovviamente ci sono meno dati e meno certezze. È importante precisare che queste ipotesi non sono semplici speculazioni, ma affermazioni fondate su solide basi scientifiche.

Le eruzioni vulcaniche non hanno solo distrutto città e modificato paesaggi, ma hanno anche influenzato migrazioni, ispirato capolavori artistici e letterari, e persino contribuito all'evoluzione tecnologica. I terremoti non hanno solo abbattuto edifici, ma hanno anche ridisegnato l'urbanistica e stimolato innovazioni architettoniche. I cambiamenti climatici hanno determinato l'ascesa e il declino di intere culture.

Questo viaggio attraverso il tempo e lo spazio va percorso con mente aperta, considerando la Terra e i suoi processi geologici non come semplici oggetti di studio scientifico, ma come protagonisti attivi della storia dell'umanità, capaci di influenzare la nostra storia in modi tanto profondi quanto sorprendenti. Si tratta di eventi, relazioni e connessioni note a molti, soprattutto ai geoscienziati. L'obiettivo non è stupire "con effetti speciali", ma organizzare in un sistema temporale e logico un insieme di informazioni che altrimenti assumerebbero un aspetto didascalico e aneddotico, poco efficace per rinnovare l'approccio tradizionale alle geoscienze.

10.1 I vulcani come architetti della vita sulla Terra

I vulcani hanno svolto un ruolo fondamentale nella storia del nostro pianeta, influenzando sia la sua struttura fisica che lo sviluppo della vita. Attraverso la loro attività, hanno contribuito all'attivazione della tettonica delle placche e fornito elementi e composti chimici essenziali per l'evoluzione biologica.

Le eruzioni vulcaniche primordiali rilasciarono nell'atmosfera vapore acqueo e anidride carbonica, componenti che costituirono la base dell'atmosfera terrestre e crearono l'effetto serra naturale che rese abitabile il pianeta. Senza questo fatto, la Terra sarebbe rimasta un mondo ghiacciato e inospitale.

Le ceneri vulcaniche, depositandosi su vaste aree, hanno contribuito alla fertilità dei suoli grazie alla loro ricchezza di minerali essenziali come fosforo, potassio e oligoelementi, creando terreni fertili che hanno sostenuto lo sviluppo di ecosistemi complessi. Particolarmente rilevante è il ruolo dei vulcani sottomarini, le cui fumarole idrotermali, con le loro condizioni estreme di temperatura, pressione e composizione chimica, potrebbero aver costituito il laboratorio naturale in cui si formarono le prime molecole organiche e, potenzialmente, le prime forme di vita terrestre.

Oltre al loro impatto sullo sviluppo biologico, le eruzioni vulcaniche hanno influenzato profondamente anche la storia umana, rappresentando non solo forze naturali capaci di distruggere, ma anche catalizzatori di cambiamento sociale, culturale e artistico. Le eruzioni del Tambora e del Krakatoa offrono esempi perfetti di come le geoscienze si legano alla storia dell'umanità.

I casi proposti illustrano come i processi geologici possano essere analizzati secondo l'approccio sistemico descritto nel capitolo 9, seguendo le complesse catene di causa-effetto che innescate dal singolo episodio. Dal punto di vista didattico, permettono di applicare il metodo della ricostruzione narrativa proposto nel capitolo 7, guidando gli studenti attraverso le conseguenze multidimensionali di un evento geologico nei diversi ambiti: climatico, agricolo, sociale, politico, artistico e letterario.

L'eruzione del Tambora: l'anno senza estate e le sue conseguenze culturali

L'eruzione del Tambora rappresenta il caso più noto di un "anno senza estate," a causa della complessità degli eventi scatenati dalla sua eruzione nel 1815. Per questo motivo, lo presento separatamente da una cronologia storica, che verrà invece rispettata negli esempi successivi.

Tra il 5 e il 15 aprile 1815, il vulcano Tambora sull'isola di Sumbawa in Indonesia, eruttò, espellendo grandi quantità di cenere vulcanica negli strati superiori dell'atmosfera. L'eruzione fu 10 volte più potente di quella successiva del Krakatoa; inoltre, il vulcano Soufrière sull'isola di Saint Vincent nei Caraibi nel 1812, e il Mayon nelle Filippine nel 1814, avevano già eruttato abbondante polvere nell'atmosfera, come provano i composti di zolfo trovati nel ghiaccio della Groenlandia. Questi fenomeni si sovrapposero al Minimo di Dalton, un periodo di basso numero di macchie solari e conseguente bassa attività solare dal 1790 circa al 1830, durante il quale si ritiene che il sole abbia emesso meno energia. A quel tempo era ancora in corso la Piccola Era Glaciale, il periodo di raffreddamento generale del pianeta che, dal 1600 durò fino ad almeno il 1850.

L'anno 1816 sarà quindi definito come l'*anno senza estate*, con esiti che condizionarono profondamente la storia e la cultura umana. Durante questa eruzione, gravi anomalie nel clima estivo distrussero i raccolti in Europa e Nord America. Le popolazioni furono colpite da una grande carestia; gli agricoltori dovettero affrontare gravi difficoltà e numerosi capi di bestiame morirono. Tempeste, piogge molto abbondanti e conseguenti inondazioni dei principali fiumi europei sono attribuite all'eruzione del Tambora.

Queste condizioni climatiche e la diffusa mancanza di cibo spinsero molti abitanti della penisola italiana a emigrare in America nella speranza di trovare un mondo migliore: nell'ottobre 1816 le autorità del Ducato di Genova rilevarono nei registri portuali un notevole aumento delle richieste di documenti di espatrio per le Americhe.

L'eruzione del Tambora

Tuttavia, quando i migranti raggiunsero le coste americane, scoprirono che le condizioni meteorologiche avevano causato povertà e carestie anche lì, quindi si spinsero verso ovest. Molti storici citano l'anno senza estate come la ragione principale della "conquista" dell'Ovest americano.

L'anno successivo, un gruppo di scrittori inglesi impegnati nel tradizionale Grand Tour verso sud dei giovani britannici, si fermò a trascorrere l'estate a Villa Diodati vicino a Ginevra, che era stata affittata da Lord Byron. Mary Shelley e John Polidori si riunirono, insieme ad altri ospiti che, impossibilitati a trascorrere le loro giornate sul lago a causa del maltempo, decisero di sfidarsi a scrivere il romanzo più spaventoso. Due di questi racconti diventarono le opere più famose del romanzo gotico inglese, in particolare il "Frankenstein" di Mary Shelley e "Il Vampiro" di John Polidori, che fu il primo racconto moderno basato sui vampiri.

Anche la letteratura per l'infanzia fu indirettamente influenzata dall'eruzione del Tambora. I Fratelli Grimm pubblicarono la prima edizione integrale nel 1815, una raccolta che chiamarono "Fiabe del Focolare", molte delle quali erano ambientate in climi freddi.

La mancanza di foraggio ispirò il Barone Karl Drais a cercare nuovi mezzi di trasporto senza cavalli, inventando il Dandy Horse, il prototipo della moderna bicicletta.

Il Dandy horse

Un altro fatto storico accaduto nel 1815 merita di essere ricordato per il suo possibile rapporto con l'eruzione del Tambora e le conseguenze climatiche: la sconfitta di Napoleone nella Battaglia di Waterloo. La sua strategia di guerra era di muovere rapidamente le truppe sul campo di battaglia per sconfiggere l'esercito nemico, ma in quell'anno particolarmente piovoso, la notte prima della battaglia, numerose tempeste di grande violenza si abbatterono sulla campagna dove erano accampate le truppe di Napoleone. Le piogge resero il terreno fangoso e la cavalleria francese, generalmente l'arma vincente di Napoleone, non poté muoversi a causa del fango e l'artiglieria fu inefficace.

Anche la pittura ne risentì: gli alti livelli di cenere nell'atmosfera resero spettacolari i tramonti di quell'anno, con colori rossi e gialli, legati agli effetti di rifrazione prodotti dalla polvere atmosferica, che si ritrovano nei dipinti di J.M.W. Turner. Nel 1832 il vulcano Babuyan Claro nelle Filippine continuò a colorare i cieli delle opere di Turner con il rosso e il giallo.

La valorosa Temeraire di William Turner

Nel 1883 fu l'eruzione del Krakatoa, una delle esplosioni vulcaniche più potenti della storia moderna, udibile a migliaia di chilometri di distanza, a colorare i cieli. Le ceneri e i gas rilasciati nell'atmosfera crearono spettacolari tramonti rosso-arancioni in tutto il mondo per mesi. Secondo una teoria suggestiva, Edvard Munch si ispirò proprio a questi cieli drammatici per dipingere "L'urlo" nel 1893, catturando l'angoscia

L'eruzione del vulcano Toba: un collo di bottiglia evolutivo per l'umanità

Tra 75.000 e 70.000 anni fa, sotto il Lago Toba, situato sull'isola di Sumatra, eruttò un supervulcano che fu probabilmente la più grande eruzione avvenuta negli ultimi 25 milioni di anni e rese ancora più rigido il clima del pianeta già colpito dalla glaciazione Wurmiana. L'eruzione catastrofica produsse 800 chilometri cubi di cenere nell'atmosfera, innescando il crollo delle temperature globali. Forse uno dei picchi della glaciazione Wurmiana, chiamato Tahoe, fu una conseguenza della super eruzione di Toba. Queste enormi quantità di aerosol nell'atmosfera diminuirono la luce solare del fino al 90%.

Dati molecolari attestano un declino nella popolazione di Homo sapiens, un collo di bottiglia evolutivo che vede una drastica riduzione della popolazione e quindi una ripartenza dai pochi sopravvissuti al cataclisma.

La comunità umana nell'Africa orientale, una delle più numerose del periodo, subì l'impatto dell'eruzione vulcanica, i cui effetti durarono diversi anni e furono così gravi che sembrano aver portato l'uomo sull'orlo dell'estinzione. Secondo una teoria molto dibattuta, la catastrofe di Toba fu principalmente responsabile della riduzione delle specie di esseri umani che popolavano il pianeta a poche migliaia di esemplari: l'Homo erectus iniziò un lento declino che durò circa 40 mila anni, principalmente a causa della competizione con l'Homo sapiens per la ricerca di cibo. Gli esemplari di Homo erectus erano più grandi e più forti di quelli di H. sapiens, ma erano meno intelligenti. L'Homo sapiens fu in grado di adattarsi anche a scenari complessi grazie alla possibilità di elaborare idee e poterle comunicare in modo semplice ed efficace ai propri simili. Questo "collo di bottiglia", riducendo il numero di individui nella popolazione umana, potrebbe in parte spiegare la bassa variabilità genetica nella nostra specie.

Il vulcano Toba, immagine attuale

L'eruzione di Flores e la scomparsa di Ebu

L'Homo erectus scomparve dall'Asia circa 30.000 anni fa. Tuttavia, un nucleo di sopravvissuti sull'isola di Flores, in Indonesia, potrebbe essersi mantenuto più a lungo. Di questo gruppo resta la testimonianza fossile di una donna, chiamata Ebu, che potrebbe discendere da Homo erectus. Ebu probabilmente scomparve a sua volta a causa dell'eruzione del vulcano Flores, avvenuta circa 12.000 anni fa.

L'eruzione del Thera e la fine della civiltà minoica

Intorno 1645 a.C., ma le datazioni sono ancora incerte, un'esplosione catastrofica del vulcano Thera, nell'attuale isola di Santorini, nell'arcipelago delle Cicladi, portò alla quasi completa distruzione dell'isola. Platone raccontò l'eruzione drammatica e improvvisa, anche se probabilmente fu preceduta per alcune settimane da numerosi tremori premonitori. L'attività vulcanica, che spinse la popolazione a fuggire da Thera e cercare rifugio a Creta, iniziò con una fase parossistica caratterizzata da una pioggia di pomice rosa, ben presente sull'isola, seguita da una successiva esplosione: un getto di materiali compressi e gas surriscaldati che raggiunse la stratosfera.

Santorini, oggi

L'esplosione innescò uno tsunami nel Mar Egeo che devastò le regioni costiere; recentemente, un gruppo di geologi greci ha identificato tracce di quelle onde giganti sulle coste della Turchia, che si propagarono attraverso il Mar Egeo raggiungendole in sole due ore, mentre una ricaduta di cenere su una vasta area, fino all'Anatolia colpi le antiche città, causando un cambiamento climatico.

La porta dei leoni -Micene

Santorini era una base navale dell'Impero Minoico e la data della distruzione di Thera, con il conseguente tsunami, sembra coincidere con quella della progressiva scomparsa della civiltà Minoica che prosperava grazie al commercio, e con la fine della sua supremazia nel Mediterraneo, con la conseguente ascesa di Micene.

La civiltà micenea era dominata da un'aristocrazia guerriera che estese il suo potere su Creta, il centro della civiltà minoica, indebolita dall'eruzione di Santorini. Mentre alcuni studiosi sostengono che ci sia un divario significativo tra la catastrofe naturale e il declino della cultura minoica, è probabile che l'eruzione vulcanica e il conseguente tsunami che colpirono le città costiere, che erano importanti porti, abbiano comunque contribuito al suo declino.

L'evento di Santorini sembra coincidere anche cronologicamente con alcuni episodi narrati nella Bibbia, le 10 piaghe d'Egitto: la cenere vulcanica, riducendo la luce solare, causò la piaga dell'oscurità e la pioggia acida; un conseguente aumento delle precipitazioni e dell'umidità può aver favorito lo sviluppo delle locuste; la proliferazione nelle acque di alghe tossiche, l'*Oscillatoria rubescens*, che alla morte rendono l'acqua rossa, come il sangue, e povera di ossigeno, può aver costretto le rane a lasciare l'acqua in cui vivevano; la crescita incontrollata di mosche e altri insetti può essere connessa con altre due piaghe: la morte del bestiame e ulcere su animali e umani.

Le condizioni ambientali possono aver favorito nella segale, con cui venivano prodotti i pani, lo sviluppo di *Claviceps purpurea,* il cosiddetto "ergot", che a causa della carestia vennero riservati ai primogeniti maschi e per questo sarebbero stati i primi a caderne vittime.

Queste ipotesi, pur essendo scientificamente plausibili, rimangono speculazioni basate su coincidenze temporali e geografiche. Tuttavia, mostrano perfettamente come un singolo evento geologico possa creare una serie di effetti che si diffondono negli ecosistemi, influenzando società umane anche lontane dal vulcano e lasciando tracce nelle narrazioni delle culture antiche.

Una rappresentazione delle dieci piaghe d'Egitto
1. L'acqua in sangue 2. Le rane 3. Le zanzare 4. I mosconi 5. La morte del bestiame 6. Le pustole 7. La grandine 8. Le cavallette 9. Le tenebre 10. La morte dei primogeniti

L'eruzione del vulcano Okmok e la caduta della Repubblica Romana

Nel 43 a.C., l'eruzione del vulcano Okmok nell'arcipelago delle Aleutine (Alaska) provocò una brusca riduzione delle temperature globali con conseguenze particolarmente documentate nell'area mediterranea, dove influenzò profondamente il contesto sociale e politico delle civiltà dell'epoca.

Okmok è un imponente vulcano a scudo con un vertice troncato da due caldere vulcaniche sovrapposte, formatesi durante eruzioni avvenute 12.000 e 2.050 anni fa. L'evento del 43 a.C., preceduto due anni prima da un'eruzione minore, è stato identificato attraverso l'analisi di carote di ghiaccio artico come una delle più violente eruzioni degli ultimi 2.500 anni. Il fenomeno si verificò in un momento critico: poco dopo l'assassinio di Giulio Cesare (15 marzo 44 a.C.), all'inizio di un periodo che le fonti storiche descrivono come caratterizzato da temperature insolitamente rigide, carestie e instabilità politica diffusa.

Le ricerche geochimiche sulle ceneri vulcaniche hanno permesso di identificare definitivamente l'Okmok come responsabile di questa anomalia climatica. I dati mostrano che il 43 e il 42 a.C. furono tra gli anni più freddi degli ultimi millenni nell'emisfero settentrionale, con temperature medie stagionali fino a 7°C sotto la media durante l'estate e l'autunno. Le precipitazioni aumentarono drammaticamente: dal 50-120% in tutto il Sud Europa durante l'estate fino al 400% in autunno.

Gli effetti dell'eruzione sono descritti in numerose fonti classiche. Virgilio, nelle Georgiche, menziona l'oscuramento del sole dopo l'assassinio di Cesare. Servio Onorato, grammatico romano, scrive che "la luce del sole venne meno dalla sesta ora fino al calar della notte". Plutarco riferisce che "il sole appariva velato e pallido" ed emanava così poco calore che i frutti si raggrinzivano invece di maturare.

L'impatto sulla società fu devastante. Nell'aprile del 43 a.C. iniziò una grave crisi nell'Italia settentrionale, estendendosi alla Grecia nell'ottobre del 42 a.C. Roma e altre regioni italiche soffrirono per carestie, malattie e rivolte. Plutarco racconta che l'esercito di Antonio, dopo la sconfitta a Mutina, affrontò una fame tale che i soldati furono costretti a nutrirsi di frutta selvatica, radici, cortecce e persino animali mai consumati prima.

Anche l'Egitto subì gli effetti dell'eruzione, che aggravò la variabilità delle inondazioni del Nilo, con ripercussioni sugli approvvigionamenti alimentari e la stabilità politica del Regno Tolemaico.

Idi di Marzo, la morte di Giulio Cesare

L'assassinio di Cesare segnò l'inizio di un periodo di lotte che coinvolse la Repubblica romana e l'Egitto tolemaico, culminando nell'ascesa dell'Impero Romano. La crisi climatica innescata dall'Okmok esacerbò i disordini sociali, contribuendo significativamente a questa transizione politica fondamentale per la civiltà occidentale, dimostrando come fenomeni geologici lontani potessero avere profonde ripercussioni storiche, sia attraverso gli effetti climatici diretti che attraverso l'interpretazione simbolica di questi eventi come presagi nelle società antiche.

L'Oscurità che Sconvolse il Medioevo: Vulcani Sottomarini e Vent'anni di Inverno

A partire dal 536 d.C., il mondo sperimentò un fenomeno straordinario: un periodo di oscurità che persistette per quasi vent'anni. Il sole appariva per non più di 4-5 ore quotidiane, costantemente velato e con un'intensità "molto simile a quella lunare", secondo le testimonianze dell'epoca citate dalla geologa Dallas Abbott della Columbia University.

Questo oscuramento provocò un drammatico raffreddamento globale e carestie devastanti che colpirono duramente le popolazioni medievali. Nelle cronache cinesi si trovano riferimenti a inspiegabili "eclissi" non confermate astronomicamente, mentre in Occidente si diffuse il timore apocalittico della fine del mondo.

L'origine di questo episodio è rimasta enigmatica fino a recenti ricerche condotte da Abbott e John Barron. Analizzando carote di ghiaccio groenlandesi, i ricercatori hanno scoperto che potenti eruzioni vulcaniche sottomarine equatoriali furono responsabili dell'anomalia. Queste eruzioni vaporizzarono enormi quantità di acqua marina, proiettando in atmosfera sedimenti ricchi di calcio e microscopici organismi tropicali, i cui resti sono stati ritrovati perfettamente conservati nei ghiacci artici.

La particolarità di questo evento sta nella sua origine: non furono vulcani terrestri convenzionali a causarlo. Le eruzioni di superficie documentate in quel periodo non avevano intensità sufficiente per giustificare un fenomeno così prolungato. L'ipotesi delle eruzioni sottomarine, inizialmente formulata per la mancanza di tracce nei sedimenti terrestri, è stata confermata dalle analisi chimiche delle carote glaciali.

L'enorme volume di materiale espulso creò una persistente pellicola atmosferica che rifletteva le radiazioni solari per quasi due decenni, producendo un effetto di semi-eclissi permanente. L'impronta di questo periodo di oscurità e freddo anomalo, durato fino al 555 d.C., è visibile negli anelli degli alberi dell'epoca, che mostrano una crescita estremamente ridotta, testimoniando uno degli eventi climatici più severi degli ultimi millenni, con profonde conseguenze sulle nascenti società medievali.

L'eruzione del Llopango e il declino della civiltà Maya

Il Llopango è un vulcano situato nell'attuale El Salvador, caratterizzato da una grande caldera centrale di circa 10 chilometri di diametro. Parte dell'Arco Vulcanico dell'America Centrale, rappresenta uno dei suoi segmenti più attivi con altri 20 vulcani nella regione.

Nel 431 d.C., il vulcano eruttò con devastante potenza, distruggendo il territorio nel raggio di circa 50 chilometri e disperdendo ceneri su scala planetaria. L'eruzione si sviluppò in fasi: inizialmente con flussi piroclastici alternati a una colonna eruttiva di 30 km di altezza, seguiti dal collasso della caldera con enormi flussi piroclastici e una nube di gas e ceneri che raggiunse la stratosfera. In prossimità della caldera, si depositarono strati di cenere di alcuni metri, mentre paesi limitrofi come Guatemala, Honduras, Nicaragua, Costa Rica e Messico ricevettero depositi di alcuni centimetri.

La datazione precisa dell'evento è stata confermata grazie al ritrovamento di frammenti di cenere in una carota di ghiaccio groenlandese, chimicamente identica ai prodotti del vulcano. I composti dello zolfo, particolarmente l'acido solforico, alterarono il clima globale, provocando un raffreddamento di circa mezzo grado nei successivi anni.

Questa catastrofe coincise con il primo periodo Maya classico (300-600 d.C.), un'epoca di espansione per questa cultura in tutta l'America centrale. L'eruzione causò la morte di ogni essere umano entro 50 chilometri dal vulcano e lo spopolamento della regione circostante per decenni. Evidenze archeologiche indicano un'improvvisa interruzione nella produzione ceramica Maya di quel periodo, suggerendo un impatto significativo sullo sviluppo culturale.

Questo caso illustra non solo la resilienza delle civiltà umane di fronte a catastrofi naturali, ma anche come eventi geologici possano influenzare lo sviluppo culturale e artistico delle società: l'interruzione nella produzione ceramica rappresentò una discontinuità che potrebbe aver modificato l'evoluzione stilistica e tecnologica dell'arte Maya. Le ricerche continuano a rivelare connessioni tra questo fenomeno eruttivo e vari aspetti dello sviluppo culturale mesoamericano.

L'eruzione del Samalas 1257 d.C. e la carestia medievale europea

Il vulcano Samalas, situato sull'isola indonesiana di Lombok, era un colosso di 4.200 metri d'altezza con un diametro di 8-9 km, parte del complesso vulcanico del Monte Rinjani. L'eruzione del 1257 si annovera tra le più violente degli ultimi 7.000 anni (indice VEI = 7), otto volte più potente del Krakatoa (1883) e dieci volte più devastante del Tambora (1815).

L'esplosione generò colonne eruttive alte decine di chilometri e flussi piroclastici che coprirono gran parte dell'isola, attraversando persino il tratto di mare verso Sumbawa. La distruzione fu totale per numerosi insediamenti, inclusa Pamatan, capitale del regno di Lombok. La colonna di ceneri raggiunse i 43 km di altezza, causando valanghe incandescenti di pomici e gas. Le ceneri si spinsero fino a Giava, a 340 km di distanza, mentre il vulcano depositò oltre 10 chilometri cubi di materiale. Il cielo rimase oscurato per settimane, forse mesi.

Gli effetti dell'eruzione si fecero sentire fino in Europa. Nel 1258, i raccolti non maturarono a causa del freddo anomalo e la carestia che ne seguì decimò la popolazione europea, uccidendo un terzo degli abitanti di Londra. Nel mercato di Spitalfields sono stati ritrovati circa 10.500 scheletri medievali (con stime che suggeriscono fino a 18.000 corpi totali), datati al radiocarbonio intorno al 1250. Inizialmente attribuiti alla peste o a conflitti, l'assenza di ferite da arma e le prove scientifiche hanno rivelato che questa strage fu causata dalla carestia seguita all'eruzione.

L'identificazione del Samalas come responsabile è stata confermata solo recentemente attraverso datazioni al radiocarbonio, analisi stratigrafiche e geochimiche, studi dendrocronologici e il rinvenimento del "Babad Lombok", un manoscritto giavanese del XIII secolo su foglie di palma che descrive "un'eruzione fenomenale" durata una settimana, con terremoti e valanghe di materiale ardente. Questi dati hanno permesso di collocare l'eruzione tra maggio e ottobre 1257.

Il Babab Lombok, testo su foglie di palma

Un monaco francese dell'abbazia dei Vosgi, descrivendo l'estate del 1258, testimoniò: «I raggi del sole riscaldavano appena la terra, nuvole e nebbie piovose furono così frequenti che sembrava di essere in autunno. Il fieno non poteva essere raccolto a causa delle piogge incessanti, le messi erano distrutte e si poterono raccogliere solo a settembre ma nei granai le sementi marcirono».

Gli scheletri ritrovati mostrano segni di malnutrizione come scorbuto e rachitismo. Molte vittime soffrirono di malattie indotte dalla fame, come dissenteria, e di patologie legate alla disgregazione sociale causata dalla carestia, come la febbre tifoide.

L'eruzione del Laki e la Rivoluzione Francese

Il Lakagigar, anche noto come Laki, è un vulcano costituito da una serie di bocche allineate situate nell'Islanda meridionale. È un vulcano fissurale che ha generato due grandi eruzioni in epoca storica, la prima avvenuta nel 934 d.C. e la seconda tra il 1783 e il 1784. L'8 giugno del 1783, dopo giorni di intensa attività sismica causata da movimenti magmatici nel sottosuolo, una serie di esplosioni freatomagmatiche, provocate cioè dal contatto tra acqua e magma, determinarono l'apertura di un enorme cratere lineare nel terreno.

Lungo questa frattura si formarono 130 bocche vulcaniche dai quali furono prodotte fontane di lava fino a 1000 m. Nei primi giorni l'eruzione fu violenta ed esplosiva ma progressivamente divenne effusiva, con colate di lava fluida.

Il vulcano lineare Laki, immagine attuale

Durante l'intero episodio eruttivo, terminato nel febbraio del 1784, furono eruttati 14 chilometri cubi di basalto, che invase un'estesa area della costa sudorientale dell'Islanda e la cenere vulcanica raggiunse un'altezza di 15 chilometri disperdendosi in tutto l'emisfero settentrionale.

I gas vulcanici formarono sull'Europa quella che fu chiamata la foschia del Laki, la Laki fog, e cioè una nebbiolina tossica, di colore azzurro, che rimase in sospensione nei cieli per mesi e mesi. L'attività vulcanica immise nell'atmosfera 120 milioni di tonnellate di anidride solforosa e 8 milioni di tonnellate di fluoro gassoso che ebbero effetti drammatici in tutta l'Islanda. I pascoli contaminati uccisero più del 50% del bestiame presente sull'isola causando una carestia che causò la morte di oltre 20mila abitanti.

Spinta dai venti, la nube tossica a metà del mese di giugno raggiunse la Norvegia e la Boemia, il 18 dello stesso mese coprì Berlino, il 20 arrivò a Parigi, il 23 raggiunse le coste della Gran Bretagna e un caldo soffocante colpì Londra e i londinesi. Il diossido di zolfo provocò un incremento del calore su tutto il continente europeo e l'estate del 1783 fu tra le più calde mai registrate fino ad allora. Dissolta in parte la foschia, come altre eruzioni vulcaniche, il Laki modificò il clima in una estesa parte della Terra e l'inverno seguente fu molto rigido. Le colture andarono perdute, originando carestia, fame, malattie. Il numero dei morti in Gran Bretagna fu enorme: si ritiene che l'aerosol tossico abbia causato almeno 23.000 morti, e che a questi se ne siano aggiunti altri 8.000, stroncati dal freddo.

Dopo il caldo registrato nell'estate del 1783, la temperatura media nell'emisfero settentrionale scese bruscamente di circa tre gradi, provocando la diminuzione della differenza termica esistente fra Eurasia e Africa e fra Oceano Indiano e Atlantico, limitando la capacità dei monsoni di generare le piogge che alimentano i corsi dei fiumi. Nel nord dell'Africa la temperatura aumentò di due gradi e la mancanza di precipitazioni fece sì che il Nilo non inondasse i terreni con le sue fertili acque, rendendo impossibile la semina in assenza dell'irrigazione necessaria. In Francia si alternarono periodi di siccità, inverni rigidi ed estati fredde, che contribuirono a rendere la popolazione sempre più povera e affamata. Si verificarono gravissime inondazioni nelle regioni francesi dell'Alvernia e del Limosino, così come in buona parte della Germania, in particolare nella regione del Basso Reno, in conseguenza delle intense precipitazioni e del disgelo della neve accumulata sulle cime delle montagne. Nel 1785 le condizioni climatiche che interessarono la Francia favorirono un'abbondanza di raccolti e una caduta dei prezzi dei prodotti; negli anni seguenti la produzione agricola fu penalizzata dalla siccità in estate, dall'eccessivo freddo in inverno e da violente grandinate che devastarono i raccolti. In questo contesto di carestia, nel 1789 sarebbe scoppiata la Rivoluzione

1783: l'eruzione vulcanica che modificò il clima -Iceland

Queste alterazioni climatiche furono descritte e commentate dai quotidiani europei; ma nessuno giunse a collegarle con l'eruzione dei crateri di Laki salvo

Benjamin Franklin, che, durante una conferenza tenuta il 2 dicembre 1784 dimostrò che era la nebbia proveniente dall'Islanda a coprire i cieli d'Europa a impedire che penetrassero i raggi del sole e a generare le anomale condizioni climatiche. Come è poi stato dimostrato, Franklin aveva ragione.

La connessione tra l'eruzione del Laki e la Rivoluzione Francese, pur non essendo la causa scatenante, rappresenta ancora una volta un esempio affascinante di come la geologia possa intrecciarsi con la storia, contribuendo a causare eventi che hanno plasmare la civiltà.

10.2 I Terremoti come catalizzatori di cambiamenti sociali

I terremoti, come le eruzioni vulcaniche, rappresentano fenomeni geologici che hanno profondamente influenzato il corso della storia umana. A differenza dei vulcani, però, i terremoti sono sempre stati percepiti principalmente come eventi distruttivi, rendendo più difficile riconoscerne gli effetti "positivi" indiretti: indipendentemente dalla loro intensità e forse anche dalla loro ubicazione, considerando l'estensione che hanno raggiunto sulla terra le zone antropizzate, sono e saranno comunque delle catastrofi. Potranno avere esiti diversi, in relazione all'attenzione che le popolazioni, e i loro governi, avranno fatto del rispetto di criteri antisismici per la costruzione degli edifici; ma alcuni terremoti, e le loro conseguenze, in particolare gli tsunami, avranno sempre effetti devastanti.

Nel caso dei terremoti è stato più difficile scoprire connessioni impreviste, proprio perché prevale la drammaticità degli effetti, alle eventuali conseguenze positive. Possono essere ricordati come esempi "positivi" i casi in cui a seguito dell'episodio sismico siano state formulate normative che imponevano un'attenta edilizia antisismica, ma purtroppo i casi in cui sono state effettivamente rispettare sono rare: a seguito del Terremoto delle Calabrie del 1783 l'allora re di Napoli Ferdinando IV di Borbone incaricò una Commissione Speciale, con a capo Francesco Pignatelli in qualità di Vicario Generale delle Calabrie, per i rilievi, i soccorsi e la ricostruzione; purtroppo tutte le indicazioni di questa commissione furono completamente disattese, come poi accadrà in numerosi altri casi.

La ricerca di esempi è sempre in progress, ma le connessioni già scoperte sono comunque varie ed interessanti. Come premesso si è cercato di seguire una logica temporale, anche se dimensioni ed effetti sono stati molti diversi nei diversi casi.

Il terremoto di Troia e l'Iliade

Attorno 1300 a.C. la Grecia, con al resto dell'Egeo e del Mediterraneo orientale, fu colpita da una serie di terremoti che cominciarono intorno al 1225 proseguirono fino al 1175. Inoltre, un rilevante cambiamento climatico comportò una forte siccità, con la conseguenza di importanti carestie. Così nell'intera regione del Mediterraneo orientale, tra gli ultimi anni del tredicesimo secolo e i primi decenni del dodicesimo, terre fertili si trasformarono in deserti.

Gli scavi di Hissarlik, nella Turchia occidentale, l'antica Troia, come hanno dimostrato le ricerche di Schliemann, in cui è impegnata da anni un'équipe internazionale di archeologi, ha portato alla luce nove diverse città, una sull'altra, di cui ancora oggi non è certo quale di esse sia stata veramente la Troia di Priamo. I dati della ricerca hanno evidenziato che nella fase VI, attorno al XIII secolo a.C., la città misurava 80.000 metri quadrati, con una popolazione circa 5.000 abitanti, che importava oggetti anche di rilevante valore dalla Mesopotamia, dall'Egitto, dalla Grecia micenea e da Cipro. Troia era collocata tra il mondo miceneo e l'impero ittita, due delle grandi potenze del mondo mediterraneo durante l'età del bronzo. I contrasti tra le due potenze portarono infine anche a una guerra che coinvolse la città.

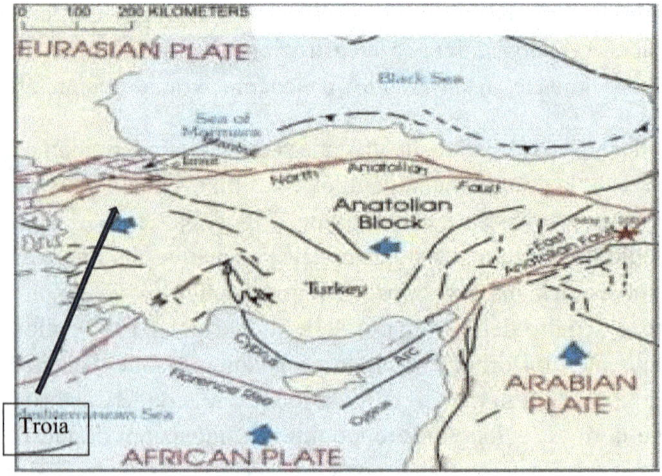

Troia ed il contesto geologico-strutturale

La sua distruzione avvenne, secondo le ricerche più recenti, intorno al 1300 a.C. Troia, quindi, non fu distrutta dagli invasori, ma da un terremoto; forse era anche troppo piccola per corrispondere pienamente alle descrizioni omeriche, anche se il terremoto potrebbe aver favorito la conquista da parte degli Achei.

Ma poi la città fu ricostruita e la settima Troia fu a sua volta distrutta intorno al 1190-1180 a.C. per un incendio seguito a un assedio, probabilmente da parte dei popoli del mare e non dei micenei, che a quel tempo erano già in forte crisi sociale.

Il terremoto di Noto: rinascita barocca dalle macerie

La Sicilia orientale rappresenta una delle zone sismicamente più attive d'Italia. I monti Iblei, porzione settentrionale della placca africana, collidono con l'arco calabro-peloritano a nord, generando un accumulo di stress che si libera periodicamente in forti terremoti con lunghi periodi di ritorno.

La storia sismica dell'area è lunga e drammatica: già nel 1169 un violento terremoto provocò almeno diecimila vittime e distrusse numerose città. Nel 1542, un altro forte sisma causò gravi danni da Catania ad Agrigento, colpendo particolarmente Noto, Lentini e Siracusa, dove il crollo del duomo provocò numerose vittime.

Ma fu l'11 gennaio 1693 che la Sicilia sud-orientale subì il disastro più devastante, preceduto da un sisma premonitore il 9 gennaio che aveva già danneggiato metà degli edifici di Augusta e causato 200 morti. La scossa principale raggiunse un'intensità del X-XI grado della scala MCS, radendo al suolo circa settanta centri abitati, in particolare nella Val di Noto. Il terremoto fu avvertito fino in Calabria e a Malta, con Catania che vide oltre il 70% dei suoi edifici resi inabitabili.

L'impatto sulla struttura sociale fu profondo, con circa 60.000 vittime totali: nella sola Catania perirono almeno 12.000 persone, mentre Ragusa vide dimezzarsi la popolazione. A peggiorare la situazione contribuì uno tsunami che interessò l'intera costa ionica siciliana per 200 km, con onde alte fino a 10 metri ad Augusta e acque che penetrarono fino a 200 metri nell'entroterra.

Sotto il Regno di Carlo II d'Asburgo, la Sicilia faticò a gestire l'emergenza, con aiuti fortemente ritardati. Le città si spopolarono, i sopravvissuti si dispersero nelle campagne, afflitti da freddo e denutrizione che causarono ulteriori vittime per epidemie.

Dalla tragedia nacque però un'opportunità straordinaria: la Val di Noto divenne oggetto di un radicale processo di ricostruzione che produsse un patrimonio architettonico di inestimabile valore. Giuseppe Lanza, duca di Camastra, nominato commissario generale per la ricostruzione due mesi dopo il sisma, guidò la rinascita dell'area. Noto si trasformò in un "giardino di pietra" grazie alla bellezza dei suoi nuovi edifici barocchi. Catania fu riedificata seguendo un nuovo piano urbanistico con tracciati stradali completamente ripensati. Ragusa fu parzialmente ricostruita nel vecchio sito di Ibla e in parte nella sua posizione attuale. Nel 2002, riconoscendo l'eccezionale valore di questo patrimonio architettonico nato dalla catastrofe, la Val di Noto è stata dichiarata sito UNESCO.

Le maioliche della scalinata di Noto

Il terremoto di Lisbona: una rivoluzione filosofica e urbanistica

Il 1° novembre 1755, Lisbona fu devastata da un potente terremoto con epicentro circa 200 km al largo della costa portoghese. La conseguenza fu uno tsunami con onde alte fino a 20 metri che invase parte della città e distrusse completamente il Palazzo reale e numerosi edifici del centro storico. Un incendio successivo completò la distruzione della capitale portoghese. Gli effetti del sisma si estesero anche alle coste del Nord Africa, causando 10.000 morti in Marocco (concentrati a Fez, Tangeri e Marrakech), gravi danni ad Algeri e devastazione a Madera, travolta dallo tsunami.

Il disastro avvenne in una città ancora fortemente sotto l'influenza della Santa Inquisizione, che interpretò l'evento come "giusta risposta di Dio al diffondersi delle eresie e della lascivia". Alcuni lo considerarono una punizione divina per il massacro degli indios perpetrato dai soldati portoghesi nelle missioni gesuitiche in Sudamerica. Tuttavia, questo drammatico episodio segnò anche l'emergere di interpretazioni scientifiche e razionali, generando un vivace dibattito filosofico che diede origine alla "filosofia del disastro".

François-Marie Voltaire, tra i primi teorici del razionalismo europeo, nel suo "Poème sur le désastre de Lisbonne" sfidò apertamente l'interpretazione religiosa: "[...] Direte, vedendo questi mucchi di vittime: fu questo il prezzo che Dio fece pagar per i lor peccati? Quali peccati? Qual colpa han commesso questi infanti schiacciati e insanguinati sul materno seno? [...] Lisbona è distrutta e a Parigi si balla."

Questo terremoto, avvenuto in un secolo già attraversato da tensioni sociali, contribuì a un profondo rivolgimento socioculturale, trasformando Lisbona da città dell'oscurantismo medievale ecclesiastico in culla del razionalismo moderno.

Il terremoto di Lisbona

Superata l'emergenza, il Marchese di Pombal fu incaricato di pianificare la ricostruzione della città. Sotto la sua guida illuminista, i vecchi vicoli medievali lasciarono posto a una città moderna, razionale e monumentale. Gli edifici furono progettati con tecniche antisismiche innovative, poggiando su solidi piloni di legno. La loro resistenza fu testata usando modellini in scala sottoposti alle vibrazioni prodotte dalla cavalleria al trotto.

Pombal colse l'occasione per ridurre l'influenza della chiesa e dell'aristocrazia, promuovendo lo sviluppo economico e un nuovo spirito razionale. Il crollo del potere religioso favorì un ripensamento filosofico che avrebbe influenzato il futuro progresso scientifico europeo. Ancora oggi, la Lisbona ricostruita conserva l'impronta di questa trasformazione, inclusi i caratteristici ciottoli ricavati dalle macerie del terremoto.

10.3 Eventi Geologici e Dinamiche Storiche

La Terra è un pianeta in costante trasformazione, dove eventi geologici estremi scandiscono i ritmi della storia naturale e umana. Proporre fenomeni geologici estremi – vulcani, terremoti, impatti meteorici– aiuta gli studenti a capire la doppia natura degli eventi catastrofici: da un lato portatori di distruzione, dall'altro catalizzatori di profondo cambiamento, rimodellando interi ecosistemi e alterando il corso dell'evoluzione planetaria, aprendo nuove nicchie ecologiche e ridefinendo i cicli biogeochimici globali.

Questa prospettiva si estende a fenomeni di scala ancora più ampia: le inversioni del campo magnetico terrestre, che ciclicamente espongono il pianeta a radiazioni cosmiche alterando clima e biodiversità; il Great Rift africano, che sta letteralmente spaccando un continente e ridisegnando geografia e popolazioni; le eruzioni di supervulcani che hanno influenzato il clima per migliaia di anni, Ciascuno di questi processi opera su scale temporali diverse – dai secondi di un terremoto ai milioni di anni della tettonica – ma tutti condividono la capacità di riscrivere le regole del gioco evolutivo e culturale.

Anche eventi più recenti come i meteoriti di Tunguska (1908) e Čeljabinsk (2013) continuano a ricordarci quanto sia sottile il confine tra stabilità e cambiamento. Studiare questi fenomeni non significa solo comprendere il passato della Terra, ma anche interpretare il presente e prepararci al futuro, collegando fenomeni distanti nel tempo ma uniti dalla loro capacità di trasformare radicalmente il mondo naturale e umano in cui viviamo.

Il Meteorite di Tall El-Hammam: possibile origine del racconto di Sodoma e Gomorra

Gli impatti meteoritici hanno lasciato tracce significative nella storia umana. Già 12.800 anni fa, l'insediamento preistorico di Abu Hureyra in Siria sembra sia stato colpito da una piccola cometa, come suggeriscono le tracce di vetro fuso e nano diamanti ritrovati sul posto, rendendolo potenzialmente il più antico insediamento umano distrutto da un impatto cosmico.

Un caso ancora più affascinante emerge dagli scavi archeologici nell'antica città di Tall el-Hammam (TeH), situata all'estremità meridionale della valle del Giordano tra il Lago di Tiberiade e il Mar Morto. Questo centro urbano fortificato, la più grande città dell'età del bronzo nella regione, fiorì per circa 3000 anni dal 4700 a.C. fino alla sua improvvisa distruzione intorno al 1650 a.C. Significativamente, TeH non era un caso isolato: nella valle del Giordano, altre 15 città e più di 100 villaggi furono abbandonati contemporaneamente, rimanendo disabitati per 300-600 anni.

Le rovine di TeH mostrano caratteristiche peculiari: le imponenti mura di 4 metri di spessore appaiono tranciati, con i mattoni di fango rimasti principalmente polverizzati o arrossati dal fuoco, senza segni di erosione naturale.

Le rovine di Gerico

Gli archeologi hanno scoperto evidenze straordinarie: grani di quarzo formati ad alte pressioni, ceramiche con segni di fusione (temperatura superiore a 1500°C), mattoni e tegole fusi (temperatura oltre 1400°C), elevate concentrazioni di sale nei sedimenti, pezzi di carbonio simili al diamante formatisi ad alta pressione, e sferule ricche di ferro e silicio fuse a temperature superiori a 1590°C. Particolarmente significativo è il ritrovamento di iridio nei sedimenti, elemento raro sulla Terra ma abbondante negli asteroidi.

Secondo gli archeologi, l'unica spiegazione plausibile per queste evidenze è l'esplosione di un meteorite nell'atmosfera a pochi chilometri da TeH. L'evento avrebbe generato un'onda termica ad altissima temperatura che fuse i manufatti esposti, seguita da un'onda d'urto che demolì e polverizzò le strutture, livellando la città e causando numerose vittime. Gli effetti si sarebbero estesi per decine di chilometri, spiegando l'abbandono simultaneo di numerosi insediamenti nella regione, inclusa Gerico, che fu ripopolata solo 300 anni dopo. Si stima che la popolazione dell'area sia crollata da 40.000-60.000 abitanti a poche centinaia dopo l'impatto.

Questo fenomeno catastrofico, avvenuto circa 3600 anni fa, potrebbe essere all'origine del celebre racconto biblico della distruzione di Sodoma e Gomorra. Il passaggio della Genesi descrive sorprendentemente bene gli effetti di un impatto meteoritico: "Il Signore fece piovere dal cielo sopra Sodoma e sopra Gomorra zolfo e fuoco... Distrusse queste città e tutta la valle con tutti gli abitanti... Abramo... vide che un fumo saliva dalla terra, come il fumo di una fornace."

L'inversione del campo magnetico

L'escursione di Laschamps, avvenuta tra 41.000 e 42.000 anni fa, rappresenta un esempio di come le inversioni del campo magnetico terrestre possano aver influenzato profondamente la storia del nostro pianeta. Durante questo episodio, il campo magnetico - il nostro scudo naturale contro le radiazioni cosmiche - si indebolì e si invertì temporaneamente.

Le prove di questo fenomeno emergono dagli alberi kauri preservati nelle paludi della Nuova Zelanda, che mostrano livelli elevati di carbonio-14 proprio in corrispondenza dell'inversione. Un campo magnetico indebolito avrebbe esposto la Terra a maggiori radiazioni ionizzanti, danneggiando lo strato di ozono e permettendo a più radiazione ultravioletta di raggiungere la superficie. L'atmosfera fortemente ionizzata avrebbe generato aurore visibili globalmente e frequenti tempeste elettriche.

Le conseguenze potrebbero essere state drammatiche: durante questo stesso periodo si verificò l'estinzione della megafauna australiana e il declino dei Neanderthal in Europa. Contemporaneamente, compare l'arte rupestre dell'Homo sapiens con i primi usi dell'ocra rossa, forse inizialmente utilizzata come protezione solare - una pratica sopravvissuta fino ai giorni nostri in alcune popolazioni indigene della Namibia.

L'Oracolo di Delfi

Il sito di Delfi, Patrimonio dell'Umanità, era considerato nell'antichità il centro del mondo per la presenza dell'oracolo che attraverso la Pythia influenzava decisioni private e politiche. Attivo dal IV secolo a.C. fino alla chiusura nel 392 d.C. per volere di Teodosio, l'oracolo era già secondo gli antichi biografi connesso a fenomeni geologici: fratture rocciose, emissioni gassose e sorgenti.

Mentre gli scavi francesi di un secolo fa non trovarono evidenze di gas, studi recenti hanno rivelato che il tempio sorgeva esattamente su un sistema di fratture collegate alla Faglia di Kerna. Attraverso queste risalivano anidride carbonica, acido solfidrico e metano, specialmente durante le fasi sismiche. Anche le sorgenti contenevano gas disciolti come etilene, benzene e miscele di idrocarburi.

L'inalazione di questi vapori nell'ambiente ristretto della cella sacra poteva facilmente indurre stati di trance nella sacerdotessa. Plutarco descriveva un "profumo dolce" percepibile nella cella, compatibile con l'etilene che, a seconda delle concentrazioni, induce stati che variano dall'euforia al delirio fino alla perdita di conoscenza. La geologia spiegherebbe così il mistero millenario dell'oracolo di Delfi.

La Rift Valley

Di grande rilevanza è il rapporto tra la formazione della Grande Rift Valley, iniziata circa dieci milioni di anni fa, e lo sviluppo dell'Australopithecus afarensis. Questa imponente barriera geologica, lunga seimila chilometri, ostacolando le perturbazioni atlantiche, portò a un progressivo prosciugamento dei territori più orientali del continente africano. Il processo gradualmente frammentò la foresta pluviale, sostituendola con praterie e savane - ambienti caratterizzati da spazi aperti ma anche rischiosi per la presenza di grandi predatori. In questo nuovo contesto ambientale, il bipedismo opportunista si rivelò un vantaggio evolutivo determinante per le scimmie antropomorfe. Costrette a spostarsi sempre più frequentemente in radure aperte, la postura eretta offriva molteplici benefici: riduceva la superficie corporea esposta al sole equatoriale, consentiva una visione più ampia delle distese erbose, fondamentale per individuare predatori, permetteva la corsa su lunghe distanze e, non meno importante, liberava le mani per altri utilizzi. Queste mani, dotate di pollici opponibili più lunghi rispetto alle altre scimmie antropomorfe, resero possibile una presa di precisione, aprendo la strada a nuove capacità manipolative.

I resti fossili documentati mostrano una distribuzione geografica significativa: l'Australopithecus afarensis (di cui "Lucy" rappresenta l'esemplare più famoso) si ritrova prevalentemente all'interno della Rift Valley, mentre l'Australopithecus robustus è più comune nei depositi degli altopiani vicini. Questa distribuzione suggerisce un adattamento differenziato ai diversi ambienti: l'Afarensis, con il suo efficiente raffreddamento corporeo, abilità manuali avanzate, struttura sociale complessa e alimentazione mista ricca di proteine animali, si adattò con successo all'ambiente della Valley, mentre il Robustus seguì probabilmente una traiettoria evolutiva diversa negli altopiani

Le risorse geologiche

L'influenza delle risorse geologiche sullo sviluppo tecnologico umano offre una prospettiva interdisciplinare particolarmente rilevante. La storia dell'umanità è scandita dall'accesso e dall'utilizzo di materiali geologici: dalla Età della Pietra alle Età del Rame, del Bronzo e del Ferro, le capacità tecnologiche umane si sono evolute in funzione della disponibilità e della capacità di sfruttare specifiche risorse minerarie. La Rivoluzione Industriale fu possibile grazie alla coincidenza geografica di giacimenti di carbone e minerali ferrosi in regioni come l'Inghilterra e la Germania. Nell'epoca contemporanea, la distribuzione disomogenea di terre rare e minerali strategici (come litio e cobalto) sta plasmando le dinamiche geopolitiche globali e influenzando il ritmo della transizione energetica. Questa prospettiva interdisciplinare permette di comprendere come la "dotazione geologica" di diverse regioni abbia influenzato in modo determinante traiettorie di sviluppo tecnologico, crescita economica e relazioni internazionali.

I suoli e civiltà agricole

L'impatto delle caratteristiche geologiche sulla distribuzione delle civiltà agricole costituisce un ulteriore esempio interessante. Le proprietà dei suoli, direttamente derivate dalla natura delle rocce madri e dai processi geologici che le hanno modellate, hanno determinato la fertilità agricola e conseguentemente la distribuzione degli insediamenti umani. Le grandi società fluviali dell'antichità -- Mesopotamia, Egitto, Valle dell'Indo, Cina -- si svilupparono in pianure alluvionali caratterizzate da suoli particolarmente fertili, periodicamente rinnovati dalle inondazioni. Le caratteristiche geologiche hanno influenzato anche i sistemi di irrigazione, le pratiche agricole e persino le strutture sociali e politiche che si sono evolute in risposta alle specifiche condizioni ambientali locali.

I cambiamenti climatici e la storia umana

I cambiamenti climatici hanno da sempre influenzato l'evoluzione della vita sulla Terra, ma solo recentemente la scienza ha iniziato a comprendere quanto profondamente abbiano plasmato anche la storia umana. Le variazioni climatiche, indipendentemente dalla loro causa, hanno condizionato la storia del nostro pianeta, da quelle più rilevanti come Supergreenhouse e Snowballearth che hanno interessato quasi tutta la superficie terrestre, a quelle più localizzate come le glaciazioni del Quaternario, fino alle Piccole ere glaciali che hanno influito sulla storia più recente.

In passato, l'impatto di questi mutamenti sugli eventi storici è stato spesso sottovalutato, ritenendo che le variazioni climatiche non fossero abbastanza significative; oggi, invece, emerge chiaramente come fenomeni climatici ciclici o di lunga durata siano stati determinanti per numerosi sviluppi culturali e sociali dell'umanità. Le evidenze biologiche, dendrocronologiche, paleontologiche e archeologiche rivelano come le oscillazioni climatiche nei secoli e nei millenni abbiano ripetutamente guidato il corso della storia umana, influenzando migrazioni, sviluppo o declino di civiltà, e persino eventi politici e culturali.

La migrazione dei primi esseri umani dall'Africa

La storia evolutiva della vita sulla Terra è stata costantemente plasmata dai mutamenti climatici. Secondo la teoria di Darwin, l'evoluzione biologica rappresenta una relazione dinamica tra la variabilità genetica degli organismi e le modifiche nell'ambiente naturale in cui vivono. Ciò è vero anche per l'evoluzione dell'umanità, almeno fino a epoche geologicamente recenti, prima che divenissimo noi stessi la principale causa di cambiamenti climatici e ambientali.

Uno degli episodi più significativi si è verificato tra 900 e 800 mila anni fa, quando i nostri antenati africani, simili a Homo erectus, hanno rischiato l'estinzione a causa delle prolungate condizioni di aridità causate dai drastici cambiamenti climatici che segnano l'origine delle glaciazioni quaternarie. Questo evento catastrofico ha avuto anche un impatto generativo, poiché è collegato alla nascita di una nuova specie umana: Homo heidelbergensis, antenato comune di tutte le specie umane successive, tra cui Homo sapiens, i Neanderthal e i cosiddetti "Denisova".

Gli antenati africani attraversarono crisi indotte da cambiamenti climatici ciclici, alternati da periodi di maggiore umidità a periodi di maggiore aridità. Le popolazioni più a Nord furono soggette a pressioni ambientali più forti, che probabilmente selezionarono quei caratteri che portarono allo sviluppo del cervello, alle relazioni sociali, alla comunicazione linguistica e alla creatività tecnologica.

È interessante notare che alcuni studi genetici suggeriscono che proprio intorno a 800.000 anni fa possa essere avvenuto un episodio cromosomico significativo: il passaggio da 48 a 46 cromosomi, con la fusione di due coppie di cromosomi ancestrali in un'unica coppia (l'attuale cromosoma 2 umano). Questa modificazione genetica importante potrebbe essere collegata alle pressioni selettive esercitate dai cambiamenti climatici di quel periodo.

La "Pompa del Sahara" e le migrazioni umane

Il clima del Pleistocene, con il caratteristico alternarsi di fasi glaciali e interglaciali, fu causa determinante per le grandi migrazioni del genere Homo. Nella sua migrazione dalle sedi africane, Homo sapiens attraversò il Medio Oriente e l'Anatolia per poi raggiungere l'Europa attraverso due vie principali: quella a Sud del mar Nero attraversando il Bosforo e la Tracia, e quella a Est del Mar Nero attraverso la catena del gran Caucaso. L'arrivo di sapiens in Europa ebbe luogo durante un interstadiale caldo della glaciazione di Wurm.

Gli spostamenti successivi delle popolazioni all'interno dell'Africa furono influenzati dall'alternanza di fasi secche e umide nel Sahara e nel Sahel. Durante i periodi umidi, questi territori si trasformavano in distese verdi e fertili attraversate da corsi d'acqua, attirando gli ominidi. Al contrario, nelle fasi di desertificazione, respingevano queste popolazioni in tutte le direzioni, creando un peculiare effetto di "pompaggio" e di espulsione fuori dall'Africa.

Questa teoria, nota come la "Pompa del Sahara", spiega che durante i periodi più umidi, il Nord Africa e il Medio Oriente si trasformavano in praterie, permettendo a molte specie diverse di migrare dall'Africa all'Asia. Durante i periodi più secchi, queste aree tornavano a essere desertiche, interrompendo questo corridoio migratorio. La teoria è stata utilizzata per spiegare le ondate migratorie di diversi mammiferi, tra cui i cavalli, e di diversi gruppi umani.

Il cambiamento del livello dei mari: Doggerland e il Diluvio Universale

I cambiamenti climatici hanno anche causato grandi variazioni nel livello del mare, trasformando radicalmente la geografia e creando o distruggendo corridoi di migrazione.

Doggerland era un'area, ora sotto il Mare del Nord, che un tempo univa il Regno Unito all'Europa continentale. Era un'ampia valle poco profonda con basse colline e paludi, ricca di vegetazione e fauna selvatica, abitata da bande di uomini cacciatori/raccoglitori, come dimostrano i ritrovamenti di utensili, armi preistoriche e ossa di animali. Con lo scioglimento delle calotte glaciali alla fine dell'ultima era glaciale, il livello del mare si alzò e inondò gradualmente l'area. Uno tsunami legato a un improvviso scivolamento sottomarino nel Mare del Nord settentrionale, circa 8200 anni fa, potrebbe aver accelerato questo processo. L'innalzamento del livello del mare sembra aver allagato definitivamente il Doggerland circa 6000 anni fa.

Il **Diluvio Universale**, evento descritto non solo nella Bibbia ma in numerosi documenti dei popoli che abitavano il Medio Oriente già verso 8000 anni fa, potrebbe essere collegato a un fenomeno reale localizzabile nell'attuale Mar Nero. Durante le glaciazioni, l'area era coperta da un grande ghiacciaio che causò lo sprofondamento del terreno. Quando il ghiacciaio si ritirò durante una fase interglaciale, si formò un grande lago d'acqua dolce.

Il continuo scioglimento dei ghiacci e l'innalzamento del Mediterraneo portarono infine alla rottura della barriera naturale tra il lago e il Mar di Marmara, causando una massiccia inondazione che trasformò rapidamente il lago in un mare salmastro. Questo evento catastrofico, che distrusse gli insediamenti costieri, potrebbe essere all'origine del mito del Diluvio. Resti di un insediamento umano sono stati trovati a 91 metri di profondità nel Mar Nero, risalenti a 7.500 anni fa.

L'epopea di Gilgamesh ed il racconto del diluvio universale

Il Sahara: da giardino verde a deserto

Tra il 7000 e il 2000 a.C., l'attuale deserto del Sahara presentava un paesaggio completamente diverso: ricco di fiumi e laghi, zone verdi e paludose, dove vivevano animali e uomini. Durante il neolitico le popolazioni che lo abitavano producevano ceramica e raccoglievano cereali selvatici. Ebbero rapporti con l'Egitto predinastico e disseminarono il Sahara di incisioni rupestri. L'arte rupestre testimonia la presenza di numerose specie animali che dovevano vivere nelle praterie dell'epoca.

A partire dal 1200 a.C. le precipitazioni iniziarono a diminuire, e gradualmente il Sahara si trasformò in un deserto, come lo ha descritto Erodoto nel V secolo a.C. Le popolazioni locali cercarono di adattarsi, difendendo le poche aree umide e costruendo sistemi di irrigazione per salvaguardare le oasi. Prima della conquista romana esisteva ancora una società organizzata come il regno dei Garamanti, che aveva origini nel III millennio a.C. e declinò fino a scomparire nel V secolo d.C.

10.4 Crisi climatiche e trasformazioni delle civiltà antiche

La fine del Regno Antico in Egitto (2300-2100 a.C.) coincise con una forte riduzione della portata del Nilo, causata da una prolungata siccità. Analisi del rapporto tra isotopi dell'ossigeno nei ghiacci e l'assenza di sedimenti lacustri lungo il corso del Nilo confermano questo periodo di aridità estrema. La conseguente rivoluzione sociale e religiosa modificò profondamente il ruolo delle istituzioni e le credenze religiose. Nello stesso periodo, gli Achei provenienti dal nord invasero la Grecia, probabilmente alla ricerca di territori con condizioni ambientali più favorevoli.

La crisi dei grandi imperi intorno al 1300-1200 a.C. coincise con decenni di precipitazioni scarse e diffusa siccità, come dimostrato dalla dendrocronologia. Gli imperi egiziano e ittita dovettero fronteggiare gli attacchi dei "popoli del mare", probabilmente spinti dalla carestia nelle loro terre d'origine. L'instabilità sociale portò al collasso di grandi imperi e piccoli regni come quelli micenei. Da questa crisi nacque la cultura greca che avrebbe caratterizzato il Mediterraneo prima dell'ascesa di Roma.

Roma e l'Impero: tra il 500 a.C. e il 500 d.C., il clima in Europa fu particolarmente mite, condizioni che favorirono la crescita e l'espansione dell'Impero Romano. L'optimum climatico romano (200 a.C. - 150 d.C.) permise la colonizzazione della Gallia e della Britannia, territori allora caratterizzati da un clima più caldo e fertile, dove era possibile coltivare grano e vite. Questo clima favorevole facilitò scambi, commercio e diffusione del benessere in tutte le province dell'impero.

Il crollo dell'Impero e i barbari: le invasioni barbariche furono almeno in parte innescate dal deterioramento climatico iniziato intorno al 250 d.C., quando la temperatura globale scese di circa 1-1,5°C. Questo periodo, la piccola era glaciale tardoantica (PEGTA, 400-750 d.C.), ridusse la produzione agricola e spinse popolazioni come Visigoti, Ostrogoti ed Unni a migrare verso sud in cerca di terre più produttive. Le ondate di tribù barbariche che calarono dal nord verso il bacino del Mediterraneo erano in fuga da territori divenuti inospitali per gelo e piogge eccessive.

La Piccola Era Glaciale e la storia europea moderna

Dopo la PEGTA (400-750 d.C.) e l'Optimum Climatico Medievale (1050-1270) caratterizzato da un clima favorevole che permise la prosperità agricola, lo sviluppo dei Comuni e delle Repubbliche Marinare e persino la colonizzazione della Groenlandia, l'Europa entrò nella Piccola Era Glaciale (PEG, 1450-1850). In Islanda, durante l'Optimum, si coltivava persino l'orzo e il clima mite consentì la coltivazione dell'uva fino in Gran Bretagna, pratica che scomparve con l'inizio della PEG, lasciando francesi e italiani dominatori del mercato del vino.

Il periodo della PEG fu caratterizzato da significative fluttuazioni climatiche: inverni rigidi seguiti da precipitazioni torrenziali in primavera e in estate, oppure inverni moderati alternati a estati torride e periodi di forte siccità. Particolarmente intensi furono i cicli di freddo estremo tra il 1590 e il 1610, quando l'Europa sperimentò alcune delle temperature più basse dell'ultimo millennio.

Queste condizioni climatiche avverse stimolarono l'innovazione agricola, in particolare nei Paesi Bassi, con la rotazione delle colture che includevano piante foraggere come erba medica, trifoglio e rapa. In Inghilterra, i benefici della nuova agricoltura portarono alle "enclosures", mentre in Olanda si crearono i "polders", terreni sottratti al mare attraverso mulini a vento.

Da questi adattamenti alla PEG nacque una diversa struttura economica che contribuì all'emergere dell'Illuminismo e dell'industrializzazione. Il flusso di oro dal Nuovo Mondo accelerò il passaggio da un'economia di scambio a quella monetaria, con la nascita della Banca d'Inghilterra e della prima banconota moderna nel 1695. Nel XVII secolo l'Europa "scoprì" il tulipano e la patata, e si assistette al declino dell'aristocrazia terriera, soppiantata dalla nuova classe di banchieri e mercanti.

La difficile situazione climatica influenzò anche la sfera culturale e religiosa. Fenomeni naturali come l'aurora boreale avvistata nel 1560 fino in Svizzera furono interpretati come segni apocalittici. Questo clima di paura sfociò in episodi di violenza etnica come i pogrom contro le comunità ebraiche europee, che tra il 1330 ed il 1500 subirono un'ondata di antisemitismo senza precedenti, accusate di diffondere malattie come la lebbra.

Durante il Seicento, la crisi economica e sociale si accentuò notevolmente. Nel solo 1648, si verificarono rivolte in Russia e in Francia, guerre civili in Ucraina, Scozia e Inghilterra, e nell'impero ottomano il gran visir venne fatto a pezzi da una folla inferocita. Eppure, paradossalmente, questo periodo di crisi climatica coincise con straordinari avanzamenti nella storia del pensiero e della scienza: il Rinascimento, l'Illuminismo, le Rivoluzioni americana e francese, e le scoperte di figure come Leonardo da Vinci, Galileo, Newton e Linneo.

Le cause della PEG sono ancora oggetto di dibattito scientifico. Oltre alla diminuzione della radiazione solare (il cosiddetto "Minimo di Maunder"), si ipotizza un ruolo determinante delle eruzioni vulcaniche, con un'insolita e intensa attività vulcanica tropicale iniziata tra il 1275 ed il 1300. Un'altra teoria considera l'effetto della circolazione meridionale di ribaltamento dell'Atlantico (Atlantic Meridional Overturning Circulation): ricerche dell'Università del Massachusetts hanno documentato un cambiamento tra la fine del 1300 e i primi anni del 1400, quando le acque a sud della Groenlandia e dei mari nordici divennero molto più calde del solito, causando una rapida perdita di ghiaccio artico che raffreddò le acque del Nord Atlantico, ne diluì la salinità e determinò il raffreddamento delle coste del nord Europa.

Uno degli effetti più sorprendenti della PEG fu l'intensificarsi della caccia alle streghe. A partire dal 1560, quando il clima divenne sempre più sfavorevole, le persone, soprattutto donne sole, furono accusate di nuocere ai raccolti e agli animali, che in realtà morivano a causa del maltempo. Le persecuzioni raggiunsero l'apice negli anni 1587-1588. Tra il 1580 e il 1620 nella città di Berna più di un migliaio di persone accusate di stregoneria furono mandate al rogo, e nel 1620 in Germania furono condannate 900 donne. Anche il celebre processo delle Streghe di Salem nel 1636 si colloca in questo contesto.

Un affascinante effetto collaterale della PEG fu la straordinaria qualità dei violini Stradivari: le condizioni climatiche causarono la lenta crescita degli abeti rossi, accentuando la densità del legno e la capacità di risonanza. I legni provenienti dalla Valcanale in Friuli furono particolarmente apprezzati per queste caratteristiche.

La PEG dimostra come un cambiamento climatico relativamente modesto (1-2°C in media) possa avere ripercussioni profonde su ogni aspetto della società umana, dall'economia alla politica, dalla cultura alla religione, offrendo preziose lezioni per comprendere le possibili ripercussioni dei cambiamenti climatici attuali.

10.5 Le geoscienze come chiave interpretativa della storia umana

Questo viaggio attraverso le connessioni tra fenomeni geologici e storia umana ci rivela il vero potenziale educativo delle geoscienze. Gli esempi esaminati dimostrano che i processi geologici non sono forze esterne che occasionalmente interferiscono con la storia umana, ma elementi costitutivi della nostra storia evolutiva e culturale.

L'approccio interdisciplinare trasforma le geoscienze da elenco di eventi in racconto delle interconnessioni che hanno plasmato il nostro mondo. Quando gli studenti comprendono che l'eruzione del Tambora ha ispirato "Frankenstein", che i terremoti hanno ridefinito l'architettura o che i cambiamenti climatici hanno guidato le grandi migrazioni, le geoscienze diventano improvvisamente rilevanti e coinvolgenti.

Questa prospettiva è determinante per affrontare le sfide contemporanee. I cambiamenti climatici attuali, l'urbanizzazione in aree a rischio sismico, la gestione delle risorse geologiche sono problemi che richiedono una comprensione sistemica delle interazioni tra processi naturali e società umane. Solo sviluppando questa consapevolezza negli studenti possiamo prepararli ad affrontare un futuro in cui la conoscenza delle geoscienze sarà sempre più centrale.

Le geoscienze ci insegnano che siamo parte di una storia planetaria in continua evoluzione. Comprendere questa storia non è solo un esercizio intellettuale, ma una necessità per costruire società più resilienti e sostenibili. In questa prospettiva, ogni vulcano, ogni terremoto, ogni cambiamento climatico diventa una lezione sulla nostra relazione con il pianeta che abitiamo.

Le Connessioni tra Eventi Geologici e Civiltà

ERUZIONI VULCANICHE E METEORITI

FENOMENO	QUANDO	IMPATTO IMMEDIATO	CONSEGUENZE STORICHE
Meteorite di Chicxulub	66 milioni di anni fa	• Oscuramento globale • Raffreddamento climatico • Estinzione di massa	• Opportunità evolutiva per i mammiferi • Origine indiretta della nostra specie • Confine K-T in paleontologia
Supervulcano Toba	75.000 anni fa	• -90% luce solare • Inverno vulcanico globale	• Collo di bottiglia evolutivo in H. sapiens • Declino di Homo erectus • Base della bassa variabilità genetica umana
Santorini (Thera)	~1627-1600 a.C.	• Distruzione dell'isola • Tsunami nel Mediterraneo	• Declino della civiltà minoica • Possibile origine delle dieci piaghe d'Egitto • Ascesa della civiltà micenea
Vulcano Okmok	43 a.C.	• Temperature -7°C • Precipitazioni +400%	• Crisi nella Repubblica Romana • Contributo alla transizione verso l'Impero • Documentato da Virgilio e Plutarco
Eruzioni sottomarine	536-555 d.C.	• 20 anni di oscurità parziale • "Sole simile alla luna"	• Inizio dell'"Era oscura" medievale • Crisi demografica europea • Trasformazioni agricole e sociali
Llopango	431 d.C.	• Devastazione in Centro America • Raffreddamento di 0,5°C	• Interruzione della ceramica Maya • Discontinuità culturale mesoamericana • Abbandono di insediamenti
Samalas	1257 d.C.	• Ceneri a 43 km d'altezza • Più potente del Tambora	• 1/3 della popolazione di Londra morta di fame • Inverno vulcanico in Europa

FENOMENO	QUANDO	IMPATTO IMMEDIATO	CONSEGUENZE STORICHE
Laki	1783-1784 d.C.	• "Foschia del Laki" su Europa • 120 mln ton di SO_2	• Epidemie di scorbuto e rachitismo • Contributo alla Rivoluzione Francese • Prima correlazione scientifica vulcani-clima • Carestie in Francia
Tambora	1815 d.C.	• "Anno senza estate" (1816) • Anomalie climatiche globali	• Nascita di "Frankenstein" e letteratura gotica • Invenzione della bicicletta • Migrazione verso l'Ovest americano • Ispirazione per i tramonti di Turner
Krakatoa	1883 d.C.	• Potenza di 200 megatoni • Colori spettacolari nel cielo	• Influenza su "L'Urlo" di Munch • Studi sugli effetti ottici delle polveri vulcaniche

TERREMOTI E TRASFORMAZIONI SOCIO-CULTURALI

FENOMENO	QUANDO	IMPATTO IMMEDIATO	EREDITÀ STORICA E CULTURALE
Terremoto di Troia	~1300 a.C.	• Distruzione di Troia VI • Parte di serie sismica regionale	• Possibile base reale del mito dell'Iliade • Facilitazione della conquista achea • Trasformazione del panorama politico egeo
Terremoto di Noto	1693 d.C.	• 70 centri abitati distrutti60.000 vittime Tsunami ionico	• Rinascita barocca siciliana Trasformazione urbanistica radicale • Val di Noto patrimonio UNESCO
Terremoto di Lisbona	1755 d.C.	• Tsunami di 20 metri • Incendio devastante	• Nascita della "filosofia del disastro" • Declino dell'Inquisizione

FENOMENO	QUANDO	IMPATTO IMMEDIATO	EREDITÀ STORICA E CULTURALE
			• Ricostruzione illuminista • Prime tecniche antisismiche moderne
Meteorite di Tall El-Hammam	~1650 a.C.	• Temperatura >1500°C • Onda d'urto distruttiva	• Possibile origine di Sodoma e Gomorra • Abbandono dell'intera Valle del Giordano • Da 50.000 abitanti a poche centinaia

CAMBIAMENTI CLIMATICI E SVILUPPO UMANO

FENOMENO	PERIODO	CARATTERISTICHE	INFLUENZE STORICHE
Inversione di Laschamps	41-42.000 anni fa	• Indebolimento campo magnetico • Aumento radiazioni cosmiche	• Declino dei Neanderthal • Inizio dell'arte rupestre • Primo uso di ocra rossa
Formazione Rift Valley	~10 milioni di anni fa	• Frammentazione foreste • Creazione di savane	• Sviluppo del bipedismo umano • Pressione evolutiva per abilità manuali • Distribuzione di A. afarensis vs A. robustus
"Pompa del Sahara"	Pleistocene	• Alternanza fasi umide/aride • Corridoi migratori temporanei	• Ondate migratorie dall'Africa • Diffusione di tecnologie • Distribuzione di insediamenti

FENOMENO	PERIODO	CARATTERISTICHE	INFLUENZE STORICHE
Innalzamento marino	8.200-6.000 anni fa	• Sommersione di Doggerland • Inondazione Mar Nero	• Origine del mito del Diluvio • Isolamento genetico britannico • Migrazione verso l'entroterra
Optimum Climatico Romano	200 a.C.-150 d.C.	• Temperature più miti • Maggiore produttività agricola	• Espansione dell'Impero Romano • Coltivazioni di clima mediterraneo a nord • Prosperità commerciale
Era Glaciale Tardoantica	400-750 d.C.	• Temperature -1,5°C • Calo della produzione agricola	• Migrazioni barbariche verso sud • Pressione sul tardo Impero • Riconfigurazione demografica europea
Optimum Medievale	1050-1270 d.C.	• Clima favorevole europeo • Estati più lunghe	• Sviluppo dei Comuni • Colonizzazione della Groenlandia • Viticultura britannica
Piccola Era Glaciale	1450-1850 d.C.	• Inverni estremi • Fluttuazioni climatiche rapide	• Rotazione delle colture • Intensificazione caccia alle streghe • Qualità unica dei violini Stradivari • Fioritura Rinascimento e Illuminismo

FENOMENI GEOLOGICI E CONSEGUENZE SOCIO-ECONOMICHE

FENOMENO	EPOCA	CARATTERISTICHE	IMPATTO CULTURALE
Oracolo di Delfi	dal IV sec. a.C.	• Emissioni di etilene • Gas da faglia tettonica	• Influenza decisioni politiche greche • Base scientifica di pratiche religiose • Stati alterati di coscienza della Pizia
Distribuzione risorse	Varie epoche	• Accesso differenziato a metalli • Coincidenza geografica carbone-ferro	• Età del Bronzo, del Ferro • Rivoluzione Industriale • Geopolitica delle terre rare
Caratteristiche dei suoli	Varie epoche	• Fertilità differenziata • Rinnovamento alluvionale	• Sviluppo civiltà fluviali • Sistemi agricoli specializzati • Strutture sociali adattative

Note sulla Metodologia di Lettura delle Connessioni

Le connessioni tra eventi geologici e storia umana presentate in questa tabella variano nel loro livello di certezza scientifica:

1. **Connessioni ben documentate**: Eventi come l'eruzione del Tambora e i suoi effetti sul clima, la letteratura e la società del 1816 sono ampiamente documentati attraverso registri storici, dati meteorologici e prove geologiche.
2. **Connessioni probabili**: Relazioni come quella tra l'eruzione del Thera e il declino della civiltà Minoica, o tra il terremoto e la caduta di Troia, sono supportate da prove archeologiche e geologiche significative ma mantengono un certo grado di incertezza.
3. **Connessioni ipotizzate**: Alcune correlazioni, come quella tra il meteorite di Tall El-Hammam e il racconto biblico di Sodoma e Gomorra, rappresentano ipotesi scientificamente plausibili che correlano eventi geologici con narrazioni storiche o mitologiche.

In tutti i casi, queste connessioni seguono logiche scientifiche comprovate e dimostrano come i processi geologici abbiano ripetutamente influenzato e modellato la traiettoria dell'umanità, a volte in modi completamente inaspettati.

Old Faithful geyser - Yellowstone National Park in Wyoming

Per approfondire

Alvarez, L.W., et al. (1980). "Extraterrestrial cause for the Cretaceous-Tertiary extinction." Science, 208(4448), 1095-1108. https://doi.org/10.1126/science.208.4448.1095

Ballard, R.D., et al. (2000). "Deep-water archaeology of the Black Sea: The 2000 season at Sinop, Turkey." American Journal of Archaeology, 105, 607-623. https://doi.org/10.2307/507410

Bunch, T.E., et al. (2021). "A Tunguska sized airburst destroyed Tall el-Hammam a Middle Bronze Age city in the Jordan Valley near the Dead Sea". Scientific Reports, 11, 18632. https://doi.org/10.1038/s41598-021-97778-3

Carbognani, A. (2021). "Tall el-Hammam: la città biblica distrutta da un impatto cosmico?". Media INAF. https://www.media.inaf.it/2021/09/22/tall-el-hammam-sodoma/

de Boer, J.Z., Hale, J.R., & Chanton, J. (2001). "New evidence for the geological origins of the ancient Delphic oracle (Greece)". Geology, 29(8),

707-710.https://doi.org/10.1130/0091-7613(2001)029<0707: NEFTGO>2.0.CO;2

Drake, B.L. (2012). "The influence of climatic change on the Late Bronze Age Collapse and the Greek Dark Ages." Journal of Archaeological Science, 39(6), 1862-1870. https://doi.org/10.1016/j.jas.2012.01.029

Fagan, B. (2004). The Long Summer: How Climate Changed Civilization. Basic Books. https://www.basicbooks.com/titles/brian-fagan/the-long-summer/9780465022823/

Foster, K.P., & Ritner, R.K. (1996). "Texts, storms, and the Thera eruption." Journal of Near Eastern Studies, 55(1), 1-14. https://doi.org/10.1086/373781

Maslin, M.A., et al. (2014). "East African climate pulses and early human evolution." Quaternary Science Reviews, 101, 1-17. https://doi.org/10.1016/j.quascirev.2014.06.012

Piccardi, L. (2000). "Active faulting at Delphi, Greece: Seismotectonic remarks and a hypothesis for the geologic environment of a myth". Geology, 28(7), 651-654. https://doi.org/10.1130/0091-7613(2000)28<651: AFADGS>2.0.CO;2

Pievani, T., & Cavalli-Sforza, L. (2012). "Homo Sapiens: la grande storia della diversità umana." MicroMega, 1/2012. http://telmopievani.com/2012/01/01/micromega-almanacco-della-scienza-12012-homo-sapiens-la-grande-storia-della-diversita-umana/

Ryan, W.B.F., & Pitman, W.C. (1998). Noah's Flood: The New Scientific Discoveries About the Event That Changed History. Simon & Schuster.https://www.simonandschuster.com/books/NoahsFlood/William-Ryan/9780684859200

Sivertsen, B. (2009). The Parting of the Sea: How Volcanoes, Earthquakes, and Plagues Shaped the Story of Exodus. Princeton University Press. https://press.princeton.edu/books/paperback/9780691150215/the-parting-of-the-sea

Spiller, H.A., Hale, J.R., & De Boer, J.Z. (2002). "The Delphic oracle: A multidisciplinary defense of the gaseous vent theory". Journal of Clinical Toxicology, 40(2), 189-196. https://doi.org/10.1081/CLT-120004410

Wood, G.D. (2014). Tambora: The Eruption That Changed the World. Princeton University Press. https://press.princeton.edu/books/paperback/9780691168623/tambora

CAPITOLO 11.

CARTOGRAFIA TRADIZIONALE E DIGITALE: SVILUPPARE COMPETENZE CHIAVE ATTRAVERSO LA LETTURA DEL TERRITORIO

La cartografia rappresenta uno dei linguaggi più antichi e sofisticati creati dall'umanità per comprendere e rappresentare il mondo. Dalle prime incisioni rupestri alle attuali applicazioni di geolocalizzazione, la capacità di tradurre lo spazio tridimensionale in rappresentazioni bidimensionali ha accompagnato l'evoluzione della civiltà. Questa traduzione non è mai stata un processo neutro: ogni mappa è il risultato di scelte, semplificazioni, priorità che riflettono non solo conoscenze geografiche, ma anche visioni culturali, politiche ed economiche.

Nell'era digitale, assistiamo a una trasformazione radicale degli strumenti cartografici. Le mappe cartacee sono ormai state abbandonate a favore delle rappresentazioni digitali, accessibili da qualsiasi dispositivo e in continuo aggiornamento. Google Maps, Google Earth, i navigatori GPS e le innumerevoli applicazioni di geolocalizzazione hanno democratizzato l'accesso alle informazioni geografiche, rendendo apparentemente obsolete le competenze tradizionali di lettura e interpretazione delle carte.

Analizzare le implicazioni di questa transizione dal punto di vista educativo e formativo non significa contrapporre nostalgicamente il passato al presente, ma analizzare quali competenze specifiche sono sviluppate dai diversi approcci cartografici, quali si stanno perdendo nella transizione digitale, e quali nuove capacità emergono nell'interazione con gli strumenti contemporanei.

11.1 I linguaggi della cartografia: dalla carta al pixel

L'eredità della cartografia tradizionale

La carta geografica cartacea rappresenta un sistema comunicativo di straordinaria efficacia e sintesi. Un foglio della carta topografica dell'Istituto Geografico Militare alla scala 1:25.000 contiene migliaia di informazioni organizzate secondo codici precisi: curve di livello che rappresentano l'altimetria, simboli che indicano la vegetazione, la viabilità, gli insediamenti, le acque. Questa ricchezza informativa è accessibile solo a chi possiede le chiavi interpretative del linguaggio cartografico.

Leggere una carta topografica significa innanzitutto comprendere la scala, concetto fondamentale che permette di rapportare le distanze sulla mappa a quelle reali. Significa poi interpretare il significato dei simboli, riconoscere le forme del terreno attraverso le curve di livello, identificare le caratteristiche del paesaggio attraverso gli elementi rappresentati. È un processo che richiede conoscenze specifiche, ma anche capacità di astrazione e visualizzazione spaziale.

La materialità del foglio cartaceo permette manipolazioni fisiche – piegare, annotare, sovrapporre – che favoriscono l'interazione con l'informazione geografica. La carta è un documento che si dispiega nello spazio fisico con dimensioni significative, permettendo un'esperienza di "immersione" nel territorio rappresentato.

La Tabula Peutingeriana, dal nome di Konrad Peutinger, che ne entrò in possesso nel XVI secolo. III secolo d.C. Österreichische Nationalbibliothek di Vienna.

Planisfero di Juan de la Cosa, cartografo, esploratore e pilota, la prima mappa nautica per rappresentare le coste del continente americano – Museo Navale di Madrid [Dominio pubblico]

Mappa dei fondi oceanici - XX secolo realizzata da Mary Tharp

L'attualità della cartografia digitale

La cartografia digitale ha trasformato radicalmente il nostro rapporto con le informazioni geografiche. Le mappe sono diventate interattive, zoomabili, personalizzabili. Possiamo passare istantaneamente dalla visione satellitare alla rappresentazione schematica, dalla mappa stradale alla visione tridimensionale. Possiamo sovrapporre strati informativi, interrogare punti specifici, calcolare percorsi ottimali.

Google Earth ha reso accessibile a chiunque una visione della Terra prima riservata agli astronauti. Le applicazioni di navigazione ci guidano passo dopo passo verso qualsiasi destinazione, ricalcolando i percorsi in tempo reale. I Sistemi Informativi Geografici (GIS) permettono di analizzare, elaborare e visualizzare enormi quantità di dati spaziali, aprendo possibilità analitiche prima impensabili.

Questa abbondanza di strumenti ha permesso a tutti l'accesso alle informazioni geografiche, ma ha anche modificato il nostro modo di interagire con esse. Lo schermo del dispositivo mobile, con le sue dimensioni ridotte, inquadra porzioni limitate di territorio, che non consentono di avere una visione di assieme e di comprendere la complessità del territorio.

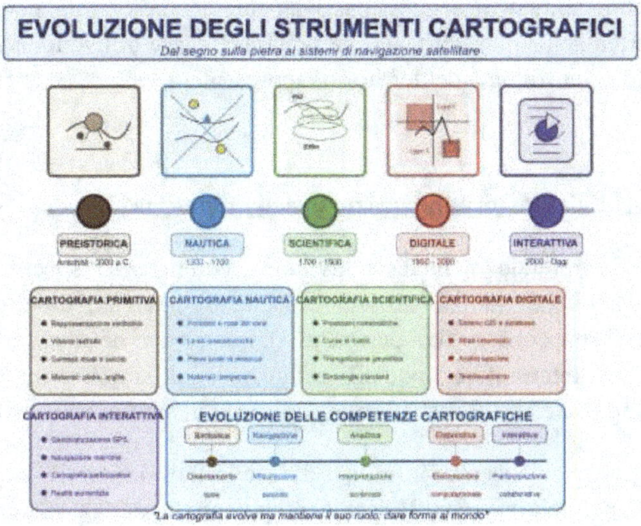

11.2 Competenze cartografiche nell'era digitale: implicazioni didattiche

Il valore persistente delle competenze tradizionali

Nonostante la proliferazione di strumenti digitali, le competenze di base della lettura cartografica mantengono un valore fondamentale in ambito didattico. Orientarsi rispetto ai punti cardinali, comprendere la relazione tra rappresentazione bidimensionale e realtà tridimensionale, interpretare i simboli convenzionali, visualizzare mentalmente un paesaggio a partire dalla sua rappresentazione cartografica: sono abilità che trascendono il supporto tecnico e rappresentano forme di intelligenza spaziale essenziali.

La capacità di "leggere" il territorio attraverso una carta permette di cogliere relazioni che sfuggono alla visione immediata. La morfologia di un versante, il reticolo idrografico, lo sviluppo degli insediamenti rivelano dinamiche territoriali che solo un occhio educato può interpretare. Queste competenze interpretative sono fondamentali per formare studenti consapevoli del contesto territoriale in cui vivono.

Le esperienze didattiche mostrano che queste competenze tradizionali sono sempre meno diffuse tra gli studenti. La familiarità con le tecnologie digitali non si traduce automaticamente in capacità di lettura e interpretazione cartografica. Molti studenti, abituati a seguire passivamente le indicazioni dei navigatori, faticano a orientarsi su una carta, a interpretare le curve di livello, a visualizzare mentalmente la morfologia del territorio rappresentato.

Competenze digitali e loro integrazione nella didattica

La cartografia digitale richiede e sviluppa competenze specifiche che si aggiungono a quelle tradizionali. La capacità di navigare tra diversi livelli informativi, di selezionare i dati pertinenti, di interrogare database geografici, di visualizzare e interpretare modelli tridimensionali rappresenta un nuovo alfabetismo spaziale che dovrebbe essere coltivato in ambito educativo.

L'interazione con i Sistemi Informativi Geografici, in particolare, sviluppa competenze analitiche avanzate. Gli studenti possono imparare a formulare query spaziali, a sovrapporre e integrare dati di diversa natura, a produrre mappe tematiche che sintetizzano informazioni complesse. Si tratta di competenze di grande valore non solo in ambito scientifico, ma anche per la cittadinanza attiva.

Le tecnologie geospaziali permettono forme di collaborazione e condivisione prima impossibili. La cartografia partecipativa, che coinvolge gli studenti nella mappatura del proprio territorio, rappresenta un potente strumento di apprendimento attivo e di empowerment comunitario. Progetti come OpenStreetMap possono essere utilizzati in ambito didattico per sviluppare non solo competenze tecniche ma anche senso di appartenenza e responsabilità verso il territorio.

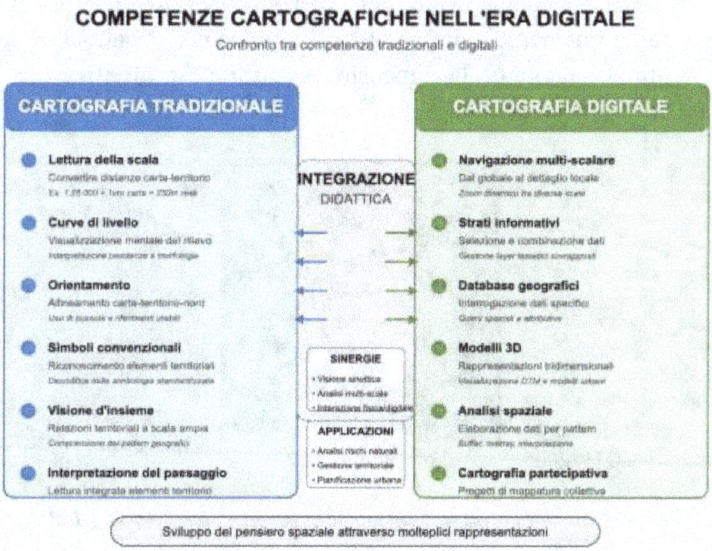

11.3 La cartografia come strumento formativo: esperienze e prospettive didattiche

Percorsi formativi integrati: dalla carta al territorio

Un percorso formativo efficace può iniziare con l'analisi di una carta topografica cartacea, che permette di cogliere la visione d'insieme del territorio e di sviluppare le competenze di base di orientamento e lettura del paesaggio. La carta geologica può poi aggiungere un livello interpretativo, rivelando la storia evolutiva del territorio e le sue dinamiche profonde. Il passaggio ai sistemi digitali permette di arricchire questa comprensione con dati aggiornati, visualizzazioni tridimensionali, analisi tematiche specifiche.

L'esperienza diretta sul campo rappresenta il momento culminante di questo percorso didattico. Toccare con mano il territorio, riconoscere sul terreno le forme identificate sulla carta, verificare le ipotesi formulate attraverso l'analisi cartografica: sono esperienze che consolidano le competenze acquisite e sviluppano una comprensione profonda del territorio come sistema complesso.

Questa metodologia integrata permette agli studenti di comprendere i vantaggi e i limiti di ciascuno strumento cartografico. La carta tradizionale offre una visione sinottica che facilita la comprensione delle relazioni spaziali; gli strumenti digitali forniscono aggiornamento, interattività e capacità analitiche avanzate; l'esperienza diretta aggiunge la dimensione sensoriale e affettiva che nessuna rappresentazione può sostituire.

Carta topografica CTR 2005

Foto aerea 2012

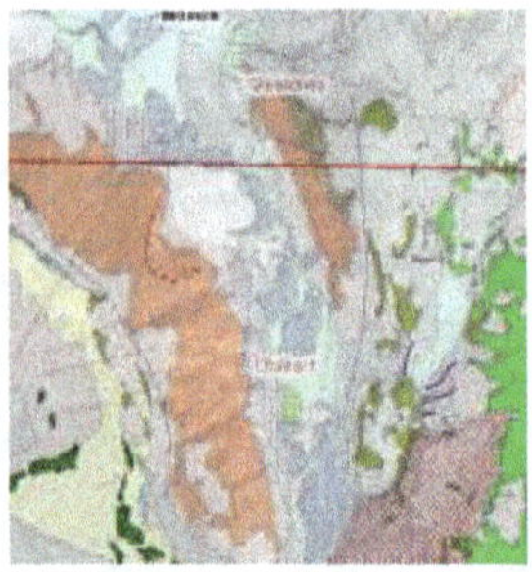
Carta geologica

Rappresentazioni diverse della stessa zona, in Valle d'Aosta – Italia

Oltre la tecnica: sviluppare il pensiero spaziale nell'educazione

La cartografia, sia essa tradizionale o digitale, non è solo uno strumento tecnico ma un potente mediatore cognitivo che sviluppa forme specifiche di pensiero. Il "pensiero spaziale" (spatial thinking) rappresenta una modalità cognitiva fondamentale che integra conoscenze geografiche, abilità di visualizzazione e ragionamento spaziale. È la capacità di "pensare lo spazio", di comprendere come gli elementi si distribuiscono e interagiscono nello spazio, di anticipare trasformazioni e dinamiche territoriali.

Le attività cartografiche ben progettate sviluppano questa forma di intelligenza, stimolando capacità che vanno ben oltre la specifica abilità tecnica di lettura di una mappa. Gli studenti imparano a riconoscere pattern spaziali, a integrare diverse scale di analisi, a comprendere le relazioni tra configurazione spaziale e processi temporali. Queste competenze sono trasferibili a molti altri ambiti disciplinari e rappresentano una forma di literacy fondamentale nel mondo contemporaneo.

Il pensiero spaziale è strettamente connesso al pensiero sistemico, la capacità di comprendere sistemi complessi caratterizzati da molteplici elementi in interazione. Il territorio è un sistema complesso per eccellenza, in cui componenti fisiche, biologiche e antropiche interagiscono a diverse scale temporali e spaziali. L'analisi cartografica, soprattutto quando integra diversi strati informativi, educa a questa visione sistemica, sviluppando una competenza sempre più richiesta in un mondo caratterizzato da problemi complessi e interconnessi.

11.4 Cambiare prospettiva: dalla centralità dell'utente alla comprensione del sistema territorio

Un aspetto critico della transizione digitale riguarda la focalizzazione dello sguardo cartografico in ambito educativo. Le applicazioni di navigazione e geolocalizzazione pongono letteralmente l'utente al centro della rappresentazione. Il puntino blu che si muove sullo schermo diventa il fulcro attorno a cui si organizza il territorio, ridotto a sfondo delle nostre traiettorie personali.

Questa centralità dell'utente ha indubbiamente vantaggi pratici, ma rischia di alimentare una visione egocentrica del territorio che può essere problematica dal punto di vista educativo. Le applicazioni ci dicono dove andare, quali strade prendere, dove trovare servizi e attrazioni, ma non ci aiutano necessariamente a comprendere perché il territorio è organizzato in un certo modo, quali processi hanno modellato il paesaggio, quali relazioni esistono tra le diverse componenti.

In contrapposizione a questa visione egocentrica, l'educazione cartografica dovrebbe promuovere una comprensione ecosistemica del territorio. Il territorio non è semplice palcoscenico delle attività umane, ma una rete di relazioni complesse da comprendere.

La lettura integrata di diverse rappresentazioni cartografiche può favorire questa visione sistemica. Una carta topografica rivela la morfologia del territorio, una carta geologica ne svela la struttura profonda, una carta dell'uso del suolo mostra come l'uomo ha modificato l'ambiente naturale. Integrando queste diverse letture, gli studenti possono comprendere come le caratteristiche fisiche influenzino gli insediamenti umani, come le attività antropiche trasformino il paesaggio, come i rischi naturali siano spesso accentuati da interventi inappropriati.

Questa lettura integrata è particolarmente significativa in un Paese come l'Italia, caratterizzato da un territorio fragile e intensamente antropizzato. Comprendere le dinamiche dei versanti, il regime dei corsi d'acqua, l'evoluzione degli insediamenti diventa essenziale per interpretare fenomeni come frane, alluvioni, degradazione ambientale che segnano cronicamente il nostro territorio. L'educazione cartografica diventa così strumento di cittadinanza consapevole, formando individui in grado di comprendere i rischi e le potenzialità del territorio in cui vivono.

11.5 Percorsi didattici integrati per l'educazione cartografica

L'integrazione efficace tra cartografia tradizionale e digitale richiede approcci didattici innovativi che valorizzino le peculiarità di entrambi i media. Di seguito vengono presentati alcuni esempi di percorsi didattici sperimentati con successo, che possono servire come modelli per gli insegnanti.

Esplorazioni multi-scalari del territorio locale

Un percorso particolarmente efficace consiste nell'analizzare il territorio locale attraverso scale diverse, partendo dalla carta topografica dettagliata (1: 5.000 o 1: 10.000) per comprendere il contesto immediato, passando alla scala media (1: 25.000) per cogliere le relazioni territoriali più ampie, fino a scale regionali o oltre per inserire l'area di studio nel contesto geografico generale.

Questo approccio multi-scalare può essere potenziato integrando strumenti digitali come Google Earth, che permettono transizioni fluide tra scale diverse. Gli studenti possono così comprendere come certi fenomeni siano visibili solo a determinate scale, e come la comprensione completa del territorio richieda un'integrazione di prospettive diverse.

Analisi diacronica dei cambiamenti territoriali

Un altro percorso didattico fruttuoso consiste nell'analizzare l'evoluzione del territorio nel tempo, confrontando carte storiche con rappresentazioni attuali. La digitalizzazione delle carte storiche e la loro georeferenziazione permettono sovrapposizioni precise con le carte contemporanee, evidenziando trasformazioni degli insediamenti, modificazioni del paesaggio agrario, evoluzione delle infrastrutture.

Questo tipo di analisi diacronica sviluppa non solo competenze cartografiche, ma anche consapevolezza storica e capacità di leggere il territorio come risultato di processi temporali complessi. La combinazione di carte storiche cartacee e strumenti GIS rappresenta un esempio eccellente di integrazione tra media tradizionali e digitali.

Cartografia partecipativa e citizen science

Le tecnologie digitali hanno reso possibili forme di cartografia partecipativa prima impensabili. Progetti come OpenStreetMap o iniziative di citizen science per il monitoraggio ambientale offrono occasioni preziose per coinvolgere attivamente gli studenti nella creazione di conoscenza geografica.

Questi progetti possono essere integrati in percorsi didattici che partono dall'analisi delle carte ufficiali per identificare aspetti del territorio non adeguatamente rappresentati (sentieri minori, elementi di interesse locale, microhabitat), che vengono poi mappati dagli studenti attraverso rilevazioni sul campo con GPS e smartphone. Le informazioni raccolte possono essere elaborate con software GIS e integrate nelle piattaforme collaborative.

11.6 La cartografia nell'educazione del XXI secolo

La cartografia rappresenta una risorsa educativa che permette di sviluppare competenze fondamentali per comprendere le dinamiche territoriali. Le esperienze didattiche mostrano che è possibile integrare efficacemente strumenti tradizionali e digitali in percorsi formativi che sviluppano il pensiero spaziale e la capacità di lettura critica del territorio.

Mappe cartacee, sistemi informativi geografici e applicazioni digitali offrono prospettive complementari che, opportunamente integrate, permettono una comprensione profonda delle relazioni tra componenti fisiche, biologiche e antropiche.

La cartografia diventa così strumento di cittadinanza attiva: comprendere il territorio attraverso le sue rappresentazioni significa acquisire la capacità di partecipare consapevolmente ai processi decisionali che riguardano il proprio ambiente di vita. In un'epoca di cambiamenti ambientali rapidi e pressioni antropiche crescenti, sviluppare solide competenze cartografiche rimane un obiettivo educativo fondamentale per formare cittadini consapevoli e responsabili.

SCHEDA DIDATTICA: DALLA CARTA AL TERRITORIO

TITOLO: "Leggere il paesaggio attraverso la carta topografica"

LIVELLO SCOLASTICO: Scuola secondaria di primo e secondo grado

DURATA: 3-4 ore (attività in classe) + 4-5 ore (uscita sul campo)

OBIETTIVI:

- Sviluppare competenze di lettura e interpretazione della carta topografica
- Comprendere la relazione tra rappresentazione cartografica e territorio reale
- Riconoscere gli elementi naturali e antropici del paesaggio sulla carta e sul terreno
- Orientarsi nello spazio utilizzando la carta topografica

MATERIALI:

- Carte topografiche IGM 1:25.000 dell'area di studio locale
- Bussole
- Righelli e cordino per misurare le distanze
- Schede di osservazione strutturate
- Matite colorate per annotazioni
- Macchine fotografiche/smartphone per documentazione
- (Opzionale) Tablet con app GIS semplici

SVOLGIMENTO:

Fase 1: Preparazione in classe (1-2 ore)

1. Introduzione alla carta topografica: scala, simbologia, curve di livello
2. Esercizi guidati di lettura della carta dell'area che sarà oggetto dell'uscita:
    - Identificazione degli elementi principali (insediamenti, corsi d'acqua, rilievi)
    - Misurazione di distanze e calcolo di dislivelli
    - Tracciamento del profilo altimetrico lungo il percorso previsto
3. Formulazione di ipotesi su cosa si osserverà durante l'uscita

Fase 2: Uscita sul territorio (4-5 ore)

1. Orientamento della carta rispetto al nord e al paesaggio circostante
2. Percorso guidato con soste in punti significativi:
    - Confronto tra carta e territorio reale
    - Identificazione degli elementi rappresentati sulla carta
    - Osservazione di elementi non rappresentati o modificati rispetto alla carta
3. Compilazione di schede di osservazione strutturate
4. Documentazione fotografica dei punti di osservazione

Fase 3: Rielaborazione in classe (1-2 ore)

1. Confronto tra le ipotesi formulate e le osservazioni effettuate
2. Discussione sulle differenze riscontrate tra carta e territorio
3. Riflessione sulle limitazioni della rappresentazione cartografica
4. Confronto con rappresentazioni digitali dell'area (Google Earth, GIS)

VALUTAZIONE:

- Qualità delle osservazioni e delle correlazioni carta-territorio
- Capacità di orientarsi utilizzando la carta
- Comprensione delle relazioni tra elementi fisici e antropici
- Riflessione critica sui limiti e potenzialità delle diverse rappresentazioni cartografiche

ESTENSIONE DIGITALE:

- Confronto con le stesse aree visualizzate su Google Maps/Earth
- Creazione di una mappa digitale integrata con le foto scattate durante l'uscita
- Analisi delle differenze tra carta tradizionale e rappresentazione digitale

SCHEDA DIDATTICA: CARTOGRAFIA PARTECIPATIVA DIGITALE

TITOLO: "Mappare il nostro quartiere: problemi e potenzialità"

LIVELLO SCOLASTICO: Scuola secondaria di primo e secondo grado
DURATA: 6-8 ore (suddivise in più sessioni)

OBIETTIVI:

- Sviluppare competenze di cartografia digitale e GIS
- Promuovere l'osservazione critica del territorio locale
- Favorire la partecipazione attiva alla mappatura del proprio ambiente di vita
- Stimolare la riflessione sulle criticità e potenzialità del territorio

MATERIALI:

- Computer con connessione internet
- Account OpenStreetMap (o piattaforma analoga)
- Smartphone con app di geolocalizzazione
- Schede di rilevamento
- (Opzionale) Software GIS semplificato per scuole

SVOLGIMENTO:

Fase 1: Introduzione alla cartografia partecipativa (1-2 ore)

1. Presentazione del concetto di cartografia partecipativa e dei suoi utilizzi
2. Introduzione a OpenStreetMap o altre piattaforme di mappatura collaborativa
3. Esercitazioni guidate di utilizzo base delle piattaforme
4. Definizione dell'area da mappare e degli elementi di interesse

Fase 2: Progettazione della mappatura (1 ora)

1. Individuazione di categorie di elementi da mappare (es. aree verdi, servizi, barriere architettoniche, punti critici)
2. Preparazione di schede di rilevamento strutturate
3. Organizzazione in gruppi di lavoro e assegnazione di aree specifiche

4. Discussione sugli aspetti etici della mappatura (privacy, accuratezza)

Fase 3: Rilevamento sul campo (2-3 ore)

1. Esplorazione dell'area assegnata con smartphone e schede di rilevamento
2. Geolocalizzazione e documentazione fotografica degli elementi individuati
3. Annotazione di osservazioni qualitative

Fase 4: Elaborazione dati e creazione mappa (2 ore)

1. Inserimento dei dati raccolti nella piattaforma cartografica
2. Categorizzazione degli elementi mappati
3. Creazione di una mappa tematica del quartiere con criticità e potenzialità
4. Elaborazione di una presentazione dei risultati

Fase 5: Condivisione e riflessione (1 ora)

1. Presentazione dei risultati alla classe/scuola/comunità locale
2. Discussione sulle problematiche emerse e possibili soluzioni
3. Riflessione sul valore della cartografia partecipativa come strumento di cittadinanza attiva
4. Valutazione dell'esperienza e delle competenze acquisite

VALUTAZIONE:

- Qualità e precisione del lavoro di mappatura
- Capacità di osservare criticamente il territorio
- Collaborazione nel lavoro di gruppo
- Abilità nell'uso degli strumenti digitali
- Qualità della presentazione finale e delle riflessioni

ESTENSIONE:

- Partecipazione a iniziative di citizen science più ampie
- Monitoraggio nel tempo dell'evoluzione delle criticità individuate
- Confronto con mappe storiche dell'area per analizzare i cambiamenti

SCHEDA DIDATTICA: INTEGRAZIONE TRA CARTOGRAFIA TRADIZIONALE E DIGITALE

Titolo: "Dal territorio alla mappa: analisi integrata del rischio idrogeologico"
Tipologia: Percorso didattico con approccio sistemico e Problem-Based Learning
Target: Scuola secondaria di II grado
Durata: 10 ore (attività in aula, laboratorio e campo)
Approccio: Esplorativo-investigativo, dall'esperienza concreta alle competenze spaziali

Obiettivi di apprendimento:

- Sviluppare competenze integrate di lettura cartografica tradizionale e digitale
- Comprendere i concetti di rischio idrogeologico e vulnerabilità territoriale
- Applicare il pensiero spaziale all'analisi di problematiche ambientali
- Promuovere la consapevolezza dei rischi naturali nel territorio locale

Articolazione didattica:

Lezione 1: Dal territorio al rischio (2 ore)

- **Fase iniziale - "L'enigma del paesaggio":** Osservazione di foto aeree dell'area locale con domanda guida: "Quali elementi di questo territorio potrebbero essere pericolosi?"
- **Fase investigativa:** Introduzione ai concetti di pericolosità, vulnerabilità e rischio attraverso casi di studio locali
- **Fase esplorativa:** Prima lettura di carte topografiche per identificare elementi morfologici significativi

Lezione 2: La carta racconta (3 ore)

- **Laboratorio pratico:** Lettura integrata di carte topografiche, geologiche e dell'uso del suolo
- **Attività di analisi:** Individuazione del reticolo idrografico, analisi delle pendenze, identificazione di insediamenti a rischio

- **Esperimento digitale:** Introduzione al GIS con georeferenziazione e sovrapposizione di strati informativi

Lezione 3: Il tempo nel territorio (3 ore)

- **Indagine storica:** Ricerca di eventi passati e loro localizzazione sulle carte
- **Analisi diacronica:** Confronto di immagini satellitari storiche e recenti
- **Modellizzazione:** Creazione di carte derivate (pendenze, esposizioni) con strumenti GIS

Lezione 4: Dalla conoscenza all'azione (2 ore)

- **Sintesi integrata:** Elaborazione di una carta semplificata del rischio locale
- **Presentazione:** Ogni gruppo presenta l'analisi del proprio settore territoriale
- **Discussione:** Proposte di interventi e strategie di mitigazione

Competenze sviluppate: Lettura integrata di rappresentazioni cartografiche, pensiero spaziale e sistemico, comprensione delle dinamiche territoriali, consapevolezza dei rischi ambientali, comunicazione scientifica.

Collegamenti interdisciplinari: Geografia (territorio e trasformazioni), Scienze (processi geomorfologici), Storia (eventi e memoria locale), Matematica (analisi quantitative), Educazione civica (prevenzione e protezione civile).

Prodotto finale: Atlante digitale del rischio idrogeologico locale con proposte di intervento, da condividere con la comunità scolastica e le autorità locali.

GRIGLIA DI VALUTAZIONE PER LE ATTIVITÀ CARTOGRAFICHE

Competenza	Livello base	Livello intermedio	Livello avanzato
Lettura della carta	Riconosce i simboli principali e individua elementi evidenti	Interpreta correttamente simboli e convenzioni, comprende la morfologia	Effettua una lettura integrata e approfondita, coglie relazioni complesse tra elementi diversi
Orientamento	Si orienta con la carta in situazioni semplici	Utilizza correttamente la bussola e orienta la carta rispetto al territorio	Si orienta con sicurezza in contesti complessi integrando carta, bussola e osservazione del territorio
Uso degli strumenti digitali	Utilizza le funzioni base di mappe digitali e GIS	Naviga tra diversi strati informativi e interroga database geografici	Elabora analisi spaziali complesse e integra dati di diverse nature
Pensiero spaziale	Comprende semplici relazioni spaziali	Analizza pattern spaziali e relazioni a diverse scale	Sviluppa modelli interpretativi complessi delle dinamiche territoriali
Capacità di rappresentazione	Produce semplici schizzi cartografici	Elabora carte tematiche coerenti e leggibili	Crea rappresentazioni cartografiche innovative ed efficaci per comunicare fenomeni complessi
Visione sistemica	Riconosce alcune connessioni tra elementi del territorio	Comprende i principali flussi e cicli che caratterizzano il sistema territoriale	Analizza il territorio come sistema complesso, individuando feedback e dinamiche evolutive

Vulcano Capelinhos, il più recente delle Azzorre_ Isola di Faial

Per approfondire

Bednarz, S.W., & Kemp, K. (2011). *Understanding and nurturing spatial literacy*. Procedia - Social and Behavioral Sciences, 21, 18-23. DOI: https://doi.org/10.1016/j.sbspro.2011.07.004

Goodchild, M.F., & Janelle, D.G. (2010). *Toward critical spatial thinking in the social sciences and humanities*. GeoJournal, 75(1), 3-13. DOI: https://doi.org/10.1007/s10708-010-9340-3

Lee, J., & Bednarz, R. (2012). *Components of spatial thinking: Evidence from a spatial thinking ability test*. Journal of Geography, 111(1), 15-26. DOI: https://doi.org/10.1080/00221341.2011.583262

Haklay, M. (2016). *Citizen Science and Volunteered Geographic Information: Overview and Typology of Participation*. In: Capineri, C. et al. (eds.) *European Handbook of Crowdsourced Geographic Information*. Ubiquity Press, London, pp. 105-122.

Brus, J., Voženílek, V., & Popelka, S. (2013). *Modern Education in Thematic Cartography*. Palacký University Olomouc.

https://www.researchgate.net/publication/259583080_Modern_Education_in_Thematic_Cartography
Kerski, J.J. (2015). "Geo-awareness, Geo-enablement, Geotechnologies, Citizen Science, and Storytelling: Geography on the World Stage." *Geography Compass*, 9(1), 14-26. https://doi.org/10.1111/gec3.12193
Montello, D.R. (2009). "Cognitive Research in GIScience: Recent Achievements and Future Prospects." *Geography Compass*, 3(5), 1824-1840. https://doi.org/10.1111/j.1749-8198.2009.00273.x
Schultz, R.B., Kerski, J.J., & Patterson, T.C. (2008). "The Use of Virtual Globes as a Spatial Teaching Tool with Suggestions for Metadata Standards." *Journal of Geography*, 107(1), 27-34. https://doi.org/10.1080/00221340802049844

CAPITOLO 12.

USARE IL TERRITORIO COME STRUMENTO DIDATTICO: GEOSITI COME LEARNING OBJECTS

L'uscita sul territorio rappresenta uno strumento didattico indispensabile per qualunque disciplina scientifica e naturalistica. L'esperienza diretta nell'ambiente costituisce un complemento fondamentale dell'apprendimento teorico, capace di trasformare concetti astratti in realtà osservabili e misurabili. Nessun libro di testo, nessuna simulazione digitale, nessuna spiegazione in aula può sostituire il valore formativo dell'esperienza diretta sul campo, dove la complessità del mondo reale si manifesta nella sua interezza.

Il territorio, quando utilizzato come ambiente di apprendimento, offre opportunità educative straordinarie che vanno ben oltre l'acquisizione di conoscenze disciplinari specifiche. L'attività sul campo stimola la costruzione di competenze trasversali fondamentali: il lavoro in gruppo, dove ogni studente assume ruoli e responsabilità; la capacità di osservazione sistematica e di risoluzione di problemi; l'adattamento a situazioni impreviste; il rispetto delle regole di sicurezza e dell'ambiente naturale. Competenze, queste, impossibili da sviluppare completamente all'interno delle mura scolastiche.

Un'uscita in un territorio con valenze ambientali non deve essere concepita come una semplice "gita" o un'esperienza ricreativa, ma come un autentico strumento didattico con obiettivi formativi precisi e metodologie rigorose. La differenza non sta nella destinazione, ma nell'approccio: un'esperienza educativa sul campo richiede preparazione, metodologia, strumenti di indagine, e momenti di rielaborazione delle esperienze vissute.

In questo panorama didattico, i geositi e i geoparchi emergono come straordinari "laboratori a cielo aperto" particolarmente adatti all'apprendimento delle geoscienze.

I geositi – dal sito di ISPRA https://www.isprambiente.gov.it/it/progetti/cartella-progetti-in-corso/suolo-e-territorio-1/tutela-del-patrimonio-geologico-parchi-geominerari-geoparchi-e-geositi/il-censimento-nazionale-dei-geositi/inventario-nazionale-dei-geositi, rappresentano la geodiversità di un territorio, intesa come gamma dei caratteri geologici, geomorfologici, idrologici e pedologici caratteristici di una data area. Tenuto conto che tali caratteri risultano determinanti per le diverse specie che vivono in tali territori, si può ritenere che la conservazione della geodiversità e la tutela del patrimonio geologico contribuiscono a combattere la perdita della biodiversità ed al mantenimento dell'integrità degli ecosistemi. Secondo la definizione comunemente accettata *"un geosito può essere definito come località area o territorio in cui è possibile individuare un interesse geologico o geomorfologico per la conservazione (W.A. Wimbledon, 1996)".*

Questi luoghi, caratterizzati da elementi geologici di particolare valore scientifico, estetico e educativo, offrono l'opportunità di comprendere processi naturali complessi attraverso l'osservazione diretta delle loro manifestazioni sul territorio. Dai sistemi di faglia alle successioni stratigrafiche, dalle forme del paesaggio ai fenomeni erosivi, i geositi permettono di rendere visibili e comprensibili processi che generalmente si sviluppano su scale temporali e spaziali che trascendono l'esperienza quotidiana.

12.1 Il territorio come ambiente di apprendimento: requisiti per un efficace approccio

L'utilizzo del territorio come ambiente di apprendimento richiede caratteristiche specifiche che trasformano l'esperienza da passiva ad attiva, rendendo il geosito un autentico strumento didattico.

La **partecipazione attiva e l'indagine diretta** rappresentano il primo requisito fondamentale. Gli studenti devono condurre indagini sul campo, raccogliere dati, analizzare campioni e formulare ipotesi. Quando si sentono protagonisti dell'indagine, la loro motivazione e la profondità dell'apprendimento aumentano significativamente.

La **selezione accurata dei learning objects** costituisce il secondo elemento determinante. Non tutti i geositi sono ugualmente adatti a scopi didattici; la loro selezione richiede una valutazione che consideri simultaneamente il valore scientifico, l'accessibilità fisica e intellettuale, e la possibilità di osservazione diretta dei fenomeni geologici. Un sito geologicamente significativo ma concettualmente troppo complesso per una determinata fascia d'età, o fisicamente difficile da raggiungere, potrebbe non essere la scelta migliore. Gli educatori devono bilanciare questi fattori per identificare i siti che offrono le migliori opportunità di apprendimento per i loro specifici studenti.

Un **approccio investigativo strutturato** trasforma la semplice osservazione in vera indagine scientifica. L'esperienza sul campo deve essere guidata da "driving questions" (domande guida) che stimolino la curiosità e il ragionamento scientifico degli studenti. Queste domande orientano l'osservazione e la raccolta dati, trasformando il territorio in un problema da risolvere, in un testo da decodificare. Le domande devono essere sufficientemente aperte da stimolare l'esplorazione, ma anche sufficientemente specifiche da orientare l'attenzione degli studenti sugli elementi più significativi.

La **multidisciplinarietà intenzionale** arricchisce l'esperienza di apprendimento. L'insegnante deve essere capace di evidenziare non solo gli aspetti geologici, ma anche le connessioni con fisica, chimica, biologia, storia e cultura locale. Ad esempio, un affioramento di rocce carbonatiche può diventare occasione per esplorare i processi chimici di dissoluzione, l'ecologia degli organismi che hanno contribuito alla formazione della roccia, e l'utilizzo storico di quei materiali nell'architettura locale. Questo approccio integrato permette di comprendere il territorio come sistema complesso e di sviluppare una visione multidimensionale.

Le **connessioni impreviste** rappresentano un potente strumento didattico. Quando gli studenti scoprono, ad esempio, che una particolare formazione geologica ha influenzato lo sviluppo urbano di una città, o che un antico terremoto ha determinato l'abbandono di un insediamento storico, si creano quei "momenti di eureka" particolarmente significativi dal punto di vista dell'apprendimento.

I **tempi didattici adeguati** sono essenziali per l'apprendimento significativo. L'osservazione attenta, la riflessione, la discussione e il consolidamento richiedono tempo sufficiente. Esperienze sul campo troppo compresse riducono gli studenti a semplici turisti, mentre tempi distesi permettono l'elaborazione cognitiva necessaria per trasformare l'esperienza in apprendimento duraturo. Il tempo è una variabile fondamentale per sviluppare un rapporto significativo con il territorio.

La **preparazione specifica degli educatori** rappresenta forse il requisito più critico. Gli insegnanti devono possedere non solo solide conoscenze geologiche, ma anche competenze pedagogiche specifiche per trasformare elementi geologici in efficaci strumenti didattici. Questa doppia competenza è essenziale per mediare efficacemente tra la complessità dei fenomeni geologici e le capacità cognitive degli studenti. L'educatore deve saper "tradurre" la complessità geologica in esperienze accessibili, senza banalizzare ma rendendo comprensibili anche i concetti più complessi.

	Scuola primaria:	Scuola secondaria di primo grado	Biennio scuola secondaria di secondo grado	Triennio scuola secondaria di secondo grado
Esempio di progressione verticale delle competenze:	Esplorazione sensoriale del territorio locale, riconoscimento di forme e materiali base, prime classificazioni di rocce e paesaggi.	Mappatura semplice di elementi geologici, riconoscimento delle principali tipologie di rocce e delle loro caratteristiche, comprensione dei processi erosivi e sedimentari osservabili.	Analisi quantitativa di parametri fisici e chimici, ricostruzione della storia geologica locale, valutazione di semplici rischi geologici.	Indagine geologica strutturata con raccolta e analisi dati, correlazione tra fenomeni locali e processi geologici globali, valutazione dell'impatto antropico sul sistema geologico.

Per rendere efficace l'utilizzo didattico del territorio, è necessario implementare strategie specifiche che coinvolgano tutte le fasi dell'esperienza educativa, dalla preparazione al follow-up.

Preparazione pre-campo: costruire le basi cognitive

La fase preparatoria è essenziale per orientare l'attenzione degli studenti e fornire le chiavi interpretative necessarie:

La preparazione pre-campo include l'introduzione concettuale preliminare in classe, la formulazione di ipotesi da verificare sul campo, la preparazione degli strumenti di osservazione e raccolta dati, e la discussione delle preconoscenze e dei possibili misconcezioni. Questa fase permette agli studenti di sviluppare uno sguardo informato, capace di andare oltre la superficie visibile del territorio.

Metodologie di indagine sul campo: dal territorio al sapere

Il cuore dell'approccio didattico è rappresentato dalle metodologie di indagine sul campo, che trasformano l'esperienza diretta in apprendimento strutturato:

L'indagine sul campo si avvale di schede di osservazione strutturate che guidano l'attenzione degli studenti sugli elementi significativi, strumenti di misurazione e campionamento che permettono di raccogliere dati quantitativi, documentazione sistematica attraverso disegni, fotografie e note che fissano le osservazioni, e raccolta di dati quantitativi e qualitativi che permettono analisi successive.

Gli studenti imparano a osservare, misurare, documentare, formulare ipotesi e verificarle, sviluppando competenze scientifiche autentiche. Il territorio diventa un libro aperto che gli studenti imparano a leggere e interpretare.

Elaborazione post-campo: consolidare l'apprendimento

La fase di elaborazione è essenziale per consolidare l'apprendimento e trasformare l'esperienza in conoscenza strutturata e strumento di valutazione degli apprendimenti e delle possibili competenze acquisite

L'elaborazione post-campo comprende l'analisi dei dati raccolti, il confronto delle osservazioni con le ipotesi iniziali, l'elaborazione di modelli esplicativi che diano senso alle osservazioni, la presentazione e discussione dei risultati che permettono di socializzare le conoscenze acquisite, e la connessione con altri contesti geologici che amplia la prospettiva oltre il singolo sito visitato.

Questa fase permette di sistematizzare le conoscenze, di collegare l'esperienza diretta ai concetti teorici, e di sviluppare competenze metacognitive attraverso la riflessione sul proprio processo di apprendimento.

IL CICLO DIDATTICO DELL'ESPERIENZA SUL TERRITORIO

FASE PRE-CAMPO	FASE SUL CAMPO	FASE POST-CAMPO
Preparazione in classe	Esplorazione del geosito	Elaborazione e sintesi
ATTIVITÀ	**ATTIVITÀ**	**ATTIVITÀ**
• Introduzione concettuale degli elementi	• Osservazione strutturata con schede	• Analisi dei dati raccolti
• Formulazione di ipotesi da verificare	• Raccolta campioni (se autorizzata)	• Verifica delle ipotesi iniziali
• Studio di mappe e immagini satellitari	• Misurazione di parametri fisici	• Elaborazione di modelli esplicativi
• Identificazione delle preconoscenze	• Documentazione fotografica	• Presentazione dei risultati
• Preparazione degli strumenti necessari	• Realizzazione di schizzi sul terreno	• Connessione con concetti teorici
• Predisposizione delle schede di rilievo	• Confronto delle osservazioni in gruppo	• Confronto con altri contesti geologici
• Discussione delle regole di sicurezza	• Analisi preliminare dei dati	• Preparazione di materiali comunicativi
• Definizione dei ruoli nel gruppo	• Identificazione di relazioni sul campo	• Riflessione metacognitiva
• Ricerca di informazioni pregresse	• Discussione con guida/insegnante	• Valutazione degli apprendimenti
OBIETTIVI	**OBIETTIVI**	**OBIETTIVI**
• Fornire chiavi interpretative	• Sviluppare metodologia scientifica	• Sistematizzare le conoscenze
• Orientare l'attenzione degli studenti	• Raccogliere dati significativi	• Elaborare modelli esplicativi
• Attivare preconoscenze e motivazione	• Promuovere indagine diretta	• Trasferire competenze ad altri contesti
• Sviluppare capacità predittive	• Stimolare capacità osservative	• Sviluppare metacognizione
• Favorire domande di ricerca	• Favorire cooperazione tra pari	• Consolidare apprendimenti

Il ciclo si ripete con livelli crescenti di complessità e approfondimento

Utilizzo di collegamenti interdisciplinari": creare significato

Un elemento distintivo dell'approccio didattico è la capacità di evidenziare connessioni inaspettate tra il fenomeno geologico e altri ambiti, creando momenti di apprendimento significativo:

Queste connessioni possono riguardare l'impatto storico (come nel caso delle frane che hanno modificato vie di comunicazione), l'influenza su microclimi ed ecosistemi, le relazioni con attività umane passate e presenti, e le implicazioni per la pianificazione territoriale futura. Queste connessioni trasversali permettono di comprendere il territorio come sistema complesso e di sviluppare un pensiero integrato.

Quando gli studenti scoprono, ad esempio, che la distribuzione degli insediamenti in una valle è determinata dalla geologia del substrato, o che un particolare microclima dipende dalla conformazione geologica, si creano quei collegamenti trasversali che rendono l'apprendimento particolarmente significativo.

12.2 Integrazione curricolare e sfide logistiche

L'efficacia dell'approccio didattico al territorio richiede una piena integrazione nel curriculum scolastico. Non si tratta di aggiungere occasionalmente un'uscita didattica, ma di ripensare il percorso formativo includendo organicamente le esperienze sul territorio. Questa integrazione si realizza attraverso l'inserimento organico nel curriculum, concependo le esperienze sul territorio non come attività occasionali o accessorie, ma come componenti regolari e fondamentali del percorso formativo. La continuità tra esperienza sul campo e apprendimento in classe garantisce che le esperienze sul territorio non rimangano isolate, ma si intreccino con i concetti teorici sviluppati in aula. La valutazione degli apprendimenti acquisiti attraverso l'esperienza territoriale riconosce formalmente il valore formativo di queste esperienze, integrandole nel sistema di valutazione. La progressione verticale delle esperienze attraverso i diversi cicli scolastici permette di costruire competenze sempre più complesse, con esperienze territoriali che evolvono in complessità e profondità con il procedere del percorso scolastico.

Questa integrazione richiede un ripensamento dei curricoli scolastici, che dovrebbero prevedere esplicitamente le attività sul territorio come componenti regolari del percorso formativo. Richiede, però, sistemi di valutazione adeguati, che sappiano cogliere le competenze sviluppate attraverso queste esperienze dirette.

Le esigenze logistiche dell'approccio didattico al territorio presentano sfide specifiche che non possono essere ignorate. I tempi estesi necessari per l'osservazione e l'indagine mal si conciliano con la scansione oraria tradizionale della scuola. Un'esperienza significativa sul territorio richiede tempi distesi, incompatibili con lezioni di un'ora o due. La strumentazione specifica per la raccolta dati rappresenta un investimento necessario ma spesso problematico per le scuole con risorse limitate. Bussole geologiche, martelli da geologo, lenti d'ingrandimento, strumenti di misura, kit per analisi di campioni: sono strumenti che arricchiscono enormemente l'esperienza didattica ma richiedono risorse dedicate. I gruppi di dimensioni ridotte sono essenziali per garantire la partecipazione attiva di tutti gli studenti. A differenza di una lezione frontale, l'attività sul territorio richiede un rapporto numerico docente-studenti molto più favorevole, che permetta interazioni significative e supervisione adeguata. La necessità di accedere anche a siti meno noti ma scientificamente significativi richiede una conoscenza approfondita del territorio locale e, spesso, l'apertura di percorsi non turistici. I siti più celebri e accessibili non sono necessariamente i più significativi dal punto di vista didattico.

Queste esigenze logistiche rappresentano spesso un ostacolo all'uso sistematico dell'approccio didattico al territorio. È necessario ripensare l'organizzazione scolastica tradizionale, superando la rigidità degli orari e degli spazi, e sviluppare collaborazioni con enti locali, parchi, musei naturalistici che possano fornire supporto logistico e scientifico.

12.3 Tecnologie digitali come strumento di potenziamento dell'esperienza sul campo

L'integrazione di tecnologie digitali nell'esperienza sul territorio non deve sostituire l'osservazione diretta, ma può potenziarla significativamente. Le app di geolocalizzazione permettono di registrare con precisione i punti di osservazione, facilitando la creazione di mappe tematiche e la condivisione dei dati. La fotografia georeferenziata consente di documentare sistematicamente gli elementi osservati, collegandoli automaticamente alla loro posizione geografica.

I semplici sistemi GIS mobile permettono di sovrapporre in tempo reale le osservazioni a carte tematiche preesistenti, facilitando l'analisi integrata. I sensori portatili collegati a smartphone consentono misurazioni ambientali (pH, temperatura, umidità) che arricchiscono l'analisi qualitativa con dati quantitativi.

Le piattaforme collaborative online permettono la condivisione immediata delle osservazioni, favorendo il lavoro di gruppo anche durante l'esperienza sul campo.

Queste tecnologie, quando usate con consapevolezza metodologica, non distolgono l'attenzione dal territorio ma amplificano la capacità di osservazione, documentazione e analisi. Permettono anche di creare continuità tra l'esperienza sul campo e il successivo lavoro in aula, facilitando l'elaborazione dei dati e la condivisione dei risultati.

12.4 Geositi come learning objects

L'utilizzo didattico del territorio rappresenta un approccio potente per l'insegnamento delle geoscienze. I geositi, in questa prospettiva, non sono semplici "luoghi da visitare", ma autentici "learning objects" che permettono un'esperienza di apprendimento trasformativa.

Questo approccio può promuovere una cultura diffusa della complessità geologica, dell'interdipendenza tra fenomeni naturali e attività umane, e dell'importanza della geoconservazione. Attraverso esperienze didattiche ben strutturate nel territorio, gli studenti possono sviluppare non solo conoscenze geologiche, ma anche competenze investigative, capacità di analisi integrata e sensibilità ambientale, elementi fondamentali per affrontare le sfide ambientali del futuro. Il territorio diventa così non solo oggetto di studio, ma strumento di formazione di cittadini consapevoli, in grado di leggere criticamente il proprio ambiente e di partecipare attivamente alla sua gestione sostenibile.

In questa prospettiva, la valorizzazione didattica dei geositi rappresenta un investimento strategico non solo per migliorare l'insegnamento delle geoscienze, ma anche per promuovere una nuova cultura del territorio basata sulla conoscenza, il rispetto e la responsabilità. È un approccio che riconosce il valore educativo del patrimonio geologico e lo trasforma in risorsa per la formazione di competenze essenziali nel mondo contemporaneo.

L'esperienza insegna che quando gli studenti hanno l'opportunità di interagire direttamente con il territorio attraverso metodologie didattiche appropriate, sviluppano non solo conoscenze più solide e durature, ma anche un legame emotivo con l'ambiente. Il territorio, da sfondo indistinto delle nostre attività quotidiane, diventa un testo ricco di significati che gli studenti imparano a decifrare, comprendere e rispettare.

Esempi di utilizzo didattico del territorio

Per illustrare concretamente come il territorio possa trasformarsi in potente strumento didattico, analizziamo tre esempi specifici che mostrano come fenomeni geologici possano diventare "learning objects" di straordinaria efficacia.

Scheda Didattica: Depositi fluvio-glaciali come archivio climatico

Titolo: "Leggere il clima del passato: i sedimenti raccontano"
Tipologia: Percorso didattico esplorativo con approccio paleoclimatico
Target: Scuola secondaria di II grado
Durata: 8 ore (preparazione, campo, laboratorio)
Approccio: Investigativo-interpretativo dal particolare al generale

Obiettivi di apprendimento:

- Comprendere il concetto di tempo geologico attraverso i sedimenti
- Sviluppare capacità di lettura stratigrafica e interpretazione paleoclimatica
- Collegare cambiamenti climatici passati e attuali
- Riconoscere il valore dei sedimenti come archivio ambientale

Articolazione didattica:

Fase 1: Introduzione al tempo climatico (1 ora)

- **Domanda guida:** "Come facciamo a sapere com'era il clima prima che esistessero i termometri?"
- **Esplorazione concettuale:** Discussione sui proxy climatici e gli archivi naturali
- **Preparazione teorica:** Riconoscimento dei diversi tipi di sedimenti glaciali

Fase 2: Lettura stratigrafica sul campo (4 ore)

- **Identificazione strati:** Mappatura e descrizione dei diversi orizzonti sedimentari
- **Campionamento sistematico:** Raccolta di campioni rappresentativi di ogni livello
- **Misurazione parametri:** Granulometria, spessore, strutture sedimentarie
- **Correlazione ambientale:** Collegamento tra caratteristiche sedimentarie e condizioni climatiche

Fase 3: Laboratorio paleoclimatico (3 ore)

- **Analisi sedimenti:** Studio granulometrico e mineralogico dei campioni
- **Ricostruzione cronologica:** Costruzione della sequenza delle oscillazioni climatiche
- **Confronto attuale-passato:** Discussione sui cambiamenti climatici contemporanei
- **Modellazione futura:** Proiezioni basate sui cicli climatici naturali

Competenze sviluppate: Lettura stratigrafica, pensiero inferenziale, comprensione del tempo geologico, analisi paleoclimatica, visione sistemica del clima terrestre.

Collegamenti interdisciplinari: Geologia (stratigrafia), Chimica (analisi sedimenti), Fisica (cicli climatici), Geografia (paleoclimi), Educazione civica (cambiamenti climatici).

Prodotto finale: Archivio climatico locale con cronologia delle oscillazioni passate e confronto con le tendenze climatiche attuali.

Depositi fluvioglaciali: orizzonti a granulometria diversa

Scheda Didattica: Una frana di sbarramento fluviale come laboratorio geologico

Titolo: "Detective del territorio: indagine su una frana storica"
Tipologia: Percorso didattico investigativo con approccio sistemico
Target: Scuola secondaria di I e II grado
Durata: 6 ore (preparazione, campo, elaborazione)
Approccio: Problem-Based Learning dall'osservazione diretta alla ricostruzione storica

Obiettivi di apprendimento:

- Sviluppare capacità di osservazione e rappresentazione spaziale del territorio
- Comprendere i processi dinamici e le sequenze causali dei fenomeni franosi
- Integrare geologia, storia locale e valutazione dei rischi
- Ricostruire eventi del passato attraverso le tracce nel paesaggio

Articolazione didattica:

Fase 1: Preparazione investigativa (1 ora)

- **Enigma iniziale:** "Perché questo lago non dovrebbe esistere?" Osservazione di foto aeree della zona
- **Formulazione di ipotesi:** Discussione sulle possibili cause della formazione del bacino
- **Preparazione degli strumenti:** Schede di rilevamento, carte topografiche, strumenti di misura

Fase 2: Indagine sul campo (3 ore)

- **Mappatura:** Identificazione e delimitazione di zona di distacco, corpo di frana e zona di accumulo
- **Raccolta indizi:** Studio delle rocce coinvolte, misurazioni, documentazione fotografica
- **Ricostruzione cronologica:** Analisi delle tracce per ricostruire la sequenza degli eventi

Fase 3: Laboratorio di analisi (2 ore)

- **Elaborazione dati:** Analisi dei campioni raccolti e delle misurazioni effettuate
- **Ricostruzione 3D:** Creazione di modelli della situazione pre e post-frana
- **Valutazione rischi:** Simulazione di scenari futuri e impatti su insediamenti e infrastrutture
- **Presentazione:** Ogni gruppo presenta la propria ricostruzione dell'evento

Competenze sviluppate: Osservazione sistematica, mappatura territoriale, pensiero causale, ricostruzione storica, valutazione dei rischi, comunicazione scientifica.

Collegamenti interdisciplinari: Geologia (processi gravitativi), Fisica (meccanica dei fluidi), Storia (eventi locali), Geografia (impatto territoriale), Tecnologia (sistemi di monitoraggio).

Prodotto finale: Dossier investigativo completo della frana con ricostruzione cronologica, analisi dei rischi e proposta di monitoraggio.

La frana del Mont Avi- Montjovet (AO)

Scheda Didattica: Un sito minerario come finestra sulla tettonica globale

Titolo: "Dalle miniere alla tettonica delle placche: tracce di processi globali"
Tipologia: Percorso didattico interpretativo con approccio multiscalare
Target: Scuola secondaria di II grado
Durata: 10 ore (preparazione, campo, laboratorio, elaborazione)
Approccio: Induttivo dalla scala locale a quella globale

Obiettivi di apprendimento:

• Comprendere la relazione tra giacimenti minerari e processi tettonici • Sviluppare capacità di correlazione tra fenomeni locali e dinamiche globali
• Interpretare la storia geologica attraverso i minerali e le strutture • Collegare geologia economica e tettonica delle placche

Articolazione didattica:

Fase 1: Il mistero dei metalli (2 ore) • Domanda guida: "Perché proprio qui si trovavano questi minerali?"
• Esplorazione iniziale: Analisi della distribuzione geografica dei giacimenti simili nel mondo
• Preparazione teorica: Introduzione ai processi di formazione dei giacimenti minerari
Fase 2: Lettura del sito minerario (4 ore) •
Mappatura geologica: Identificazione delle rocce incassanti e delle strutture tettoniche
• Studio mineralogico: Riconoscimento dei minerali e delle associazioni parageniche
• Analisi strutturale: Misurazione di faglie, fratture e orientazione delle mineralizzazioni
• Campionamento mirato: Raccolta di campioni rappresentativi per le analisi
Fase 3: Laboratorio geochimico (3 ore)
• Analisi mineralogiche: Studio dei campioni con lente e stereomicroscopio
• Interpretazione geochimica: Correlazione tra composizione e ambiente di formazione
• Modellazione genetica: Ipotesi sui processi di formazione del giacimento
Fase 4: Dalla miniera al mondo (1 ora)
• Correlazione globale: Confronto con giacimenti simili in altri continenti

• Ricostruzione paleogeografica: Posizionamento del sito nel contesto della deriva dei continenti
• Sintesi evolutiva: Integrazione della storia locale nella tettonica globale
• Presentazione: Comunicazione dei risultati e delle correlazioni identificate

Competenze sviluppate:

Analisi mineralogica, interpretazione strutturale, pensiero multiscalare, correlazione spazio-temporale, comprensione dei processi tettonici globali.

Collegamenti interdisciplinari:

Geologia (mineralogia e tettonica), Chimica (processi geochimici), Fisica (termodinamica), Geografia (distribuzione globale), Storia (attività estrattive locali).

Prodotto finale:

Modello interpretativo del giacimento con ricostruzione della sua genesi nel contesto dell'evoluzione tettonica regionale e correlazioni con la dinamica globale delle placche.

Depositi di Rame nelle miniere di Hérin – Champdepraz

SCHEDA DI OSSERVAZIONE GEOSITO

Strumento strutturato per l'indagine sul campo

1. DATI IDENTIFICATIVI DEL GEOSITO

Nome del geosito: ____________________

Localizzazione geografica: Coordinate GPS ______ Altitudine (m s.l.m.) ______

Data del rilevamento: ______ **Condizioni meteo:** ______

Gruppo di lavoro: ____________________

2. CARATTERISTICHE GEOLOGICHE

Tipologia principale:

- [ ] Geomorfologico
- [ ] Stratigrafico
- [ ] Tettonico/Strutturale
- [ ] Mineralogico/Petrografico
- [ ] Idrogeologico
- [ ] Paleontologico
- [ ] Altro: ____________

Descrizione litologica:

3. OSSERVAZIONI E MISURAZIONI

Elementi morfologici osservabili:

Misurazioni e campionamenti:

Parametro	Valore misurato	Strumento utilizzato

4. INTERPRETAZIONE E COLLEGAMENTI

Interpretazione preliminare dei processi osservati:

Collegamenti con altri sistemi (biologico, antropico, storico):

SPAZIO PER SCHIZZI E DOCUMENTAZIONE VISIVA

Hemis High Altitude National Park, Ladakh, India

Per approfondire

Reynard, E., & Brilha, J. (Eds.) (2018). *Geoheritage: Assessment, Protection, and Management*. Elsevier.
Panizza, M. (2001). "Geomorphosites: concepts, methods and examples of geomorphological survey." *Chinese Science Bulletin*, 46(1), 4-6.
Henriques, M.H., Pena dos Reis, R., Brilha, J., & Mota, T. (2011). "Geoconservation as an Emerging Geoscience." *Geoheritage*, 3(2), 117-128.
Newsome, D., & Dowling, R. (Eds.) (2010). *Geotourism: The Tourism of Geology and Landscape*. Goodfellow Publishers.
Zouros, N. (2004). "The European Geoparks Network: Geological heritage protection and local development." *Episodes*, 27(3), 165-171.
Farsani, N.T., Coelho, C., & Costa, C. (2011). "Geotourism and geoparks as novel strategies for socio-economic development in rural areas." *International Journal of Tourism Research*, 13(1), 68-81.

Popa, M.E., Kędzior, A., & Fodolică, V. (2010). "The Geopark as a vehicle for environmental education: The case of the Hateg Country Dinosaurs Geopark, Romania." *Studia UBB Geologia*, 55(1), 71-74.

Occhipinti, S. (2021). Geoparks and Geo-Sites: Geological "Learning Objects". In: Singh, R., Wei, D., Anand, S. (eds) Global Geographical Heritage, Geoparks and Geotourism. Advances in Geographical and Environmental Sciences. Springer, Singapore. https://doi.org/10.1007/978-981-15-4956-4_12

Diolaiuti, G., & Smiraglia, C. (2010). "Changing glaciers in a changing climate: how vanishing geomorphosites have been driving deep changes in mountain landscapes and environments." *Géomorphologie: relief, processus, environnement*, 16(2), 131-152.

Coratza, P., & Panizza, M. (Eds.) (2010). *Geomorphology and Cultural Heritage*. Memorie Descrittive della Carta Geologica d'Italia, 87, ISPRA, Roma.

CAPITOLO 13.

IL DATA MINING TEST: UNO STRUMENTO DIDATTICO INNOVATIVO PER LE GEOSCIENZE

Il Data Mining Test (DMT) rappresenta un approccio didattico innovativo che risponde efficacemente alle sfide dell'insegnamento delle geoscienze, disciplina che spesso soffre di una percezione limitata nonostante il suo potenziale formativo straordinario. La pandemia ha accelerato la necessità di ripensare gli strumenti valutativi. L'incremento della didattica a distanza richiede metodologie innovative che superino l'approccio frontale tradizionale. I quiz a risposta multipla risultano infatti inefficaci quando gli studenti diventano semplici simboli su uno schermo.

Il DMT deriva dal concetto di data mining sviluppato nel mondo aziendale alla fine degli anni '80, definito come l'insieme di tecniche e metodologie volte a estrarre informazioni utili da grandi quantità di dati. Nel contesto educativo, questo approccio è stato adattato per creare un potente strumento didattico che non solo valuta le conoscenze, ma sviluppa competenze trasversali fondamentali.

13.1 La selezione e l'organizzazione dei dati

La costruzione di un Data Mining Test efficace richiede particolare attenzione nella fase di selezione e organizzazione dei dati. Sul web è disponibile un'enorme quantità di informazioni, ma come viene descritto nella letteratura specialistica, ci troviamo spesso in una situazione "ricca di dati ma povera di informazioni", quindi di conoscenza. È fondamentale trasformare questa abbondanza di dati grezzi in risorse didattiche significative.

Per la ricerca di dati appropriati, esistono numerosi portali nazionali e internazionali che offrono accesso a dataset strutturati relativi a fenomeni geologici e ambientali.

Risorse di Dati per la Costruzione di DMT nelle Scienze della Terra

DATABASE ITALIANI

Database	URL e Descrizione
ISPRA - Geoportale Nazionale	https://www.isprambiente.gov.it/it/banche-dati Mappe geologiche, carte del rischio e database ambientali
INGV	http://terremoti.ingv.it/opendata Dati sismici e vulcanici, serie storiche e mappe interattive
SNPA	https://www.snpambiente.it/dati/ Dati ambientali comparabili tra diverse regioni
Servizio Geologico d'Italia	https://www.isprambiente.gov.it/it/servizi/servizio-geologico-ditalia Carte geologiche digitali e database tematici
Geoportali Regionali	Esempio: http://www.geoportale.piemonte.it Carte tecniche regionali e piani di assetto idrogeologico

DATABASE FRANCESI ED EUROPEI

Database	URL e Descrizione
EduMed	https://edumed.unice.fr/ Dati geologici e sismologici dell'area mediterranea con risorse educative
BRGM - Géoportail	https://www.geoportail.gouv.fr/ Portale cartografico e geologico francese
InfoTerre	http://infoterre.brgm.fr/ Dati geologici dettagliati della Francia
Géorisques	https://www.georisques.gouv.fr/ Dati sui rischi naturali e tecnologici in Francia
OneGeology Europe	http://www.onegeology-europe.org/ Portale geologico pan-europeo integrato

DATABASE INTERNAZIONALI

Database	URL e Descrizione
USGS	https://www.usgs.gov/products/data Vasta gamma di dati geologici e geofisici a livello globale
NASA Earth Data	https://earthdata.nasa.gov/ Osservazioni satellitari globali e dati climatici
NOAA	https://www.ncdc.noaa.gov/cdo-web/ Dati climatici e oceanografici con serie storiche
Copernicus Climate Change	https://climate.copernicus.eu/data-access Dati satellitari europei e modelli climatici

Nella selezione delle fonti di dati per un DMT, è consigliabile cercare dati facilmente accessibili e scaricabili, preferibilmente in formati standard che possano essere elaborati con strumenti comuni, privilegiare dataset che permettano di esaminare un fenomeno da prospettive diverse, integrando dati quantitativi e qualitativi, selezionare casi di studio che presentino situazioni problematiche geologico-ambientali ben documentate, e verificare la qualità e l'affidabilità dei dati, preferendo fonti istituzionali o scientifiche riconosciute.

I dati selezionati per un DMT efficace dovrebbero presentare alcune caratteristiche fondamentali:

- Accessibilità: i dati devono essere facilmente reperibili dagli studenti, senza richiedere credenziali speciali o software proprietari. È utile verificare preventivamente l'accessibilità delle risorse e, se necessario, fornire direttamente alcuni materiali che potrebbero essere difficili da scaricare.
- Varietà di formati: è consigliabile integrare diverse tipologie di dati (immagini, carte, grafici, tabelle, serie temporali) per stimolare competenze di analisi diverse e favorire un approccio multidimensionale al problema.
- Interconnessione: i dati selezionati devono permettere di stabilire connessioni tra diversi aspetti del fenomeno studiato, facilitando un approccio sistemico e la comprensione delle relazioni causa-effetto.
- Gradualità di complessità: il set di dati deve permettere di strutturare domande di diversa difficoltà, dalle più semplici alle più complesse, adattabili ai diversi livelli scolastici e alle diverse competenze degli studenti.

13.2 La struttura metodologica del DMT

Nel processo di insegnamento-apprendimento delle geoscienze, il DMT si articola in diverse fasi che rispecchiano le competenze che si intendono sviluppare:

La prima fase consiste nell'individuazione delle informazioni rilevanti all'interno di dataset, mappe, grafici o tabelle. Gli studenti devono imparare a navigare tra diverse fonti di dati e selezionare quelli pertinenti alla domanda posta.

Segue l'analisi del caso, del problema o del fenomeno in esame, che richiede capacità di comprensione e contestualizzazione dei dati nel quadro delle conoscenze di base delle geoscienze.

Gli studenti devono poi elaborare strategie per identificare i dati utili o richiesti, distinguendoli da quelli irrilevanti o ridondanti, un'abilità indispensabile nell'era dell'information overload.

La fase successiva implica l'identificazione di collegamenti e relazioni tra le diverse informazioni, richiedendo capacità di sintesi e di pensiero complesso, particolarmente rilevante nelle geoscienze che esaminano sistemi complessi e interconnessi.

Infine, gli studenti devono visualizzare e comunicare i risultati attraverso strumenti appropriati, sviluppando competenze di comunicazione scientifica efficace.

Per un'implementazione efficace, si consiglia di limitare la durata del test a circa 45 minuti, per mantenere alta l'attenzione e l'impegno degli studenti, di utilizzare un numero limitato di documenti, link e immagini (non più di 6), per evitare il sovraccarico cognitivo ed infine includere un massimo di 20 domande, che possono essere sia aperte che chiuse, strutturate in modo da guidare progressivamente l'analisi.

È importante precisare che il DMT non parte da zero: gli studenti devono possedere alcune conoscenze di base delle geoscienze per poter analizzare efficacemente i dati relativi a fenomeni specifici. Come evidenziato nella ricerca didattica, "non è possibile analizzare i dati relativi a un fenomeno specifico se non si conosce il fenomeno in generale".

Il valore aggiunto risiede nella sua capacità di valutare simultaneamente sia hard skills (competenze tecniche specifiche della disciplina) che soft skills (competenze trasversali come il pensiero critico, il problem solving, la digital literacy). Inoltre, promuove un processo di apprendimento metacognitivo e riflessivo, richiedendo agli studenti non solo di trovare risposte, ma di comprendere i processi attraverso cui queste risposte vengono elaborate.

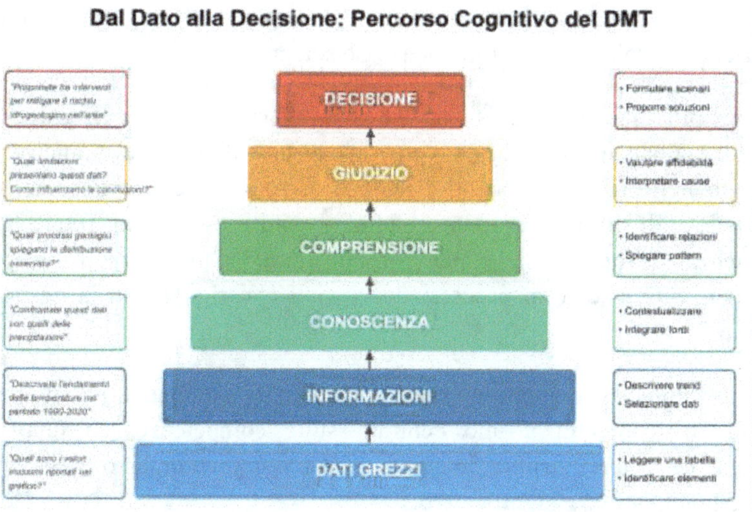

13.3 Il valore educativo del Data Mining Test

L'utilizzo del Data Mining Test nell'insegnamento delle geoscienze rappresenta un approccio innovativo capace di trasformare l'apprendimento da un processo passivo di memorizzazione a un'esperienza attiva di costruzione della conoscenza.

Una delle potenzialità più significative è la sua capacità di integrare conoscenze teoriche e competenze pratiche. Gli studenti non apprendono concetti astratti, ma li applicano direttamente all'analisi di casi reali, sviluppando quella che viene definita "conoscenza utilizzabile". La geologia dei ghiacciai o dei versanti alpini diventa uno strumento per interpretare fenomeni concreti e comprendere problematiche ambientali attuali.

Il DMT promuove una comprensione integrata dei fenomeni geologici, superando la frammentazione tipica dell'insegnamento tradizionale. Gli studenti sono guidati a riconoscere le interconnessioni tra diversi componenti del sistema Terra: come la geologia influenzi la morfologia, come questa condizioni la distribuzione della vegetazione, come questi fattori insieme determinino la distribuzione dei rischi naturali.

Inoltre, può favorire lo sviluppo simultaneo di competenze disciplinari e trasversali. Se da un lato gli studenti acquisiscono conoscenze specifiche sulla geologia, dall'altro affinano capacità come il pensiero critico, l'analisi di dati, la risoluzione di problemi e la comunicazione scientifica.

L'aspetto più innovativo è la sua capacità di sviluppare negli studenti una "alfabetizzazione territoriale", ovvero la capacità di leggere e interpretare il paesaggio nelle sue componenti fisiche e antropiche, di riconoscere i rischi potenziali e di formulare ipotesi sulle possibili evoluzioni future. Questa competenza è fondamentale per formare cittadini consapevoli, capaci di partecipare attivamente ai processi decisionali che riguardano la gestione del territorio.

Il Data Mining Test rappresenta così un cambio di paradigma: da un approccio centrato sui contenuti a uno centrato sulle competenze, da una visione frammentata a una visione integrata, da un apprendimento passivo a un apprendimento attivo e significativo.

Tipologie di Domande nel Data Mining Test

Tipologia	Funzione	Esempio applicativo
Domande descrittive	Identificazione e descrizione di pattern nei dati	*"Descrivete l'andamento delle temperature medie nel periodo 1990-2020"*
Domande comparative	Confronto tra dataset diversi o porzioni dello stesso dataset	*"Confrontate l'andamento delle precipitazioni nelle due valli"*
Domande interpretative	Spiegazione dei pattern osservati	*"Quali processi geologici possono spiegare la distribuzione osservata dei fenomeni franosi?"*
Domande predittive	Formulazione di previsioni basate sui trend identificati	*"Supponendo che il tasso di ritiro glaciale rimanga costante, quale sarà la posizione della fronte nel 2030?"*
Domande valutative	Valutazione critica e affidabilità dei dati	*"Quali limitazioni presentano i dati analizzati? Come potrebbero influenzare le conclusioni?"*
Domande creative	Elaborazione di soluzioni o scenari alternativi	*"Proponete tre possibili interventi per mitigare il rischio idrogeologico nell'area"*

Le domande devono essere strutturate in modo progressivo, dalle più semplici alle più complesse
Un DMT efficace include domande di diverse tipologie, adattate al livello degli studenti

13.4 DMT e metodologie didattiche attive: integrazioni sinergiche

Il Data Mining Test può essere efficacemente integrato con altre metodologie didattiche attive, creando percorsi di apprendimento più ricchi e multidimensionali:

Integrazioni principali:

- **Problem Based Learning (PBL):** Il DMT fornisce gli strumenti per analizzare i dati necessari alla comprensione di problemi autentici, prima di procedere all'elaborazione di soluzioni.
- **Service Learning:** L'analisi dei dati può essere finalizzata a progetti con ricadute concrete sulla comunità locale, come la realizzazione di mappe di rischio o materiali informativi per la protezione civile.
- **Flipped Classroom:** La parte teorica viene studiata autonomamente a casa, mentre il tempo in classe è dedicato all'analisi collaborativa dei dati sotto la guida dell'insegnante.
- **Inquiry Based Learning:** Il DMT viene strutturato come un'indagine progressiva, dove gli studenti formulano ipotesi iniziali e le verificano attraverso l'analisi di dati aggiuntivi.
- **Project Based Learning:** L'analisi dei dati viene integrata in progetti più ampi e interdisciplinari, come studi sulla sostenibilità del territorio.
- **Outdoor Education:** L'analisi dei dati in classe può essere preceduta o seguita da uscite sul territorio per raccogliere dati diretti o verificare le interpretazioni elaborate.

L'integrazione del DMT con queste metodologie non solo ne amplifica il potenziale formativo, ma consente anche di adattarlo a diversi stili di apprendimento e di favorire un approccio autenticamente interdisciplinare, dove le geoscienze dialogano naturalmente con altre discipline scientifiche, umanistiche e sociali.

13.5 Valutazione nel Data Mining Test

La valutazione nel DMT richiede un approccio diverso rispetto ai test tradizionali, poiché valuta sia la correttezza delle risposte che il processo di analisi. Una valutazione efficace dovrebbe considerare:

Criteri di valutazione:

- **Accuratezza interpretativa:** Capacità di leggere correttamente grafici, carte e dati
- **Connessioni tra informazioni:** Capacità di collegare dati da fonti diverse
- **Applicazione delle conoscenze:** Integrazione di teoria e nuovi dati
- **Argomentazione:** Qualità delle spiegazioni e supporto delle conclusioni con evidenze
- **Pensiero critico:** Capacità di identificare limiti nei dati e formulare ipotesi alternative

Adattamento per livelli scolastici:

Scuola secondaria di I grado: Dataset semplificati, domande guidate, fenomeni locali osservabili.

Biennio superiori: Dataset più articolati, alternanza tra domande guidate e aperte, semplici analisi quantitative.

Triennio superiori: Dataset complessi, domande prevalentemente aperte, analisi quantitative sofisticate, proiezioni di scenari futuri.

Istituti tecnici: Casi studio professionali, software GIS semplificati, valutazione di rischi e interventi.

Questa strutturazione permette di adattare il DMT alle diverse capacità cognitive e agli obiettivi formativi specifici di ogni livello scolastico.

Confronto tra Valutazione Tradizionale e DMT

Aspetto	Valutazione Tradizionale	Data Mining Test
Focus	Memorizzazione di nozioni	Analisi e interpretazione
Tipologia di conoscenza	Dichiarativa	Procedurale e metacognitiva
Relazione con i dati	Dati pre-elaborati e semplificati	Dati reali e complessi
Processo cognitivo	Principalmente riproduttivo	Principalmente produttivo
Struttura	Domande isolate	Domande interconnesse e progressive
Contestualizzazione	Spesso decontestualizzata	Fortemente contestualizzata
Competenze valutate	Prevalentemente disciplinari	Disciplinari e trasversali (soft skills)

Il DMT non sostituisce ma integra le forme tradizionali di valutazione, offrendo un approccio complementare orientato all'analisi di dati reali

Esempi applicativi del Data Mining Test: due modelli operativi

Per illustrare concretamente l'applicazione del Data Mining Test, vengono proposti due esempi strutturati che mostrano come questo approccio possa essere implementato in contesti didattici reali. Questi modelli sono stati sviluppati e sperimentati in diverse classi, dimostrando la loro efficacia nell'integrare conoscenze teoriche con competenze pratiche e nel promuovere un approccio sistemico alla comprensione dei fenomeni geologici.

I due casi di studio affrontano tematiche diverse ma complementari: il primo esplora il cambiamento climatico attraverso l'analisi di un ghiacciaio alpino, mentre il secondo si concentra sulla relazione tra geologia e rischi naturali in due valli alpine adiacenti. Entrambi utilizzano dati reali e accessibili, strutturati in modo da guidare progressivamente gli studenti attraverso livelli crescenti di complessità analitica.

Questi esempi non rappresentano modelli rigidi, ma schemi flessibili che possono essere adattati a diversi contesti educativi, livelli scolastici e realtà territoriali. Gli insegnanti possono utilizzarli come ispirazione, modificandoli in base alle caratteristiche del proprio territorio e agli obiettivi formativi specifici.

La struttura di questi DMT riflette i principi metodologici discussi nelle sezioni precedenti: partono dall'osservazione diretta di fenomeni concreti, integrano diverse tipologie di dati, stimolano il pensiero critico attraverso domande progressive, e culminano nell'elaborazione di ipotesi e valutazioni complesse che collegano il fenomeno geologico a implicazioni più ampie, sociali e ambientali.

DMT: Il caso del ghiacciaio del Rutor

Questo DMT integra diverse tipologie di dati per sviluppare una comprensione sistemica del fenomeno del ritiro glaciale e delle sue implicazioni ambientali e sociali.

Il ghiacciaio del Rutor, con i suoi 8,4 km² di superficie, è il terzo della Valle d'Aosta per estensione e rappresenta un caso emblematico per posizione geografica e caratteristiche glaciologiche. Situato sul versante settentrionale dell'omonimo rilievo ed esposto a nord-nord-ovest, questo apparato glaciale occupa un'area compresa tra i 3400 e i 2500 m di altitudine ed è diviso in due settori dallo sperone roccioso delle Vedettes du Rutor.

Tema: Riscaldamento globale e ritiro glaciale

Strumenti richiesti: Immagini storiche del ghiacciaio (1919 e 2005), carte topografiche e geologiche, grafici dei bilanci di massa del ghiacciaio dall'anno idrologico 2000-2001 al 2007.

Tempo consigliato: 45 minuti

Tipologia di analisi:

Analisi comparativa di immagini storiche

1. Confrontando le immagini del 1919 e del 2005, identificate e descrivete i cambiamenti più significativi nella posizione della fronte glaciale e nella morfologia circostante.
2. Osservate le aree recentemente lasciate scoperte dai ghiacciai: quali forme caratteristiche testimoniano il ritiro del ghiacciaio? Quali processi geomorfologici sono attualmente attivi in queste aree?

3. I laghi proglaciali visibili nelle immagini rappresentano un elemento di recente formazione. Spiegate il meccanismo di formazione di questi laghi e formulate un'ipotesi sulla loro possibile evoluzione futura.
4. La torbiera scoperta dal ritiro del ghiacciaio contiene resti vegetali datati tra 10.000 e 5.500 anni fa. Quali informazioni possiamo ricavare da questo dato riguardo al comportamento del ghiacciaio durante l'Optimum Termico Olocenico e quali parallelismi possiamo tracciare con la situazione attuale?

Immagini del ghiacciaio del Rutor (1919, 2005)

Interpretazione di carte topografiche e geologiche

1. Utilizzando la scala della carta, misurate la distanza tra il Rifugio Deffeyes (2494 m) e la fronte attuale del ghiacciaio. Calcolate il tempo di percorrenza considerando una velocità media di 300 m di dislivello positivo all'ora.
2. Tracciate sulla carta il bacino di alimentazione del ghiacciaio del Rutor e calcolatene la superficie approssimativa. Quale percentuale della superficie totale del ghiacciaio è rappresentata dal bacino di accumulo?
3. Identificate sulla carta geologica le principali unità litologiche presenti nell'area del ghiacciaio e analizzate come la diversa resistenza delle rocce influenzi la morfologia del territorio circostante.
4. Localizzate sulla carta i depositi morenici della Piccola Età Glaciale e calcolate la distanza tra queste morene e la posizione attuale della fronte, ricavando il tasso medio di ritiro annuo.

Confronto tra carta geologica e carta topografica

Analisi di grafici di serie temporali

1. Nel grafico sono rappresentate barre di colore blu e giallo. Spiegate cosa rappresentano questi due colori e quale relazione esiste tra queste due componenti.
2. Analizzate l'andamento della linea rossa nel grafico. Cosa rappresenta questo parametro e quale significato ha la sua pendenza negativa sempre più accentuata?

3. Individuate l'anno con il bilancio di massa più negativo. Ricercate nelle banche dati meteorologiche le caratteristiche climatiche di quell'anno e spiegate la relazione tra anomalie termiche estive, precipitazioni invernali e bilancio di massa.
4. Osservando l'andamento temporale dell'accumulo invernale e dell'ablazione estiva, quale dei due parametri mostra una maggiore variabilità interannuale? Quale dei due ha un impatto maggiore sul bilancio netto finale?

Il grafico rappresenta le serie storiche del Bilancio di Massa dall'anno idrogeologico 2000-2001 al 2017

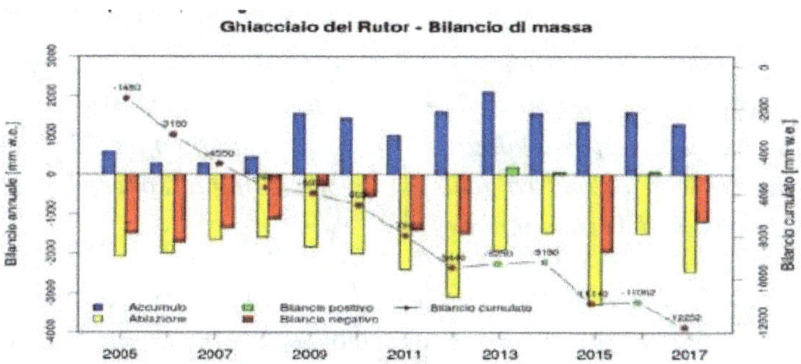

Elaborazione di ipotesi sulle conseguenze future

1. Considerando i dati di bilancio di massa e assumendo che il trend negativo continui con lo stesso tasso, formulate un'ipotesi sull'evoluzione della superficie e del volume del ghiacciaio nei prossimi 30 anni
2. Il ghiacciaio del Rutor alimenta importanti corsi d'acqua utilizzati per la produzione idroelettrica. Quali potrebbero essere le conseguenze del ritiro glaciale sul regime idrologico di questi corsi d'acqua e sulla produzione energetica, considerando i cambiamenti sia nella quantità che nella distribuzione stagionale delle portate?
3. Analizzate le possibili conseguenze del ritiro glaciale sulla stabilità dei versanti recentemente lasciati scoperti dai ghiacciai. Quali fattori geologici e morfologici potrebbero aumentare il rischio di frane e colate detritiche nelle aree circostanti?
4. Il ghiacciaio del Rutor è una meta per l'alpinismo e lo sci alpinismo. Elaborate un'analisi degli impatti economici e sociali del ritiro glaciale

sulle attività turistiche locali e proponete possibili strategie di adattamento.

Questo esempio di DMT dimostra come sia possibile utilizzare dati reali e accessibili per sviluppare nei giovani non solo conoscenze specifiche sui ghiacciai e sul cambiamento climatico, ma anche competenze di analisi, sintesi e valutazione critica, fondamentali per affrontare le sfide ambientali contemporanee.

SCHEDA DMT - VALLI ALPINE: LYS E AYAS

Questo Data Mining Test è rappresentato dall'analisi comparativa di due valli alpine adiacenti che, pur condividendo numerose caratteristiche geografiche, presentano differenze morfologiche sostanziali legate alla loro diversa struttura geologica. Questo caso studio offre l'opportunità di esplorare le relazioni tra geologia, geomorfologia, copertura vegetale e distribuzione dei rischi naturali.

Le valli del Lys e di Ayas, situate sul versante sinistro orografico della Valle d'Aosta, rappresentano due esempi perfetti per questo tipo di analisi. Entrambe sono valli trasversali alla catena alpina con andamento Nord-Sud, situate alla stessa latitudine, con la medesima esposizione e culminanti a Nord nel gruppo del Monte Rosa, le cui cime superano i 4000 metri. Nonostante queste somiglianze, le due valli presentano caratteristiche morfologiche notevolmente diverse che un occhio attento può cogliere già dall'osservazione di immagini panoramiche.

Tema: Relazione tra geologia, morfologia e rischi naturali

Strumenti richiesti: Immagini panoramiche delle valli, mappa della copertura boschiva, mappa dei dissesti, carta geologica

Tempo consigliato: 45 minuti

Tipologia di analisi:

Analisi morfologica comparativa

1. Osservando le immagini delle due valli, quali differenze principali notate nella morfologia dei versanti? Descrivete le caratteristiche che rendono distintivo il profilo di ciascuna valle.
2. Nella valle del Lys si osservano versanti più ripidi e accidentati, mentre la valle di Ayas presenta forme più dolci e arrotondate. Quali processi geomorfologici potrebbero essere responsabili di queste differenze?
3. Analizzate la larghezza del fondovalle nelle due immagini. Quale delle due valli presenta un fondovalle più ampio e quali fattori potrebbero spiegare questa differenza?
4. Identificate nelle immagini evidenze di processi geomorfologici attivi come frane, conoidi detritiche o depositi alluvionali. In quale delle due valli questi fenomeni appaiono più diffusi e perché?

Interpretazione della distribuzione vegetazionale

1. Analizzando la carta della copertura boschiva, calcolate e confrontate la percentuale di superficie boscata nelle due valli. Quale fattore potrebbe spiegare la differenza osservata?
2. Osservate la distribuzione dei boschi in relazione all'esposizione dei versanti. Esiste una asimmetria nella copertura forestale tra i versanti esposti a est e quelli esposti a ovest? Quali fattori ecologici potrebbero spiegare questo pattern?

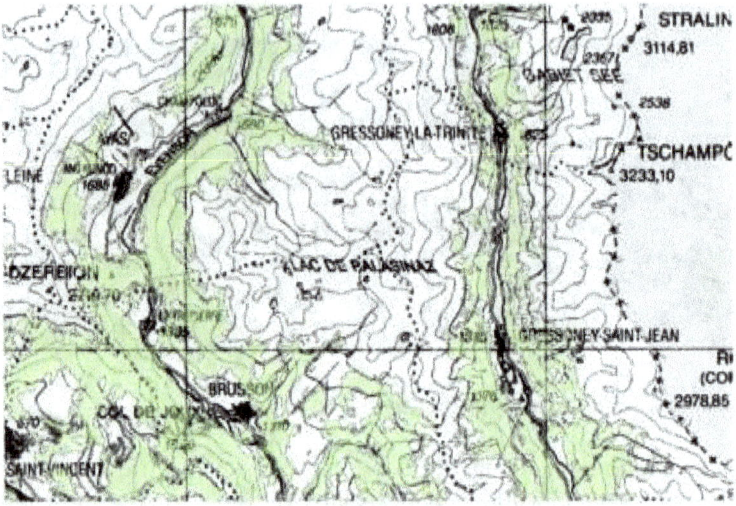

3. Tracciate sulla carta la linea che rappresenta il limite superiore del bosco nelle due valli. A quale quota media si colloca questo limite e quali differenze notate tra le due valli?
4. Correlate la distribuzione della copertura boschiva con la morfologia del territorio. In quali contesti morfologici (pendii ripidi, aree pianeggianti, impluvi) la vegetazione appare più rada o assente? Formulate un'ipotesi sui fattori limitanti.

Analisi della distribuzione dei fenomeni di dissesto

1. Nella mappa dei dissesti, identificate le tipologie di fenomeni prevalenti nella valle del Lys e nella valle di Ayas. Esiste una differenza significativa nella distribuzione e nella tipologia dei fenomeni franosi tra le due valli?"
2. Calcolate la densità di fenomeni franosi (numero di fenomeni per km^2) per ciascuna valle. Quale delle due presenta una maggiore instabilità dei versanti?
3. Analizzate la distribuzione altimetrica dei fenomeni franosi. Esiste una fascia altitudinale particolarmente interessata da questi fenomeni? Quali fattori potrebbero spiegare questa distribuzione?
4. Sovrapponete mentalmente la carta dei dissesti con quella della copertura boschiva. Quale relazione potete individuare tra presenza del

bosco e fenomeni franosi? Il bosco sembra svolgere un ruolo protettivo efficace in entrambe le valli?

Correlazione tra geologia e caratteristiche del territorio

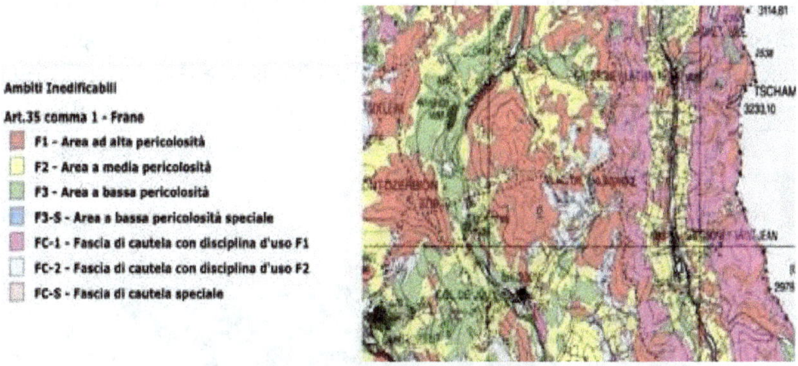

1. Analizzando la carta geologica, identificate le principali unità litologiche presenti nelle due valli. Quale litologia è prevalente nella valle del Lys e quale nella valle di Ayas?
2. La valle del Lys è caratterizzata dalla prevalenza di rocce cristalline come gneiss e micascisti, mentre nella valle di Ayas sono più diffuse le prasiniti e le serpentiniti. Ricercate le proprietà meccaniche di queste rocce e spiegate come queste caratteristiche possano influenzare la morfologia dei versanti.
3. Individuate sulla carta geologica i principali lineamenti tettonici (faglie, sovrascorrimenti) presenti nell'area. Come questi elementi strutturali influenzano la distribuzione dei fenomeni franosi?"
4. Integrando tutti i dati analizzati (morfologia, copertura boschiva, dissesti, geologia), costruite un modello concettuale che spieghi le differenze osservate tra le due valli, evidenziando le relazioni causali tra i diversi fattori.

Il valore formativo di questo DMT risiede nella comprensione delle connessioni: gli studenti sono guidati a comprendere come la geologia di base influenzi a cascata numerosi aspetti del sistema territoriale, dalle forme del rilievo alla distribuzione della vegetazione, fino alla localizzazione dei fenomeni di dissesto. Questo approccio integrato consente di superare la frammentazione tipica dell'insegnamento tradizionale di questa disciplina, in cui i diversi aspetti (geologia, geomorfologia, idrogeologia, rischi naturali) vengono spesso trattati separatamente.

Questo tipo di DMT sviluppa competenze di analisi spaziale e di lettura integrata di diverse tipologie di carte tematiche, abilità fondamentali per la comprensione del territorio e dei suoi rischi. Gli studenti imparano a "leggere" il paesaggio non solo nella sua dimensione estetica, ma come risultato di complesse interazioni tra componenti naturali e antropiche.

Islanda - Il campo di Ossidiana di Laugahraun

Per approfondire

Bao, F., He, X., & Zhao, F. (2012). Applying Data Mining to the Geosciences Data. Physics Procedia, 33, 1401-1405. https://doi.org/10.1016/j.phpro.2012.05.229

Occhipinti, S. (2022). The Data Mining Test: An Unexpectedly Effective Tool to Promote Soft and Hard Skills in Earth Sciences. Earth & Environmental Science Research & Reviews, 5(2), 34-43.

Jain, P. (2021). Data Mining Tasks – Overview. Include Help. https://www.includehelp.com/basics/data-mining-tasks-overview

Fu, Y. (1997). Data Mining: Tasks, Techniques and Applications. IEEE Potentials, 16(4), 18-20. https://doi.org/10.1109/45.624339

Baker, R. S. (2010). Data Mining for Education. International Encyclopedia of Education, 7(3), 112-118.

CAPITOLO 14.

LA GEOLOGIA FORENSE: IL GEOLOGO DETECTIVE

La geologia forense rappresenta un affascinante punto d'incontro tra scienza della Terra e indagine investigativa. Il suo richiamo risiede nella capacità di trasformare elementi apparentemente insignificanti - un granello di sabbia, un frammento di roccia, una traccia di minerale - in indizi cruciali per risolvere enigmi criminali, ambientali o storici. L'interesse verso questa disciplina è cresciuto esponenzialmente negli ultimi anni, alimentato da popolarissime serie televisive come "CSI", "Bones" ed "Elementary", che hanno portato nelle case di milioni di spettatori le potenzialità investigative delle scienze geologiche.

Ciò che rende la geologia forense particolarmente intrigante è la sua natura multidisciplinare, che richiede competenze diversificate: dalla mineralogia alla geochimica, dalla sedimentologia alla geofisica. Ogni caso rappresenta un puzzle unico che stimola il pensiero critico e la capacità di integrare informazioni provenienti da campi differenti. Per gli studenti, questa disciplina offre un'opportunità preziosa di vedere l'applicazione pratica e concreta di concetti geologici spesso percepiti come astratti o lontani dalla vita quotidiana.

La versatilità della geologia forense la rende uno strumento didattico eccezionale: permette di costruire casi di studio basati su eventi reali ma anche di creare scenari fittizi progettati specificamente per sviluppare particolari competenze analitiche. Questa possibilità apre le porte a esercitazioni coinvolgenti dove gli studenti possono vestire i panni di "detective della Terra", applicando conoscenze scientifiche in contesti stimolanti e significativi.

14.1 Definizione e competenze

La geologia forense è la disciplina che applica i principi e le metodologie delle scienze geologiche alle indagini legali e forensi. Si definisce come l'uso di prove basate su minerali, suoli, sedimenti e altri materiali geologici per assistere le indagini criminali, civili e ambientali. Questa branca specialistica integra la geologia con i principi delle scienze forensi, permettendo ai geologi di contribuire alla risoluzione di questioni legali attraverso l'analisi scientifica di materiali terrestri.

Il geologo forense integra competenze specialistiche delle geoscienze. Attraverso petrografia e mineralogia identifica e caratterizza rocce, minerali e materiali sintetici derivati. La sedimentologia gli permette di analizzare particelle di suolo, sabbia e polveri per determinarne origine e storia deposizionale. Le conoscenze geochimiche consentono l'analisi della composizione chimica dei materiali, inclusi gli isotopi per tracciarne la provenienza. Utilizza tecniche geofisiche non invasive per l'esplorazione del sottosuolo e competenze in geologia ambientale per valutare contaminazioni e percorsi di dispersione. La geologia strutturale fornisce strumenti per interpretare deformazioni del terreno, mentre l'idrogeologia aiuta a comprendere i movimenti delle acque sotterranee e il trasporto di contaminanti.

L'approccio del geologo forense rispecchia quello di un investigatore esperto. Raccoglie indizi frammentari da scene spesso incomplete, prestando particolare attenzione a dettagli microscopici che potrebbero sfuggire ad osservatori non specializzati. È capace di ricostruire eventi del passato basandosi sulle tracce conservate nei materiali geologici, interpretando le informazioni nascoste in minerali e sedimenti. Distingue sistematicamente tra caratteristiche naturali e alterazioni dovute all'intervento umano, una competenza fondamentale per separare fenomeni geologici da attività criminose. Formula ipotesi verificabili e le sottopone a rigorosi test analitici, eliminando progressivamente le spiegazioni alternative attraverso un processo di validazione scientifica. Sa collegare prove apparentemente non correlate costruendo quadri interpretativi coerenti e stabilendo relazioni causali tra diversi elementi geologici. Infine, deve tradurre risultati tecnici complessi in narrazioni comprensibili per giudici, avvocati e giurie, rendendo accessibili concetti specialistici senza perderne il rigore scientifico.

La motivazione principale alla base dell'utilizzo della geologia forense risiede nella capacità dei materiali geologici di conservare tracce degli eventi e degli ambienti con cui sono entrati in contatto, fungendo da testimoni silenziosi di processi naturali o attività criminose.

Per i professionisti interessati a questo settore, esistono oggi percorsi formativi specializzati come master e corsi post-laurea che integrano competenze geologiche, criminologiche e legali. Le prospettive occupazionali spaziano dai laboratori forensi della polizia scientifica alla consulenza per tribunali e studi legali, dalle agenzie di protezione ambientale agli istituti di ricerca specializzati, fino ai musei per l'autenticazione di reperti archeologici e paleontologici. Le competenze richieste includono precisione analitica, capacità comunicativa, conoscenza delle procedure legali e una visione interdisciplinare che integri geologia, chimica, biologia e criminologia.

14.2 Tecnologie emergenti nella geologia forense

La geologia forense evolve rapidamente grazie all'integrazione di nuove tecnologie che ne ampliano le potenzialità investigative:

Sistemi di analisi avanzata

L'intelligenza artificiale e il machine learning permettono il riconoscimento automatizzato di pattern mineralogici e il confronto rapido tra migliaia di campioni. Algoritmi specializzati possono classificare automaticamente tipi di suolo o particelle minerali con precisione paragonabile a quella di esperti umani, ma in tempi molto più brevi.

La microtomografia a raggi X consente la visualizzazione tridimensionale non distruttiva di campioni, rendendo possibile l'analisi della struttura interna di sedimenti e materiali senza comprometterne l'integrità. La risoluzione delle moderne apparecchiature permette di visualizzare dettagli microscopici, rivelando strutture altrimenti invisibili.

Strumentazione da campo

I sensori remoti e i droni permettono la mappatura dettagliata di aree difficilmente accessibili e il rilevamento di anomalie nel terreno. Sono particolarmente efficaci nell'identificazione di siti di scavo clandestini o discariche illegali. Le moderne piattaforme drone integrano sensori multispettrali che rilevano alterazioni nella vegetazione o nel suolo invisibili all'occhio umano.

Gli analizzatori portatili consentono indagini dettagliate direttamente sul campo. Strumenti come analizzatori a fluorescenza X e spettrometri Raman possono fornire dati composizionali quasi istantanei senza necessità di trasportare campioni in laboratorio.

Approcci integrati

Il DNA ambientale (eDNA) estratto da campioni di suolo, sedimenti o acqua rappresenta un ponte innovativo tra geologia e biologia forense. Questa tecnica permette l'identificazione di specie presenti nell'ambiente e il collegamento tra sospettati e scene del crimine attraverso tracce biologiche.

I sistemi informativi geografici (GIS) e i Big Data consentono complesse correlazioni spaziali e la creazione di banche dati geochimiche di riferimento sempre più estese, permettendo di visualizzare e analizzare dati per rivelare relazioni e pattern che potrebbero non essere evidenti con metodi tradizionali.

L'intelligenza artificiale: una rivoluzione in corso

I moderni algoritmi di deep learning analizzano immagini microscopiche di sedimenti e minerali creando "firme geologiche" dettagliate di diversi ambienti. Questo permette confronti rapidi tra campioni forensi e database di riferimento, riducendo da giorni a minuti il tempo necessario per determinare la provenienza di un campione.

Gli algoritmi di machine learning eccellono nell'identificare pattern sottili nei dati che potrebbero sfuggire all'occhio umano, mentre i modelli predittivi consentono di simulare come materiali geologici si comporterebbero in diverse condizioni, permettendo di ricostruire la cronologia di eventi criminosi.

Nonostante il potenziale, l'applicazione dell'AI affronta sfide importanti: la necessità di database di riferimento ampi, l'interpretabilità dei risultati in ambito legale, e questioni relative all'ammissibilità in tribunale di prove basate su algoritmi complessi.

14.3 Casi emblematici di geologia forense

CASO 1: L'OMICIDIO DELLA TORBIERA DI LINDOW

Contesto: Nel 1983, nella torbiera di Lindow (Inghilterra), venne scoperto un corpo parzialmente conservato che inizialmente si riteneva appartenesse a una vittima recente.

Indagine geologica: Analisi stratigrafica della torba circostante il corpo → Datazione al radiocarbonio dei tessuti e dei materiali vegetali associati → Studio dei pollini presenti negli strati di torba → Analisi degli isotopi stabili per determinare la dieta della vittima

Risultati: Le analisi rivelarono che il corpo, poi denominato "Lindow Man", risaliva a circa 2000 anni fa (Età del Ferro). Lo studio geologico permise di stabilire che non si trattava di un caso di omicidio recente ma di un importante reperto archeologico, probabilmente vittima di un sacrificio rituale. L'analisi dei pollini e della stratigrafia della torba ha permesso di ricostruire l'ambiente e il clima dell'epoca del decesso.

Impatto: Questo caso dimostra come la geologia forense possa determinare non solo il luogo ma anche il tempo di un evento, distinguendo tra crimini recenti e contesti archeologici.

CASO 2: IL DISASTRO DI PORTO MARGHERA

Contesto: Negli anni '90, un'indagine ambientale ha rivelato gravi contaminazioni nei sedimenti della Laguna di Venezia, in prossimità del polo industriale di Porto Marghera.

Porto Marghera

Indagine geologica: Campionamento sistematico dei sedimenti lagunari lungo transetti predefiniti → Analisi stratigrafica dei carotaggi per determinare la cronologia della contaminazione → Caratterizzazione geochimica dei contaminanti (metalli pesanti, composti organici) → Analisi isotopica per identificare le "firme" specifiche degli inquinanti → Modellazione idrodinamica per ricostruire i percorsi di dispersione degli inquinanti

Risultati: L'analisi geologica ha permesso di determinare che la contaminazione era iniziata negli anni '50, coincidendo con l'espansione industriale. I ricercatori sono riusciti a distinguere tra diverse fonti di inquinamento grazie alle specifiche "firme" isotopiche, dimostrando il nesso causale tra specifiche attività industriali e il danno ambientale. È stato possibile anche quantificare con precisione l'estensione spaziale e temporale dell'inquinamento, fornendo dati cruciali per le successive azioni legali e di bonifica.

Impatto: Le evidenze geologiche hanno costituito la base per procedimenti legali che hanno portato alla condanna delle aziende responsabili e all'avvio di programmi di bonifica. Questo caso illustra come la geologia forense possa essere determinante nei contenziosi ambientali.

CASO 3: IL MISTERO DEI BRONZI DI RIACE

Contesto: I Bronzi di Riace, capolavori scultorei dell'antica Grecia ritrovati nel mare di Riace nel 1972, hanno sollevato numerosi interrogativi sulla loro provenienza e sulla dinamica del naufragio che li ha portati sui fondali calabresi.

Indagine geologica: Analisi dei sedimenti marini incrostati sulle statue → Studio mineralogico e geochimico delle inclusioni metalliche nelle statue → Confronto con le caratteristiche geologiche di potenziali siti di produzione in Grecia → Modellazione delle correnti marine per ricostruire la dinamica del naufragio

Risultati: L'analisi ha fornito indizi sulla probabile origine delle materie prime utilizzate per la fusione delle statue, collegandole a specifiche regioni minerarie della Grecia antica. Lo studio dei sedimenti ha contribuito alla datazione del naufragio e alla ricostruzione delle condizioni di giacitura sui fondali marini.

Impatto: Questo caso dimostra l'applicazione della geologia forense nel campo dell'archeologia e del patrimonio culturale, contribuendo a risolvere enigmi storici e contrastare il traffico illecito di beni culturali.

CASO 4: L'ASSASSINIO DI SOMERTON BEACH

Contesto: Nel 1948, un uomo non identificato fu trovato morto sulla spiaggia di Somerton, in Australia. Il caso, rimasto irrisolto, è noto come "il mistero dell'uomo di Somerton".

Indagine geologica: Analisi dei granelli di sabbia trovati negli indumenti della vittima → Studio mineralogico della polvere presente nelle tasche e nelle scarpe → Confronto con campioni di riferimento da diverse località australiane → Identificazione di microfossili presenti nei sedimenti

Risultati: L'analisi geologica ha rivelato che alcuni minerali e sedimenti trovati sugli indumenti dell'uomo non corrispondevano alla spiaggia di Somerton, suggerendo che la vittima aveva visitato altre aree prima della morte. Particolari associazioni mineralogiche hanno fornito indizi sui luoghi frequentati nelle ore precedenti il decesso.

Impatto: Sebbene il caso rimanga ufficialmente irrisolto, l'indagine geologica ha fornito informazioni cruciali sugli spostamenti della vittima, dimostrando come anche in casi "freddi" la geologia possa offrire nuove prospettive investigative.

CASO 5: IL TRAFFICO DI FOSSILI DALLA MONGOLIA

Contesto: Nel 2012, le autorità americane sequestrarono uno scheletro quasi completo di Tarbosaurus bataar, un dinosauro simile al T-rex, che stava per essere venduto all'asta per oltre un milione di dollari.

Indagine geologica: Analisi della matrice rocciosa ancora aderente ai fossili → caratterizzazione mineralogica e geochimica del sedimento → studio dei microfossili associati → confronto con campioni di riferimento della Formazione Nemegt in Mongolia

Risultati: L'analisi geologica ha dimostrato inequivocabilmente che il fossile proveniva dalla Formazione Nemegt in Mongolia, da cui l'esportazione di fossili è illegale. Le peculiari caratteristiche della matrice sedimentaria, inclusa la composizione mineralogica e la specifica associazione di microfossili, hanno fornito una "impronta digitale geologica" inconfutabile.

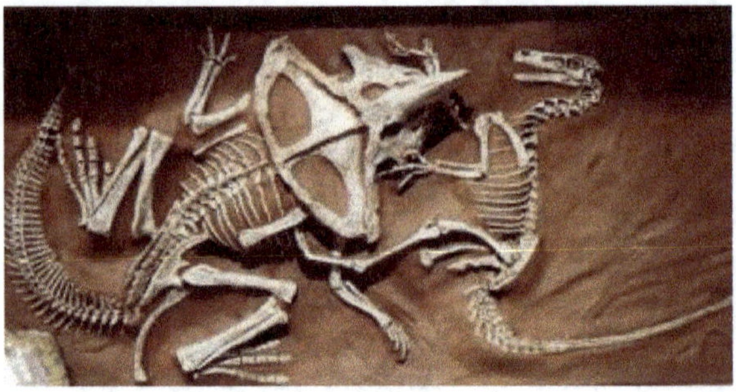

Reperti fossili della Mongolia

Impatto: Basandosi sulle prove geologiche, il tribunale ha ordinato la restituzione del fossile alla Mongolia e ha condannato il trafficante a tre mesi di carcere e confisca di beni. Questo caso ha stabilito un importante precedente per l'uso delle tecniche geologiche forensi nella lotta contro il traffico illecito di beni paleontologici.

CASO 6: IL CASO DEL PITTORE FALSARIO

Contesto: Una galleria d'arte di fama internazionale scoprì che alcune opere attribuite a un celebre pittore paesaggista del XIX secolo presentavano caratteristiche sospette. Fu richiesta un'indagine per determinare l'autenticità dei quadri.

Indagine geologica: Campionamento microscopico dei pigmenti minerali → analisi spettroscopica dei componenti → datazione degli elementi organici presenti → confronto con la composizione geologica nota dei pigmenti dell'epoca → ricostruzione della provenienza dei minerali utilizzati

Risultati: L'analisi ha rivelato l'uso di pigmenti contenenti minerali la cui estrazione commerciale è iniziata solo nella seconda metà del XX secolo, incompatibili quindi con l'epoca dichiarata delle opere. Inoltre, le proporzioni isotopiche di alcuni elementi in traccia differivano significativamente da quelle riscontrate in opere autentiche dell'artista.

Impatto: Le evidenze geologiche hanno permesso di identificare un sofisticato sistema di falsificazione, portando al recupero di diverse opere falsamente attribuite con un valore di mercato di diversi milioni di euro. Questo caso ha evidenziato il valore della geologia forense nel campo dell'autenticazione di beni culturali.

CASO 7: IL MISTERO DEL LAGO AVVELENATO

Contesto: In una remota regione montana, un lago alpino mostrò improvvisamente segni di grave inquinamento con moria di pesci e alterazione chimica delle acque. Le autorità locali sospettavano attività di smaltimento illegale di rifiuti industriali, ma in assenza di testimoni era difficile identificare i responsabili.

Indagine geologica: Analisi dei sedimenti di fondo del lago → caratterizzazione chimica e mineralogica degli inquinanti → studio delle stratificazioni recenti → tracciamento idrogeologico dei flussi d'acqua nella conca → modellazione della dispersione dei contaminanti → confronto con le "firme" chimiche di potenziali fonti industriali nell'area

Risultati: Contrariamente alle ipotesi iniziali, l'analisi geologica rivelò che la contaminazione non derivava da scarichi diretti nel lago, ma da una vecchia miniera abbandonata situata a monte, dove recenti lavori di sbancamento per un progetto turistico avevano esposto minerali solforati. L'ossidazione di questi minerali aveva generato acque acide che, infiltrandosi nel sottosuolo, avevano raggiunto il lago attraverso sorgenti subacquee, rilasciando metalli pesanti e alterando il pH dell'ecosistema.

Impatto: Il caso ha dimostrato come la geologia forense possa non solo identificare la causa di un inquinamento, ma anche correggere ipotesi investigative errate, evitando di perseguire soggetti innocenti e indirizzando correttamente gli interventi di mitigazione. La società responsabile degli sbancamenti fu obbligata a bonificare l'area mineraria e a implementare sistemi di captazione e trattamento delle acque contaminate.

CASO 8: LA GUERRA DEL VIETNAM - UN'INDAGINE GEOLOGICA FORENSE IN AMBITO MILITARE

Contesto: Durante la guerra del Vietnam (1955-1975), uno dei principali vantaggi tattici dei Vietcong era rappresentato da un complesso sistema di tunnel sotterranei che permetteva loro di nascondersi ed emergere improvvisamente per attacchi a sorpresa.

Indagine geologica: Studio sistematico delle caratteristiche geologiche del "triangolo di ferro" a nord-ovest di Saigon → Analisi della struttura del suolo e identificazione di formazioni sedimentarie favorevoli allo scavo → Mappatura delle aree di potenziale estensione delle reti sotterranee basandosi su dati geotecnici

Risultati: Le indagini portarono all'operazione "Cedar Falls" nel 1967, con la rimozione della vegetazione superficiale per identificare gli ingressi camuffati e l'impiego di mezzi pesanti in aree geologicamente compatibili.

Impatto: Nonostante l'applicazione di competenze geologiche avanzate, circa il 60% del sistema di tunnel rimase intatto, dimostrando i limiti dell'intelligence geologica quando confrontata con la conoscenza locale empirica del territorio. Questo caso illustra come l'analisi del terreno possa essere utilizzata per "leggere" il territorio alla ricerca di interventi antropici nascosti, una competenza oggi applicata in numerosi contesti investigativi civili.

Operazione Cedar Falls
parte della guerra del Vietnam

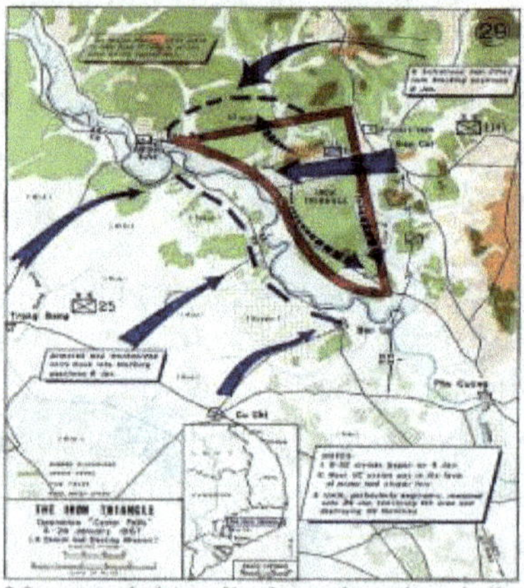

Mappa del territorio coinvolto dalla operazione Cedar Falls

Data 8 - 26 gennaio 1967

14.4 Applicazioni emergenti e prospettive future della geologia forense

La geologia forense sta espandendo rapidamente i suoi orizzonti applicativi, abbracciando ambiti sempre più diversificati che spaziano dalla sicurezza nazionale alla tutela del patrimonio culturale. Nel campo del terrorismo e della sicurezza, l'analisi di materiali geologici presenti in ordigni esplosivi permette di identificare la provenienza delle materie prime e ricostruire le reti di approvvigionamento. Parallelamente, la lotta alle frodi alimentari si avvale sempre più dell'analisi degli elementi in traccia del suolo per verificare l'origine geografica dichiarata dei prodotti, una competenza particolarmente preziosa per prodotti DOP e IGP.

L'evoluzione tecnologica sta rivoluzionando le metodologie investigative. L'utilizzo di isotopi stabili come "impronte digitali geografiche" consente oggi di tracciare con precisione i movimenti di persone, animali e oggetti attraverso continenti, fornendo prove decisive in casi di traffico di droga e bracconaggio. Gli algoritmi di intelligenza artificiale, addestrati su migliaia di campioni geologici, possono ora identificare in pochi minuti patterns che richiederebbero giorni di analisi manuale, accelerando drasticamente i tempi delle indagini.

Una sfida crescente riguarda l'ammissibilità legale di prove basate su algoritmi complessi, che richiede lo sviluppo di protocolli standardizzati e la formazione di esperti capaci di spiegare risultati tecnici a giudici e giurie. La miniaturizzazione della strumentazione analitica promette di portare laboratori portatili direttamente sulla scena del crimine, mentre la creazione di database geochimici globali interconnessi faciliterà confronti sempre più precisi e rapidi.

Il futuro della disciplina si orienta verso un approccio sempre più interdisciplinare, dove la geologia forense si integra con biologia molecolare, archeologia e cybersecurity. La crescente digitalizzazione richiederà nuove competenze professionali che combinino conoscenze geologiche tradizionali con competenze informatiche avanzate, aprendo prospettive occupazionali inedite per le nuove generazioni di geologi.

La geologia forense dimostra che le prove più solide sono letteralmente "scolpite nella pietra", e il suo approccio investigativo rappresenta un potente strumento didattico per sviluppare competenze di osservazione e pensiero critico essenziali per affrontare le sfide del futuro.

Rioliti colonnari del Parco di Yellowstone

Per approfondire

Di Maggio, R.M., & Barone, P.M. (2018). *Geologia Forense*. Flaccovio Editore. https://www.flaccovio.com/geologia-forense-p-1029.html

DiMaggio, R.M., & Donnelly, L.J. (2012). "The Application of Forensic Geology to Homicide Investigations." *Australian Journal of Forensic Sciences*, 44(2), 205-221. https://doi.org/10.1080/00450618.2011.636798

Donnelly, L. (2011). "The Role of Geoforensics in Policing and Law Enforcement." *Emergency Services Times*, 12(1), 49-52.

Murray, R.C. (2011). *Evidence from the Earth: Forensic Geology and Criminal Investigation*. Mountain Press Publishing Company. https://mountain-press.com/products/evidence-from-the-earth

CAPITOLO 15.

GEOSCIENZE E COMPETENZE: UNA RELAZIONE EFFICACE

La definizione tradizionale di competenza proviene dalla ricerca educativa ed è definita come "la realizzazione di una prestazione in un determinato contesto che implica l'uso di atteggiamenti e motivazioni, conoscenze, competenze e abilità ed è finalizzata al raggiungimento di uno scopo". Più precisamente, la competenza è "ciò che si può fare (abilità) sulla base di una conoscenza per raggiungere l'obiettivo previsto e produrre conoscenza". Significa scegliere, utilizzare e padroneggiare conoscenze, abilità e capacità appropriate in un determinato contesto, per impostare e/o risolvere un determinato problema.

L'approccio per competenze nell'insegnamento delle geoscienze rappresenta un cambiamento paradigmatico rispetto alla tradizionale trasmissione di contenuti disciplinari. Le competenze non sono semplicemente abilità tecniche o conoscenze specifiche, ma configurazioni cognitive complesse che integrano saperi, capacità procedurali e attitudini personali.

Nell'ambito delle geoscienze, questo approccio è particolarmente significativo poiché la natura stessa dei fenomeni geologici - caratterizzati da interdipendenze multiple, scale temporali e spaziali diverse, e complesse catene causali - costituisce un terreno ideale per lo sviluppo di competenze trasversali. La Terra diventa così non solo oggetto di studio, ma un potente mediatore cognitivo che stimola l'acquisizione di strumenti intellettuali applicabili ben oltre il contesto geologico.

L'esperienza didattica ha dimostrato che le geoscienze sono particolarmente efficaci nel promuovere competenze trasversali e di cittadinanza, sviluppando in particolare le idee di sistema e di complessità. Questo accade proprio perché le geoscienze offrono un terreno straordinariamente fertile per lo studio di fenomeni naturali complessi e interconnessi. L'approccio investigativo tipico della geologia permette agli studenti di acquisire metodi di indagine scientifica, capacità di analisi sistemica e pensiero critico applicabili ben oltre il contesto disciplinare specifico.

Le caratteristiche distintive dell'approccio geologico

Ciò che rende l'approccio geologico formativo delle competenze è la necessità di operare simultaneamente su:

Scale temporali multiple: Dai processi istantanei come i terremoti ai fenomeni che si sviluppano in milioni di anni come l'orogenesi, le geoscienze abituano gli studenti a ragionare su dimensioni temporali che trascendono l'esperienza umana ordinaria.

Scale spaziali diverse: Dall'osservazione microscopica della struttura cristallina dei minerali all'analisi delle dinamiche tettoniche globali, sviluppando una straordinaria flessibilità cognitiva nel passaggio tra livelli di osservazione.

Sistemi complessi: I fenomeni geologici sono il risultato di interazioni complesse tra geosfera, atmosfera, idrosfera e biosfera, richiedendo un approccio sistemico che riconosce interconnessioni e meccanismi di feedback.

Metodo investigativo: L'impossibilità di osservare direttamente molti processi geologici sviluppa naturalmente il pensiero inferenziale, la capacità di formulare ipotesi e di interpretare evidenze indirette.

Le competenze sviluppate attraverso lo studio delle geoscienze si rivelano utili in contesti e discipline diverse, per la natura complessa e trasversale dei fenomeni geologici. In questo capitolo sono presentate dieci competenze fondamentali, ciascuna accompagnata da casi studio concreti che illustrano come l'esperienza geologica possa essere trasferita ad altri ambiti del sapere e dell'azione umana.

Per ogni competenza, vengono presentati due casi di studio che dimostrano come i fenomeni geologici offrano opportunità uniche di apprendimento, seguiti da un'analisi di come queste esperienze possano tradursi in competenze trasferibili. Concluderemo con indicazioni pratiche per lo sviluppo progressivo di queste competenze attraverso i diversi livelli scolastici e strumenti per la loro valutazione.

15.1 Analisi sistemica e riconoscimento di interconnessioni

La capacità di identificare componenti, processi e connessioni è fondamentale nell'affrontare problemi complessi. Gli studenti imparano a riconoscere i flussi e i legami tra diversi elementi, competenza essenziale in campi che vanno dall'economia all'ecologia.

CASO 1: Fiume Po e Pianura Padana. Il sistema fluviale del Po rappresenta un laboratorio ideale per comprendere le connessioni tra elementi geologici, idrologici e antropici. Le differenze litologiche tra alta e bassa pianura creano contrasti di permeabilità che determinano l'emergere della linea delle risorgive. Questa fascia territoriale con caratteristiche idrologiche uniche ha influenzato profondamente lo sviluppo delle pratiche agricole, come le "marcite" sviluppate dai monaci Cistercensi nel XIII secolo. Sfruttando le acque delle risorgive, che mantengono temperatura costante di 9-12°C, creavano prati irrigati anche in inverno. L'evoluzione del delta, con l'insabbiamento di antichi porti come Spina (che oggi dista 12 km dal mare), dimostra le dinamiche sedimentarie che continuano a modificare il territorio.

CASO 2: Zona critica. Il concetto di "zona critica" - l'interfaccia dinamica dove atmosfera, biosfera, idrosfera e geosfera interagiscono - offre un paradigma ideale per sviluppare visione sistemica. In questa sottile pellicola planetaria si svolgono i processi più importanti per la vita. I cicli biogeochimici collegano il mondo organico e inorganico, i flussi d'acqua trasportano nutrienti attraverso suolo e sottosuolo, l'attività biologica altera la chimica delle rocce accelerando erosione e pedogenesi. Queste interazioni determinano fertilità dei suoli, qualità dell'acqua e resilienza territoriale.

La competenza di analisi sistemica permette di tracciare catene causali complesse e di comprendere i meccanismi di feedback tra diversi componenti del sistema. Consente di riconoscere che i confini tra le tradizionali "sfere" terrestri sono costruzioni artificiali che spesso ostacolano la comprensione dei fenomeni reali, permettendo invece di vedere il sistema Terra come un continuum di processi interconnessi. Questa visione integrata aiuta a comprendere come perturbazioni in una componente possano propagarsi attraverso l'intero sistema, creando effetti a cascata spesso imprevedibili.

15.2 Comprensione delle relazioni causa-effetto

Le geoscienze sviluppano la capacità di riconoscere complesse catene causali in sistemi naturali, fondamentale per problemi come il cambiamento climatico o il dissesto idrogeologico.

CASO 1: Cenotes dello Yucatan e civiltà Maya I cenotes dimostrano come le interazioni geologiche possano determinare lo sviluppo di civiltà. La penisola dello Yucatan, composta da rocce calcaree porose, è stata modellata da processi carsici creando un sistema di caverne sotterranee. Il collasso dei soffitti forma i cenotes - pozzi naturali che danno accesso alla falda acquifera. In una regione priva di fiumi superficiali, questi pozzi erano l'unica fonte affidabile di acqua dolce, determinando la distribuzione geografica delle città Maya. I Maya integrarono questi elementi geologici nella loro visione del mondo, considerandoli portali sacri verso il mondo sotterraneo dove svolgevano rituali e sacrifici.

CASO 2: Il rischio vulcanico nei Campi Flegrei I Campi Flegrei rappresentano un esempio complesso di interazione tra rischio vulcanico e sviluppo urbano. Questa caldera attiva di 12-15 km è caratterizzata dal bradisismo - movimenti verticali causati da variazioni nella pressione magmatica. Il Serapeo di Pozzuoli mostra segni di sommersione e riemersione: i fori di litodomi sulle colonne testimoniano periodi di sommersione marina. Crisi bradisismiche significative si sono verificate nel 1969-72 e 1982-84, quest'ultima con sollevamento di 1,8 metri che portò all'evacuazione di 40.000 persone. Oggi circa 500.000 persone vivono nell'area della caldera.

Saper riconoscere relazioni causa-effetto nei sistemi naturali permette di sviluppare il ragionamento deduttivo che consente di collegare osservazioni diverse in un quadro coerente. Permette di riconoscere relazioni causa-effetto non lineari e di analizzare le complesse relazioni tra fenomeni geologici e sviluppo socioculturale. Questa capacità di integrare conoscenze da discipline diverse prepara ad affrontare sfide contemporanee come la gestione sostenibile delle risorse idriche, la pianificazione territoriale in ambienti geologicamente sensibili, la mitigazione dei rischi naturali e lo sviluppo di strategie di convivenza con fenomeni geologici attivi.

15.3 Pensiero multi-scala

Le geoscienze richiedono di passare continuamente dal microscopico al planetario, sviluppando flessibilità cognitiva preziosa in molti campi scientifici dove è necessario integrare livelli di analisi diversi.

CASO 1: Diamanti - messaggeri dalla Terra profonda. I diamanti permettono di collegare processi su dimensioni enormemente diverse. A livello microscopico, la struttura cristallina rivela la configurazione atomica del carbonio sotto alta pressione, con legami covalenti tetraedrici che conferiscono durezza eccezionale. Le inclusioni minerali intrappolate fungono da "capsule temporali", preservando materiali da profondità inaccessibili. Recenti studi hanno identificato inclusioni stabili solo nel mantello inferiore (oltre 660 km), dimostrando che alcuni diamanti si formano a profondità molto maggiori. A scala regionale forniscono informazioni sulla formazione nelle kimberliti, mentre globalmente offrono indizi sulla struttura terrestre interna e sul ciclo del carbonio geologico.

CASO 2: Ciclo idrogeologico e risorse idriche. Il ciclo idrogeologico collega diversi compartimenti ambientali influenzando il sistema terrestre. A livello microscopico, le proprietà dell'acqua - polarità molecolare, legami idrogeno, comportamento anomalo nel congelamento - determinano il suo ruolo come solvente universale e agente di trasporto. Queste proprietà influenzano alterazione rocciosa, trasporto nutrienti e interazioni acqua-organismi. A scala locale, il ciclo si manifesta diversamente secondo contesto geologico: nelle regioni carsiche crea sistemi sotterranei con grotte e risorgive, in quelle aride genera flussi effimeri che modellano il paesaggio. Globalmente rappresenta un meccanismo principale di trasferimento energetico influenzando clima ed ecosistemi planetari.

La competenza del pensiero multiscala permette di visualizzare collegamenti tra processi che operano su scale dimensionali enormemente diverse, dalla struttura atomica alle dinamiche globali. Consente di dedurre processi di larga scala partendo dall'osservazione di caratteristiche microscopiche e di integrare analisi condotte a scale diverse in un quadro interpretativo coerente. Questa "capacità di zoom mentale" sviluppa una visione integrata dei fenomeni naturali, comprendendo come proprietà microscopiche possano determinare comportamenti macroscopici e come processi globali possano manifestarsi in caratteristiche locali

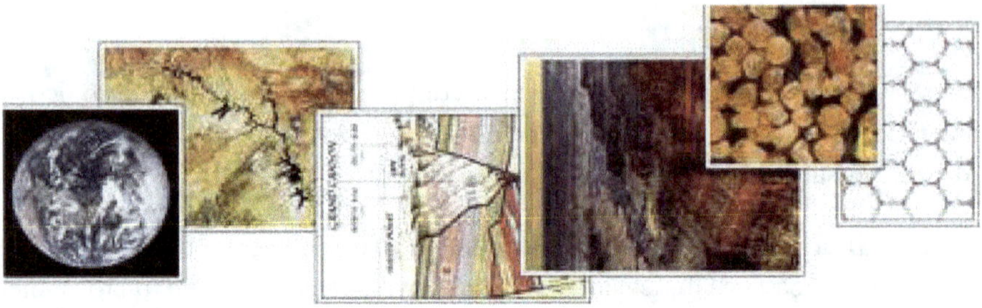

15.4 Analisi causa-effetto su scale temporali diverse

I fenomeni geologici operano su scale temporali estremamente variabili, dai secondi ai milioni di anni. Questa competenza risulta preziosa nell'affrontare problematiche contemporanee come il cambiamento climatico.

CASO 1: Meteoriti e formazione della crosta terrestre. Durante l'Adeano (oltre 3,8 miliardi di anni fa), il bombardamento meteoritico ebbe effetti su diverse scale temporali. Gli impatti immediati provocarono fusione parziale delle rocce superficiali e formazione di crateri giganti. A medio termine alterarono il paesaggio primordiale, contribuendo alla formazione di bacini oceanici. Gli effetti a lungo termine furono ancora più significativi: favorirono la differenziazione crostale e lo sviluppo dei meccanismi tettonici che plasmarono il pianeta per miliardi di anni, portando elementi essenziali per la vita come acqua e composti organici.

CASO 2: Snowball Earth. Circa 770 milioni di anni fa, la Terra attraversò la glaciazione globale "Snowball Earth" con temperature medie tra -20 e -50°C. Nel breve periodo, la formazione di ghiaccio marino aumentò l'albedo terrestre intensificando il raffreddamento tramite feedback positivo. A medio termine, il pianeta ghiacciato bloccò i cicli biogeochimici con conseguenze per gli ecosistemi primitivi. Nel lungo periodo, i vulcani continuarono a eruttare rilasciando CO_2 e metano. Senza piante o oceani esposti che assorbissero questi gas serra, la loro concentrazione aumentò gradualmente fino a innescare un effetto serra che, dopo milioni di anni, permise al pianeta di uscire dalla glaciazione estrema.

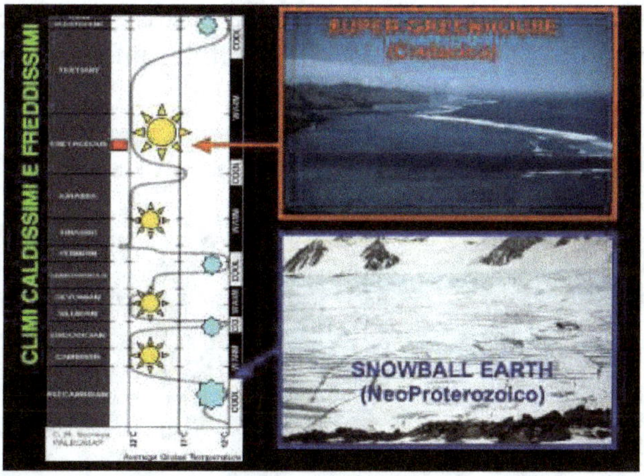

Saper analizzare processi su diverse scale temporali permette di analizzare concatenazioni di eventi su scale temporali geologiche, di comprendere come eventi catastrofici possano innescare processi evolutivi a lungo termine, e di riconoscere le origini remote di fenomeni geologici attuali. Questa capacità di considerare simultaneamente processi che operano su tempi diversi sviluppa una concezione temporale che trascende l'esperienza umana ordinaria. Tale visione temporale estesa è fondamentale per affrontare sfide contemporanee che richiedono considerazione del lungo periodo, come la gestione sostenibile delle risorse non rinnovabili e la valutazione dei cambiamenti climatici nel contesto della variabilità naturale.

15.5 Comprensione della ciclicità dei processi naturali

Dai cicli biogeochimici al ciclo delle rocce, le geoscienze insegnano a riconoscere pattern ciclici caratteristici dei sistemi naturali. Questa visione è essenziale per comprendere sostenibilità e sviluppare modelli economici circolari.

CASO 1: Cicli glaciali del Quaternario. I cicli glaciali degli ultimi 2,5 milioni di anni rappresentano un esempio straordinario di ciclicità naturale. L'alternanza di periodi glaciali e interglaciali ha modellato il paesaggio europeo e nordamericano creando valli a U, laghi glaciali e depositi morenici. Questa ciclicità segue le variazioni nei parametri orbitali terrestri (cicli di Milankovitch) che modificano la distribuzione dell'insolazione. Durante il raffreddamento, l'espansione delle calotte aumenta l'albedo intensificando ulteriormente il raffreddamento. L'avanzamento glaciale modella il paesaggio attraverso erosione, trasporto e deposizione. Durante gli interglaciali, il ritiro espone paesaggi che subiscono degradazione fino al nuovo avanzamento.

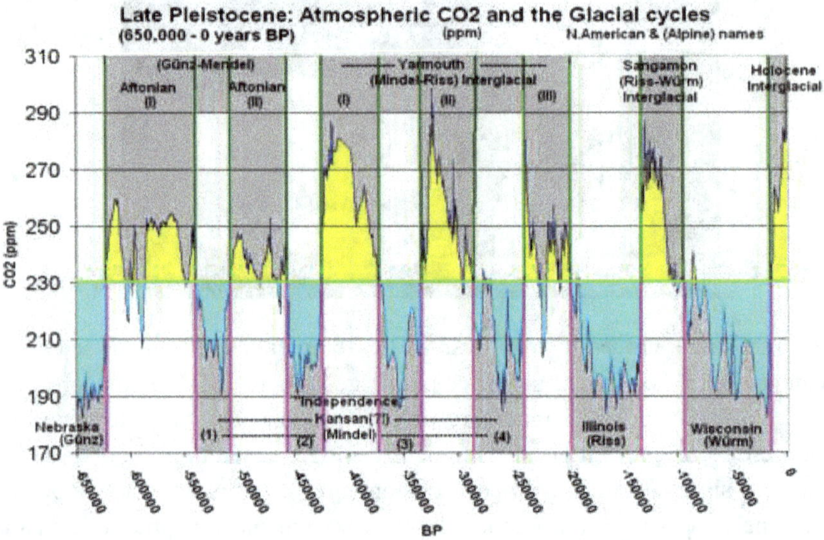

CASO 2: Ciclo delle rocce e tettonica globale. Il ciclo delle rocce illustra la trasformazione continua dei materiali terrestri attraverso processi interconnessi legati alla Tettonica delle placche. Il magma nel mantello risale e cristallizza formando rocce ignee. Esposte agli agenti atmosferici, subiscono alterazione e disgregazione. I prodotti erosivi vengono trasportati e depositati come sedimenti, che attraverso seppellimento e diagenesi diventano rocce sedimentarie. L'ulteriore seppellimento produce metamorfismo trasformandole in rocce metamorfiche. Temperatura e pressione maggiori possono causare fusione parziale generando nuovo magma. Le ofioliti - frammenti di crosta oceanica incorporati nelle catene montuose - offrono esempio tangibile di questo ciclo.

Riconoscere la ciclicità nei processi naturali permette di identificare pattern ricorrenti nei record geologici e di comprendere i meccanismi di retroazione che guidano questi cicli naturali. Consente di interpretare le tracce lasciate da processi ciclici nel paesaggio e sviluppa una profonda comprensione della natura dinamica dei materiali terrestri: anche le rocce, apparentemente immutabili nella scala temporale umana, sono soggette a continue trasformazioni nella scala temporale geologica. Questa visione ciclica fornisce un modello concettuale potente per interpretare la storia geologica e offre le basi concettuali per lo sviluppo di modelli economici circolari in cui le risorse vengono continuamente riciclate anziché consumate linearmente.

15.6 Pensiero critico e problem solving

L'approccio investigativo delle geoscienze, dove si interpretano indizi e si formulano ipotesi, sviluppa rigoroso pensiero critico applicabile a qualsiasi contesto che richieda analisi di dati complessi.

CASO 1: Oviraptor - una revisione scientifica. La storia dell'Oviraptor dimostra come le interpretazioni scientifiche evolvano. Nel 1923, Roy Chapman Andrews scoprì resti di un piccolo dinosauro teropode accovacciato sopra un nido di uova vicino a un Protoceratops. L'interpretazione immediata fu che stesse rubando le uova per cibarsene, determinando il nome "Oviraptor philoceratops" (ladro di uova amante dei ceratopsidi). Per settant'anni fu rappresentato come predatore di uova nei testi. Solo negli anni '90, nuovi scavi rivelarono la verità: l'Oviraptor proteggeva le proprie uova mostrando comportamenti di cura parentale simili agli uccelli moderni.

CASO 2: Rischi geologici e pianificazione territoriale. La valutazione dei rischi geologici richiede problem solving sofisticato che integra dati geologici, analisi probabilistiche e considerazioni socioeconomiche. Il processo include identificazione delle aree a rischio attraverso analisi geologica e geomorfologica, valutazione di probabilità e intensità degli eventi usando dati storici e modelli matematici, analisi della vulnerabilità degli insediamenti considerando densità abitativa e tipologie costruttive, sviluppo di strategie di mitigazione tramite interventi strutturali e non strutturali come sistemi di allerta e regolamentazione territoriale.

Il pensiero critico e il problem solving permettono di comprendere che le interpretazioni scientifiche sono provvisorie e soggette a revisione alla luce di nuovi dati, che i pregiudizi possono influenzare anche l'analisi che si presume oggettiva, e che la scienza progredisce attraverso un continuo processo di verifica. Sviluppa la capacità di analizzare problemi complessi con molteplici variabili, di integrare dati scientifici nel processo decisionale e di bilanciare considerazioni scientifiche, economiche e sociali. Questo approccio critico e metodico rappresenta uno strumento intellettuale particolarmente prezioso nell'epoca attuale caratterizzata da sovraccarico informativo e diffusione di disinformazione.

15.7 Interpretazione spaziale

La capacità di leggere rappresentazioni dello spazio (carte topografiche e geologiche, immagini satellitari, modelli 3D) è una competenza cognitiva fondamentale che rafforza l'intelligenza spaziale.

CASO 1: Cartografia geologica. La cartografia geologica combina rappresentazione spaziale e temporale, visualizzando il tempo geologico su piano bidimensionale. Una carta geologica contiene migliaia di informazioni organizzate secondo codici precisi: curve di livello per l'altimetria, simboli per vegetazione, viabilità, insediamenti, acque. L'interpretazione richiede decodifica di simboli e colori rappresentanti caratteristiche fisiche e temporali, visualizzazione tridimensionale di strutture geologiche da rappresentazioni bidimensionali, ricostruzione della storia geologica analizzando disposizione e rapporti tra unità, previsione di caratteristiche non osservabili come continuazione in profondità di strati o presenza di acquiferi.

CASO 2: Strutture geologiche complesse. L'interpretazione di strutture complesse come pieghe, faglie e intrusioni richiede sofisticate capacità di visualizzazione spaziale. I geologi devono "vedere" ciò che non è direttamente osservabile, ricostruendo geometrie tridimensionali da informazioni parziali. Include ricostruzione di sistemi di faglie da affioramenti limitati, interpretazione di dati di sottosuolo come profili sismici, previsione della geometria di strati non visibili. Particolarmente sfidante è l'analisi di aree dove diversi eventi tettonici si sono sovrapposti creando pattern di deformazione intricati, richiedendo ricostruzione della sequenza cronologica degli eventi deformativi.

L'interpretazione spaziale permette di sviluppare capacità di rappresentazione bidimensionale di realtà tridimensionali, pensiero spaziale attivo, abilità di interpretazione di simboli e convenzioni cartografiche, e comprensione della stratificazione temporale del territorio. Consente di visualizzare e manipolare mentalmente oggetti tridimensionali, di interpolare informazioni frammentarie e di comprendere relazioni geometriche complesse. Questa forma di intelligenza spaziale è particolarmente preziosa in numerosi campi professionali che richiedono interpretazione di dati spaziali complessi, dall'architettura alla pianificazione urbana, dall'ingegneria civile alla programmazione informatica.

15.8 Visione temporale a lungo termine

Le geoscienze insegnano a ragionare su scale temporali estese, abilità fondamentale per comprendere e affrontare sfide come i cambiamenti climatici.

CASO 1: Grotta di Fumane ed evoluzione umana. La Grotta di Fumane nei Monti Lessini documenta la presenza di Neandertal e primi Homo sapiens in decine di migliaia di anni. Questo sito, parte di una Rete europea di 13 siti dell'Era glaciale, permette di analizzare processi evolutivi su scale temporali diverse dall'esperienza quotidiana. La successione stratigrafica registra cambiamenti climatici in decine di millenni, i resti faunistici documentano l'evoluzione ecosistemica, le industrie litiche testimoniano adattamenti tecnologici e culturali. La presenza di diversi tipi di resti umani illustra dinamiche di sostituzione e possibile ibridazione tra specie umane, suggerendo che "le differenze tra Neanderthal e Sapiens sembrano ridursi".

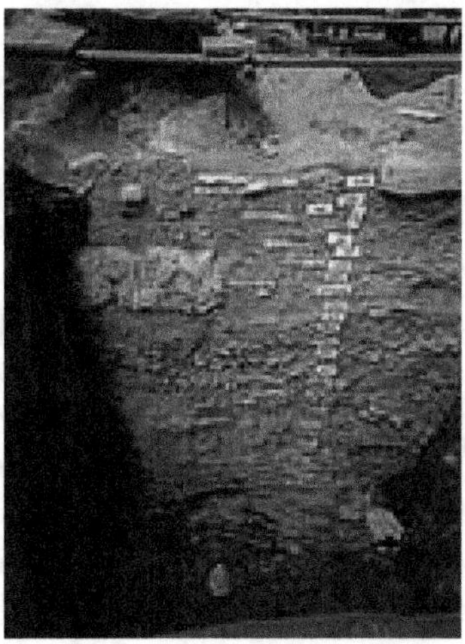

Stratigrafia della grotta di Fumane

CASO 2: Gestione delle scorie radioattive. La gestione delle scorie radioattive richiede visione temporale estremamente lunga: alcuni isotopi mantengono pericolosità per decine di migliaia di anni. Le soluzioni prevedono confinamento geologico profondo in formazioni stabili, richiedendo valutazione della stabilità geologica su 100.000 anni o più. I geologi devono prevedere possibili cambiamenti in questo arco temporale: variazioni climatiche che potrebbero portare a glaciazioni o innalzamento marino, movimenti tettonici che altererebbero la stabilità, cambiamenti nei sistemi idrogeologici. Un aspetto affascinante è la necessità di sviluppare sistemi di comunicazione del pericolo comprensibili per generazioni future che potrebbero non condividere lingua o simboli attuali.

La visione temporale a lungo termine permette di interpretare cambiamenti su scale temporali diverse, di comprendere le complesse interazioni tra clima, ambiente e cultura nel lungo periodo, e di riconoscere pattern evolutivi attraverso evidenze frammentarie. Consente di proiettare analisi su scale temporali molto lunghe, di comprendere i limiti della previsione in sistemi complessi, e di considerare la responsabilità intergenerazionale nelle decisioni attuali. Questa visione temporale estesa è fondamentale per affrontare numerose sfide contemporanee, dalla sostenibilità ambientale alla pianificazione delle infrastrutture, sviluppando una prospettiva che aiuta a contestualizzare i cambiamenti attuali e promuovendo un'etica della responsabilità verso le generazioni future.

15.9 Consapevolezza ambientale e responsabilità ecologica

Lo studio delle geoscienze sviluppa comprensione profonda delle interazioni tra geosfera, biosfera, idrosfera e atmosfera, favorendo consapevolezza ambientale basata su conoscenze solide.

CASO 1: L'impronta umana nei sedimenti I marcatori stratigrafici dell'attività umana offrono comprensione concreta dell'impatto antropico sul sistema Terra. Includono microplastiche nei sedimenti marini rinvenibili nei fondali più remoti, isotopi radioattivi dai test nucleari che hanno lasciato segnale stratigrafico globale dalla metà del XX secolo, alterazioni dei cicli biogeochimici come aumento di azoto nei sedimenti dall'uso di fertilizzanti, cambiamenti nella composizione atmosferica registrati in carote di ghiaccio mostranti rapido incremento di gas serra dalla rivoluzione industriale. Questi marcatori rappresentano una "firma" delle attività antropiche riconoscibile nel record geologico per millenni, al punto che molti geologi propongono di riconoscere l'Antropocene come nuova epoca geologica.

CASO 2: Servizi ecosistemici geologici I servizi ecosistemici geologici - benefici che gli umani traggono dai processi geologici - offrono prospettiva importante per sviluppare consapevolezza ambientale. Si articolano in servizi di regolazione (filtraggio acque sotterranee, sequestro carbonio nei sedimenti), approvvigionamento (minerali, combustibili fossili, risorse idriche), supporto (substrato geologico per ecosistemi e cicli nutrienti), culturali (valore estetico, ricreativo, educativo dei paesaggi geologici). Gli studenti comprendono che il valore delle risorse geologiche va oltre il prezzo di mercato e che la gestione sostenibile è fondamentale per il benessere umano. Significativa è l'analisi dei geositi, luoghi di interesse geologico che meritano protezione per valore scientifico e contributo al patrimonio naturale-culturale.

La consapevolezza ambientale e responsabilità ecologica permettono di riconoscere l'impatto delle attività umane su scala geologica, di comprendere le connessioni tra decisioni quotidiane e processi globali, e di acquisire consapevolezza dei tempi di recupero dei sistemi naturali rispetto ai tempi di alterazione. Consente di valutare il valore economico e non economico dei processi geologici, di riconoscere la dipendenza umana da risorse non rinnovabili, e di sviluppare la necessità di gestire sostenibilmente le risorse geologiche. Questa visione integrata della relazione tra umanità e sistema Terra è fondamentale per sviluppare una cittadinanza ambientale consapevole e responsabile, fornendo una base per valutare criticamente gli impatti delle attività umane e per promuovere pratiche sostenibili.

15.10 Comunicazione scientifica efficace

La necessità di comunicare fenomeni complessi su scale difficili da visualizzare sviluppa capacità comunicative sofisticate, essenziali in qualsiasi campo professionale.

CASO 1: Comunicazione del rischio sismico. La comunicazione del rischio sismico richiede traduzione di concetti scientifici complessi in informazioni comprensibili. Include spiegazione di pericolosità, vulnerabilità e rischio in termini accessibili, comunicazione delle incertezze nelle previsioni sismiche senza generare allarmismo o sottovalutazione, bilanciamento tra rigore scientifico ed efficacia comunicativa usando metafore che rendano comprensibili fenomeni complessi, adattamento del messaggio a diversi pubblici dalle autorità locali alla popolazione generale fino ai media.

CASO 2: Divulgazione del patrimonio geologico. La valorizzazione del patrimonio geologico richiede competenze per rendere accessibili concetti complessi. I geoparchi rappresentano esempi eccellenti di comunicazione geologica efficace attraverso percorsi con pannelli esplicativi usando linguaggio comprensibile supportato da illustrazioni e ricostruzioni, materiali didattici adatti a diversi livelli educativi, tecnologie interattive come realtà aumentata per visualizzare la storia geologica sovrapposta al paesaggio attuale. Particolarmente efficace è la narrazione di "storie geologiche" che collegano fenomeni naturali all'esperienza umana, come la storia di un fiume che ha plasmato paesaggi e influenzato insediamenti.

Una comunicazione scientifica efficace permette di sviluppare la capacità di semplificare concetti complessi senza banalizzarli, di comunicare l'incertezza scientifica in modo efficace, e di creare visualizzazioni comprensibili di dati e fenomeni. Consente di adattare il linguaggio tecnico a diversi contesti comunicativi, di utilizzare creativamente metafore e analogie per spiegare concetti complessi, di creare supporti visivi efficaci, e di sviluppare abilità narrative per rendere coinvolgenti i temi geologici. Queste competenze comunicative, che bilanciano rigore scientifico e accessibilità, sono essenziali in numerosi contesti professionali e rappresentano una competenza fondamentale per il dialogo tra scienza e società.

15.11 La rete delle competenze: strumenti cognitivi per un mondo complesso

Le competenze esplorate illustrano come le geoscienze costituiscano un territorio particolarmente fertile per lo sviluppo di abilità cognitive che trascendono i confini disciplinari. Queste competenze non operano isolatamente, ma formano una rete interconnessa che potenzia la capacità degli studenti di affrontare problemi complessi in qualsiasi ambito. Nel loro insieme, queste competenze costituiscono veri e propri 'attrezzi cognitivi' che arricchiscono il pensiero e l'azione in qualsiasi campo del sapere. L'insegnamento delle geoscienze, quando orientato allo sviluppo di queste competenze, diventa così un potente veicolo di formazione integrale, preparando gli studenti ad affrontare le sfide complesse di un mondo in rapida evoluzione con strumenti concettuali robusti e flessibili.

15.12 Sviluppare le competenze: dalla teoria alla pratica didattica

Le competenze delineate non si sviluppano automaticamente attraverso la semplice trasmissione di contenuti, ma richiedono un approccio didattico mirato che integri conoscenze disciplinari, esperienze concrete e riflessione metacognitiva.

La valutazione delle competenze richiede un approccio diverso rispetto alla tradizionale verifica delle conoscenze, utilizzando compiti autentici in situazioni reali, valutazione processuale del ragionamento oltre il risultato, autovalutazione per consapevolezza metacognitiva, feedback costruttivo orientato al miglioramento.

COMPETENZE E DIDATTICA NELLE GEOSCIENZE -

SCUOLA PRIMARIA (6-11 anni)

Competenza	Attività Concrete	Contenuti Geologici	Valutazione
Analisi sistemica	• Terrario ecosistemico (4 settimane) • Osservazione suolo-vegetazione	• Ciclo acqua, formazione suolo • Interazioni rocce-piante	• Riconosce 3 elementi sistema • Descrive 2 cambiamenti • Formula 1 collegamento
Relazioni causa-effetto	• Esperimenti erosione con vassoi • Osservazione ciclo stagioni	• Processi erosivi • Protezione vegetale	• Collega pioggia-erosione • Prevede effetti semplici
Pensiero multi-scala	• Linea tempo geologico (10 metri) • Esplorazione fossili	• Tempo geologico • Evoluzione vita	• Confronta durate diverse • Comprende "molto tempo fa"
Analisi temporale	• Osservazione processi lenti/veloci • Sequenze formazione rocce	• Velocità processi geologici • Stratificazione	• Distingue veloce/lento • Ordina sequenze temporali

Competenza	Attività Concrete	Contenuti Geologici	Valutazione
Ciclicità processi	• Osservazione stagioni • Cicli naturali semplici	• Alternanza giorno/notte • Cicli stagionali	• Riconosce ripetizioni • Prevede cicli semplici
Pensiero critico	• Classificazione rocce • Indagini guidate	• Proprietà minerali • Caratteristiche rocce	• Confronta caratteristiche • Formula ipotesi semplici
Interpretazione spaziale	• Mappe semplici territorio • Modelli plastici	• Rappresentazione spazio • Forme del paesaggio	• Legge mappe semplici • Costruisce modelli
Visione temporale	• Storie geologiche semplici • Confronto passato-presente	• Cambiamenti paesaggio • Tracce del passato	• Riconosce cambiamenti • Distingue prima/dopo
Consapevolezza ambientale	• Osservazione ambiente locale • Raccolta differenziata	• Risorse naturali• Protezione ambiente	• Riconosce risorse • Comportamenti rispettosi
Comunicazione	• Poster con materiali tattili • Piccole mostre classe	• Proprietà rocce e minerali • Forme paesaggio	• Usa linguaggio semplice • Spiega a compagni

SCUOLA SECONDARIA I GRADO (11-14 anni)

Competenza	Attività Concrete	Contenuti Geologici	Valutazione
Analisi sistemica	• Mappatura bacino idrografico • Simulazioni ciclo idrologico	• Bacini idrografici • Geologia-idrologia	• Identifica componenti • Traccia collegamenti • Prevede conseguenze
Relazioni causa-effetto	• Analisi eventi geologici locali • Studio topografia-microclima	• Frane, alluvioni • Influenza rilievo su clima	• Ricostruisce catene causali • Identifica fattori multipli
Pensiero multi-scala	• Modelli proporzionali tempo • Analisi processi lenti	• Scale temporali geologiche • Evoluzione paesaggio	• Rappresenta scale diverse • Collega micro-macro
Analisi temporale	• Studio stratificazioni • Cronologie eventi geologici	• Principi stratigrafia • Datazione relativa	• Ricostruisce sequenze • Applica principi datazione
Ciclicità processi	• Cicli glaciali • Analisi periodiche fenomeni	• Glaciazioni quaternarie • Cicli sedimentari	• Identifica periodicità • Prevede evoluzioni

Competenza	Attività Concrete	Contenuti Geologici	Valutazione
Pensiero critico	• Analisi notizie rischi geologici • Confronto fonti diverse	• Rischi naturali• Interpretazione dati	• Distingue fatti-opinioni • Valuta fonti • Formula domande
Interpretazione spaziale	• Osservazione forme paesaggio locale • Costruzione modelli plastici territorio	• Forme erosive e deposizionali • Lettura mappe topografiche	• Riconosce forme principali • Costruisce modelli semplici
Visione temporale	• Ricostruzione storia territoriale • Analisi cambiamenti storici	• Evoluzione geologica locale • Modifiche antropiche	• Collega passato-presente • Prevede evoluzioni
Consapevolezza ambientale	• Analisi impatti antropici • Studio sostenibilità	• Inquinamento, cave • Uso risorse	• Valuta impatti • Propone soluzioni
Comunicazione	• Podcast/video geologici • Guide per compagni	• Fenomeni geologici locali • Storia territorio	• Adatta linguaggio • Struttura logica •Coinvolge audience

SCUOLA SECONDARIA II GRADO (14-19 anni)

Competenza	Attività Concrete	Contenuti Geologici	Valutazione
Analisi sistemica	• Progetti GIS territorio • Analisi interdisciplinari • Modellazione sistemi complessi • Integrazione big data geologici	• Dissesto idrogeologico • Analisi spaziale complessa • Sistemi Terra • Database geologici	• Integra dati multipli • Modellizza scenari • Propone soluzioni • Gestisce complessità
Relazioni causa-effetto	• Indagini sul campo • Analisi casi complessi	• Cenotes Yucatan • Bradisismo Campi Flegrei	• Ricostruisce catene complesse • Integra fattori multipli
Pensiero multi-scala	• Ricerca cicli glaciali • Simulazioni evoluzione	• Ciclicità climatiche • Processi planetari	• Integra scale spazio-temporali • Modellizza sistemi
Analisi temporale	• Analisi paleoclimatica • Ricostruzione eventi	• Proxy climatici • Eventi estremi passato	• Analizza serie temporali • Correla eventi distanti
Ciclicità processi	• Studio cicli biogeochimici • Analisi periodicità	• Cicli Milankovitch• Cicli sedimentari	• Modellizza feedback • Prevede evoluzioni

Competenza	Attività Concrete	Contenuti Geologici	Valutazione
Pensiero critico	• Problem-Based Learning • Dibattiti controversie • Analisi letteratura scientifica • Valutazione peer-review	• Cambiamenti climatici • Gestione risorse • Ricerca geologica • Metodologia scientifica	• Analizza evidenze • Argomenta posizioni • Media tra visioni • Valuta qualità ricerca
Interpretazione spaziale	• Analisi strutture complesse • Modellazione 3D • Lettura carte geologiche • Interpretazione profili geofisici	• Tettonica, magmatismo • Geometrie sottosuolo • Cartografia geologica • Prospezione geofisica	• Interpreta dati geofisici • Ricostruisce geometrie • Legge simboli geologici • Modellizza strutture 3D
Visione temporale	• Gestione scorie radioattive • Pianificazione lungo termine	• Stabilità geologica • Responsabilità future	• Valuta su 100.000 anni • Considera incertezze
Consapevolezza ambientale	• Analisi Antropocene • Servizi ecosistemici	• Impatti geologici uomo • Valore georisorse	• Quantifica impatti • Valuta sostenibilità
Comunicazione	• Campagne informative • Materiali divulgativi	• Rischio sismico • Prevenzione	• Adatta al pubblico • Bilancia precisione-chiarezza • Misura impatto

STRUMENTI DI VALUTAZIONE

Rubriche per Livelli

Primaria: □ Autonomo - □ Guidato - □ Iniziale
Secondaria I: □ Competente - □ In sviluppo - □ Base
Secondaria II: □ Esperto - □ Competente - □ In sviluppo

Portfolio Geologico

- Quaderno osservazioni campo
- Raccolta campioni con schede
- Mappe concettuali evoluzione
- Riflessioni metacognitive

Indicatori Osservabili

- **Sistemica**: usa "dipende da", "è collegato", disegna frecce tra elementi
- **Critica**: chiede "Come lo sanno?", confronta fonti, verifica informazioni

- **Comunicativa**: adatta linguaggio, usa analogie, verifica comprensione

15.13 La progressione verticale delle competenze: dalla concretezza all'astrazione

Un efficace curricolo verticale delle geoscienze dovrebbe accompagnare lo sviluppo cognitivo degli studenti, presentando contenuti e attività appropriati per ciascun livello, pur mantenendo una visione coerente delle competenze da sviluppare.

Scuola primaria: Focus su osservazione diretta, manipolazione, esplorazione sensoriale di rocce, minerali e forme del paesaggio immediatamente accessibili. Le attività dovrebbero essere radicate nell'esperienza quotidiana e nel contesto locale.

Scuola secondaria di primo grado: Introduzione di modelli più astratti, prime generalizzazioni, uso di simboli e rappresentazioni. Gli studenti possono iniziare a comprendere processi non direttamente osservabili attraverso modelli e simulazioni.

Scuola secondaria di secondo grado: Sviluppo di pensiero formale, comprensione di sistemi complessi, utilizzo di modelli matematici e concettuali sofisticati. Gli studenti possono affrontare concetti astratti come tempo geologico profondo, dinamiche non lineari nei sistemi terrestri, e interazioni complesse tra geosfera e altri sistemi.

Un curricolo verticale efficace dovrebbe espandere gradualmente gli orizzonti spaziali e temporali degli studenti, dall'esperienza locale e presente osservabile nella primaria, alla dimensione regionale e storica nella secondaria di primo grado, fino alla visione globale dei processi geologici e comprensione del tempo geologico profondo nella secondaria di secondo grado.

Le competenze sviluppate attraverso le geoscienze costituiscono "attrezzi cognitivi" che arricchiscono pensiero e azione in qualsiasi campo del sapere. L'insegnamento orientato alle competenze diventa potente veicolo di formazione integrale, preparando gli studenti ad affrontare le sfide complesse con strumenti concettuali robusti e flessibili. La capacità di pensare sistemicamente, analizzare relazioni complesse, ragionare su scale multiple e comunicare efficacemente rappresenta un patrimonio intellettuale prezioso per affrontare le sfide di un mondo in rapida evoluzione.

Formazione "Xuzhuang" del primo periodo del Cambriano, nel North China Block.

Per approfondire

Geologicamente - Spunti per la didattica www.geologicamente.it

Mogk, D.W., & Goodwin, C. (2012). *Learning in the field: Synthesis of research on thinking and learning in the geosciences*. In: Earth and Mind II: A Synthesis of Research on Thinking and Learning in the Geosciences (pp. 131-163). Geological Society of America.

Ricerca sullo sviluppo del pensiero critico e delle competenze investigative attraverso le **Raccomandazione del Consiglio Europeo** (2018). *Relativa alle competenze chiave per l'apprendimento permanente*. Gazzetta Ufficiale dell'Unione Europea.

CAPITOLO 16.

OLTRE IL MARTELLO E LA BUSSOLA: IL RUOLO DELLE TECNOLOGIE DIGITALI NELL'INSEGNAMENTO DELLE GEOSCIENZE

Le geoscienze stanno rapidamente evolvendo oltre l'immagine tradizionale del geologo di campo con martello e bussola. Mentre l'osservazione sul terreno rimane fondamentale, le nuove tecnologie stanno trasformando radicalmente il modo in cui si studiano e si comprendono i sistemi terrestri. A differenza di discipline come la chimica, la biologia o la fisica, con le loro estese opportunità di attività laboratoriali, le geoscienze si sono caratterizzate, storicamente, per un approccio alle esperienze pratiche degli studenti basato principalmente su escursioni sul campo, manipolazione di campioni di roccia e studio di mappe.

L'insegnamento delle geoscienze richiede un approccio multimodale che permetta di comprendere processi complessi che operano su scale spaziali e temporali estremamente diverse. In questo contesto, l'avvento delle tecnologie digitali ha ampliato significativamente le possibilità didattiche, offrendo nuove modalità per visualizzare, analizzare e interagire con i fenomeni geologici.

Purtroppo, esiste un divario significativo nella disponibilità di strumenti digitali specifici per l'insegnamento delle geoscienze: la maggior parte delle applicazioni educative è sviluppata per studenti universitari o professionisti, creando un vuoto nell'istruzione secondaria, proprio dove questi strumenti sarebbero particolarmente utili per introdurre i concetti di base della disciplina e stimolare l'interesse degli studenti.

16.1 Il divario digitale nelle geoscienze e le opportunità di innovazione

A differenza di altre discipline scientifiche, le geoscienze hanno tradizionalmente faticato a integrare efficacemente gli strumenti digitali nell'insegnamento pre-universitario. Questo ritardo si manifesta in vari modi:

1. **Carenza di applicazioni specifiche per l'età**: mentre esistono numerose applicazioni educative per matematica e fisica adatte ai più giovani, gli strumenti digitali per le geoscienze sono spesso progettati per utenti avanzati.
2. **Complessità eccessiva**: molti software geologici professionali hanno curve di apprendimento ripide, rendendoli inaccessibili a studenti e insegnanti senza formazione specialistica.
3. **Limitata integrazione curricolare**: mancano linee guida chiare su come integrare efficacemente gli strumenti digitali nei curricula esistenti di Scienze della Terra.
4. **Percezione della disciplina**: la persistente immagine delle geoscienze come disciplina "da campo" ha rallentato l'adozione di approcci digitali innovativi.

Questa situazione è particolarmente paradossale considerando che i giovani di oggi sono "nativi digitali" e che i minerali studiati nelle geoscienze sono componenti essenziali delle tecnologie che utilizzano quotidianamente.

I dati sulle iscrizioni ai corsi di Scienze della Terra mostrano tendenze contrastanti che meritano un'analisi approfondita. Si registra un declino generale nelle iscrizioni ai corsi tradizionali di geologia, mentre si osserva una crescita significativa nei programmi interdisciplinari che integrano le geoscienze con competenze digitali, comunicative o di gestione ambientale.

Questo fenomeno suggerisce non tanto un disinteresse per la disciplina in sé, quanto piuttosto un'evoluzione nelle aspettative degli studenti riguardo alle competenze professionali. I giovani cercano percorsi formativi che integrino le conoscenze geologiche tradizionali con competenze trasversali rilevanti per il mercato del lavoro contemporaneo.

16.2 Tecnologie digitali come strumenti di trasformazione didattica

Le tecnologie digitali disponibili oggi offrono opportunità senza precedenti per trasformare il modo in cui gli studenti si confrontano con le geoscienze. La soluzione risiede nell'implementazione di strumenti digitali che consentano loro di sperimentare con i fenomeni geologici in modo interattivo e significativo. Tutte le applicazioni e gli strumenti digitali presentati in questo capitolo sono

disponibili in versioni gratuite adeguate all'uso scolastico, garantendo accessibilità a tutte le scuole indipendentemente dal budget disponibile.
Inoltre:

- tutti gli strumenti funzionano su dispositivi standard (smartphone/tablet/PC)
- sono stati considerati solo strumenti che rispettano la privacy
- è stata data priorità a interfacce intuitive utilizzabili senza formazione tecnica avanzata.

Sistemi Informativi Geografici (GIS) e tecnologie geospaziali

Le competenze geografiche e cartografiche, lungi dall'essere soppiantate dalla tecnologia moderna, devono essere potenziate e rafforzate attraverso strumenti digitali. Queste competenze richiedono un approccio attivo in cui gli studenti si impegnino in osservazione, indagine e analisi, piuttosto che ricevere passivamente informazioni.

Il rilevamento e la visualizzazione digitale, per studenti degli ultimi anni o indirizzi tecnici, hanno rivoluzionato il modo in cui interagiscono con dati geografici e geologici:

- **Google Earth Pro** serve come piattaforma fondamentale per l'analisi geospaziale, consentendo di esplorare la Terra da molteplici prospettive. Combinato con immagini satellitari e LiDAR, permette di osservare cambiamenti ambientali a scale precedentemente impossibili in ambito educativo, aiutando a comprendere processi geologici su larga scala e i loro impatti. La sua interfaccia intuitiva lo rende ideale per introdurre i concetti base della geomorfologia e dell'analisi del territorio, anche per studenti più giovani.
- **QGIS**, un sistema informativo geografico open source, offre funzionalità più avanzate per l'analisi del territorio.; permette di creare mappe topografiche, analizzare il terreno, calcolare pendenze e visualizzare dati geologici.

Utili risorse on-line sono anche

- **OpenStreetMap**: https://www.openstreetmap.org/
- **NASA Worldview**: https://worldview.earthdata.nasa.gov/
- **Natural Earth**: https://www.naturalearthdata.com/

Analisi strutturale: comprendere la terza dimensione

La geologia strutturale esula in generale dai programmi ministeriali, ma l'osservazione di luoghi geologici o particolari affioramenti permettono di osservare direttamente i processi tettonici che hanno plasmato la crosta terrestre nel corso di milioni di anni. Ad esempio, le **Dolomiti** offrono esempi di stratificazione orizzontale e pieghe, dove gli antichi fondali marini del Triassico sono stati sollevati e deformati durante l'orogenesi alpina. Il **Grand Canyon** espone una delle sezioni stratigrafiche più complete al mondo, dove ogni strato racconta un capitolo della storia geologica nordamericana.

In **Islanda**, lungo la **Faglia di Thingvellir**, è possibile camminare letteralmente sulla dorsale medio-atlantica, osservando come la Terra si espanda creando nuova crosta oceanica. Questi affioramenti rendono percepibile la Tettonica delle placche, permettendo di "toccare" la storia geologica del pianeta. Le tecnologie digitali offrono strumenti potenti per visualizzare e analizzare alcune di queste strutture geologiche complesse:

- **Outcrop 3D** presentano modelli tridimensionali dettagliati di affioramenti reali attraverso tecniche di Structure from Motion (SfM), utilizzando serie di fotografie scattate da diverse angolazioni. I modelli 3D risultanti consentono di esplorare virtualmente siti geologici significativi, effettuare misurazioni precise di strutture geologiche, e analizzare relazioni spaziali complesse.

Discontinuità sulle coste del Portogallo

- **Visible Geology** (https://www.visiblegeology.com) ed in particolare l'opzione Geology Explorer rappresenta uno strumento innovativo che consente di creare e manipolare modelli geologici tridimensionali, visualizzando strati, pieghe, faglie e altre strutture geologiche. È possibile modificare parametri come inclinazione, direzione, spessore degli strati e osservare immediatamente come questi cambiamenti influenzino la geometria delle strutture risultanti. La sezione educativa del sito offre esercitazioni guidate che collegano concetti teorici a visualizzazioni pratiche, rendendo questa risorsa particolarmente preziosa per l'insegnamento a distanza o come complemento alle lezioni tradizionali.

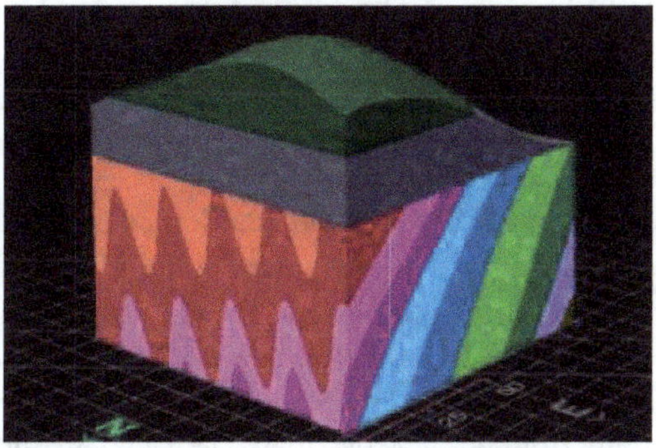

Rappresentazione realizzata dagli studenti dell'affioramento portoghese

Altre risorse didattiche più specialistiche sono reperibili al link della Società Geologica Italiana https://www.socgeol.it/N2629/risorse-di-didattica-online.html

Esplorare rocce e minerali: dall'analogico al digitale

Lo studio di rocce e minerali, spesso considerato meno coinvolgente rispetto ad altri aspetti delle geoscienze, può essere rivitalizzato attraverso l'uso di applicazioni mobili dedicate.

Piattaforme come Sketchfab ospitano numerosi modelli come quelli dell'Università di Torino

https://sketchfab.com/3dmodels/p5granitobiancobiotitico1bb7762d90844f27aecd2491003c9a58,

creando una biblioteca virtuale di materiali didattici accessibili da qualsiasi luogo. Questi strumenti trasformano concetti astratti della geologia strutturale in rappresentazioni visive manipolabili, rendendo accessibili concetti che tradizionalmente risultano difficili da visualizzare attraverso i soli libri di testo.

L'ISPRA (Istituto Superiore per la Protezione e la Ricerca Ambientale) offre alle scuole italiane il "Progetto formativo Laboratorio di Rocce e minerali", con seminari didattici svolti direttamente nelle aule da tecnici e ricercatori esperti di geologia, utilizzando microscopi e materiale didattico proveniente dalle loro prestigiose collezioni ricche d reperti.

Le app di identificazione rocce come Rock Identifier rappresentano un punto di partenza accessibile, permettendo di fotografare campioni e ottenere identificazioni immediate accompagnate da informazioni dettagliate su composizione chimica, durezza e origine geologica. Queste applicazioni trasformano gli smartphone in strumenti scientifici, permettendo identificazioni rapide sia in classe che durante escursioni. La versione base include un database di migliaia di rocce e minerali.

L'app Rockd trasforma lo smartphone in un potente strumento per l'esplorazione geologica sul campo. Questa applicazione offre accesso a oltre numerose mappe geologiche interattive e permette di registrare osservazioni anche offline. L'app permette di visualizzare la geologia del territorio circostante, registrare osservazioni con coordinate GPS, accedere a informazioni su formazioni rocciose locali e contribuire a un database scientifico globale. L'app include anche mappe paleogeografiche che mostrano come appariva la Terra in epoche passate, risultando particolarmente utile per preparare escursioni didattiche e documentare sistematicamente le osservazioni durante l'uscita.

Simulare l'attività vulcanica: portare i vulcani in classe

I processi vulcanici, tradizionalmente difficili da studiare direttamente, possono essere resi più accessibili attraverso strumenti digitali, come quello dello Smithsonian https://volcano.si.edu/E3/

L'INGV (Istituto Nazionale di Geofisica e Vulcanologia) monitora costantemente l'attività di Etna, Stromboli, Vesuvio, Campi Flegrei, Ischia, Vulcano, Lipari, Pantelleria, Colli Albani e Isola Ferdinandea, fornendo dati e webcam in tempo reale utilizzabili anche a scopi didattici.

Il simulatore di colate laviche dell'Università del Rhode Island offre un'esperienza interattiva direttamente dal browser, permettendo di modificare parametri come il tipo di magma e la velocità di eruzione, osservando come questi fattori influenzino il comportamento delle colate laviche e i rischi associati. Questo strumento permette di esplorare scenari "what-if", aiutando a comprendere perché alcuni vulcani sono più pericolosi di altri e come le caratteristiche topografiche influenzino la direzione delle colate.

Per dispositivi Android è disponibile l'app "volcanoSimulator", che offre simulazioni di base del movimento lavico. Più semplice rispetto ai simulatori web professionali, risulta accessibile e può stimolare l'interesse degli studenti. Gli insegnanti dovrebbero utilizzare questi strumenti come punto di partenza per discussioni più approfondite sui processi vulcanici, integrando sempre con dati reali di eruzioni storiche e immagini satellitari. La combinazione di simulazioni digitali con casi studio reali permette di sviluppare una comprensione più completa e sfumata dei fenomeni vulcanici.

Paleontologia digitale: esplorare la vita del passato

Il Paleobiology Database rappresenta una risorsa straordinaria per l'educazione paleontologica. Questo database pubblico, mantenuto da scienziati di 24 paesi diversi, offre accesso a informazioni su milioni di fossili e permette ricerche sofisticate su biodiversità, estinzioni e cambiamenti faunistici nel tempo geologico. Si possono condurre ricerche autonome su specifici periodi geologici, confrontare la biodiversità di diverse ere, studiare eventi di estinzione di massa e creare grafici dell'evoluzione della vita sulla Terra.

Piattaforme come Sketchfab e Morphosource ospitano migliaia di modelli 3D di fossili creati tramite scansioni di modelli reali. Questi modelli possono essere ruotati, ingranditi e, in alcuni casi, "smontati" virtualmente per studiare l'anatomia interna. Per le scuole che dispongono di stampanti 3D, molti di questi modelli possono essere scaricati e stampati per creare collezioni di fossili tattili, particolarmente utili per studenti con difficoltà di apprendimento o disabilità visive.

TimeTree è un'applicazione disponibile sia come sito web che come app mobile che permette di esplorare le relazioni evolutive tra tutti gli organismi viventi e fossili. L'app consente di scoprire quando si sono separate le linee evolutive di diversi organismi, confrontare i tempi di evoluzione di gruppi diversi, e comprendere l'interconnessione di tutta la vita sulla Terra. L'interfaccia semplice permette di ottenere risposte immediate a domande come "quando si sono separati evolutivamente cani e gatti?" stimolando curiosità e discussioni sulla storia della vita.

Implementazione pratica nelle scuole

L'integrazione efficace delle tecnologie digitali nell'insegnamento delle geoscienze richiede una pianificazione attenta e un approccio graduale. Prima di introdurre nuove tecnologie digitali, è fondamentale valutare le risorse disponibili nella scuola. Molte delle applicazioni consigliate funzionano su smartphone e tablet standard, rendendole accessibili anche in contesti con budget limitati.

Il successo dell'integrazione tecnologica dipende principalmente dalla preparazione degli educatori. È consigliabile iniziare con una o due applicazioni semplici, permettendo agli insegnanti di acquisire familiarità prima di introdurre strumenti più complessi. Molte app includono tutorial integrati e community di supporto che facilitano l'apprendimento. Piattaforme come la School of Where di

ESRI Italia offrono corsi per insegnanti, mentre molti sviluppatori di software geologico forniscono webinar educativi specifici per l'uso scolastico.

- **ArcGIS e la School of Where** (ESRI Italia): La piattaforma ArcGIS offre un ecosistema completo di strumenti per l'analisi e la visualizzazione geospaziale particolarmente adatti al contesto educativo. L'iniziativa "School of Where" https://resources.esriitalia.it/37-formazione/583-the-school-of-where fornisce risorse specifiche per l'insegnamento delle geoscienze attraverso tecnologie geospaziali, con programmi dedicati alle scuole di ogni ordine e grado.

- **Story Maps** rappresentano uno strumento particolarmente innovativo per integrare dati geologici in narrazioni coinvolgenti. Piattaforme come https://resources.esriitalia.it/34-prodotti/piattaforma-esri/368-story-map-dai-potere-alle-tue-storie

  permettono di creare percorsi narrativi che integrano mappe interattive, immagini, video e testo, trasformando l'apprendimento delle geoscienze in un'esperienza immersiva.

- **GeoInquiries** https://www.esri.com/itit/industries/k12education/geoinquiries/world-geography offrono metodologie didattiche basate sull'indagine, dove vengono utilizzati dati geospaziali reali per esplorare fenomeni geologici, sviluppando contemporaneamente competenze analitiche e pensiero critico.

L'obiettivo rimane quello di potenziare, non sostituire, l'apprendimento tradizionale basato sull'osservazione diretta. Le tecnologie digitali sono più efficaci quando preparano, supportano e approfondiscono esperienze reali con i fenomeni naturali.

Nuove frontiere: realtà aumentata, virtuale e stampa 3D

Le applicazioni di realtà aumentata (AR) stanno iniziando a trasformare l'esperienza di apprendimento geologico, permettendo di sovrapporre informazioni digitali al mondo reale e consentendo di "vedere" strutture geologiche nascoste sotto la superficie durante le escursioni sul campo. Sebbene ancora in fase di sviluppo, alcune app permettono già di visualizzare sezioni geologiche virtuali puntando lo smartphone verso affioramenti rocciosi, aiutando a comprendere la struttura tridimensionale del sottosuolo e la continuità delle formazioni geologiche.

I sistemi VR possono trasportare virtualmente in ambienti geologici altrimenti inaccessibili: dalle profondità oceaniche alle caldere vulcaniche attive, dai ghiacciai dell'Antartide alle miniere profonde. Molte scuole stanno investendo in visori VR economici che funzionano con smartphone. I contenuti VR per le geoscienze sono ancora limitati, ma in rapida espansione. Google Earth VR permette già esplorazioni geologiche immersive di formazioni famose come il Grand Canyon, mentre alcuni musei offrono visite virtuali di collezioni paleontologiche.

Molte scuole dispongono ormai di stampanti 3D, aprendo possibilità straordinarie per l'insegnamento delle geoscienze. I modelli 3D di fossili, cristalli e formazioni geologiche possono essere stampati per creare collezioni tattili personalizzate. Si possono realizzare modelli di fossili rari normalmente inaccessibili o di vulcani con diverse morfologie per comprendere la relazione tra tipo di eruzione e forma, creare sezioni geologiche tridimensionali per visualizzare la stratigrafia. La stampa 3D permette di realizzare progetti che combinano geoscienze, tecnologia e arte, realizzando modelli geologici, creando esperienze di apprendimento che integrano creatività e rigore scientifico.

Le tecnologie emergenti permettono anche a studenti geograficamente distanti di collaborare in ambienti virtuali condivisi. Questi spazi digitali possono ospitare modelli geologici interattivi, permettendo classi gemellate di esplorare insieme formazioni rocciose virtuali o di collaborare a progetti di ricerca paleontologica, aprendo nuove possibilità per l'educazione geologica globale.

Progetti di citizen science e connessione con la comunità scientifica

Le tecnologie digitali permettono di contribuire attivamente alla ricerca scientifica attraverso progetti di citizen science. Rockd consente di condividere osservazioni geologiche con una comunità globale di ricercatori, mentre progetti interdisciplinari come eBird (per la biodiversità) o iNaturalist possono essere utilizzati per studi che combinano geologia e biologia. Questi progetti offrono l'opportunità di comprendere come funziona realmente la ricerca scientifica, sperimentando l'importanza della raccolta dati sistematica e della collaborazione internazionale.

Gli strumenti digitali offrono anche nuove modalità per valutare l'apprendimento. Quiz interattivi geolocalizzati possono testare la capacità di identificare formazioni rocciose durante escursioni, mentre portfolio digitali permettono di documentare il progresso nell'identificazione di minerali o nella comprensione di processi geologici. Elementi di gamification come classifiche, badge e sfide aumentano l'engagement, trasformando l'identificazione di rocce o la scoperta di fossili in attività coinvolgenti e competitive.

Considerazioni per l'implementazione e prospettive future

Quando si utilizzano app mobili e piattaforme online, è importante considerare la privacy, poiché molte applicazioni raccolgono dati di localizzazione e informazioni personali. Le scuole devono verificare le politiche sulla privacy e, quando necessario, richiedere consensi appropriati. L'uso di tecnologie digitali deve anche essere bilanciato con considerazioni ambientali: incoraggiare la raccolta virtuale piuttosto che fisica di campioni geologici può contribuire alla conservazione dell'ambiente, ma è importante che gli studenti comprendano anche l'importanza della conservazione fisica degli ecosistemi geologici.

Le scuole che desiderano investire nelle tecnologie per le geoscienze dovrebbero prioritizzare strumenti versatili e a basso costo di manutenzione. Smartphone e tablet con app gratuite o a basso costo offrono il miglior rapporto costo-beneficio, mentre investimenti in hardware più sofisticato dovrebbero essere pianificati attentamente in base alle reali esigenze curriculari. Gli insegnanti devono essere supportati con opportunità di formazione continua, poiché l'evoluzione tecnologica è rapida e nuovi strumenti emergono costantemente.

Le competenze digitali sviluppate attraverso l'uso di tecnologie geoscientifiche sono trasferibili e preziose per il futuro lavorativo. La capacità di utilizzare database scientifici, interpretare visualizzazioni 3D, e lavorare con dati geospaziali sono sempre più richieste in molti settori professionali, rendendo questo investimento educativo particolarmente lungimirante.

16.3 Verso una geoscienza scolastica integrata

L'integrazione efficace delle tecnologie digitali nell'insegnamento delle geoscienze rappresenta un'evoluzione naturale che risponde alle esigenze degli studenti contemporanei. Questi strumenti, quando utilizzati appropriatamente, possono trasformare l'apprendimento delle geoscienze da materia tradizionalmente percepita come statica a disciplina dinamica e coinvolgente.

Il successo di questa integrazione dipende dalla capacità degli educatori di bilanciare innovazione e tradizione, utilizzando le tecnologie per amplificare piuttosto che sostituire l'esperienza diretta con i fenomeni naturali. Il geologo del futuro continuerà certamente ad utilizzare martello e bussola, ma avrà anche la possibilità di documentare, analizzare e condividere le proprie scoperte attraverso strumenti digitali che amplificheranno enormemente la sua capacità di osservare e comprendere la complessità del nostro pianeta.

L'investimento in queste tecnologie, accompagnato da adeguata formazione degli insegnanti e integrazione curricolare, può trasformare l'educazione geologica, preparando una nuova generazione di cittadini scientificamente alfabetizzati e capaci di affrontare le sfide ambientali del futuro.

La cresta Peuterey del Monte Bianco e il ritiro del ghiacciaio della Brenva

Per approfondire

Bouziat, A., Schmitz, J., Deschamps, R., & Labat, K. (2020). Digital transformation and geoscience education: New tools to learn, new skills to grow. *European Geologist*, 50. DOI: 10.5281/zenodo.4311379

Gunderson, K.K., et al. (2020). Recent digital technology trends in geoscience teaching and practice. *GSA Today*, 30(3), 4-11. DOI: 10.1130/GSATG404GW.1

McCaffrey, K.J.W., et al. (2005). Unlocking the spatial dimension: digital technologies and the future of geoscience fieldwork. *Journal of the Geological Society*, 162(6), 927-938.

De Paor, D.G. (2016). Virtual rocks. *GSA Today*, 26(8), 4-11. DOI: 10.1130/GSATG257A.1

Mašterová, V. (2023). Learning and teaching through inquiry with geospatial technologies: A systematic review. *European Journal of Geography*, 14(3), 42-54. DOI: 10.48088/ejg.v.mas.14.3.042.054

CAPITOLO 17.

LE GEOSCIENZE E GLI OBIETTIVI DI SVILUPPO SOSTENIBILE

Nel contesto delle crescenti sfide ambientali globali, le geoscienze svolgono un ruolo fondamentale nell'affrontare i problemi più urgenti del nostro tempo. Gli Obiettivi di Sviluppo Sostenibile (SDGs) dell'Agenda 2030 delle Nazioni Unite rappresentano la roadmap globale per creare un futuro più sostenibile ed equo, e le geoscienze sono intimamente connesse alla maggior parte di questi obiettivi.

La centralità delle geoscienze negli SDGs è un fatto ampiamente riconosciuto dalla comunità scientifica internazionale, anche se ancora insufficientemente valorizzato nei contesti educativi e decisionali. Non si tratta di un ruolo marginale o accessorio: le geoscienze costituiscono la spina dorsale conoscitiva necessaria per comprendere, affrontare e risolvere molte delle sfide delineate nell'Agenda 2030. Questa centralità deriva dalla natura stessa delle geoscienze, che studiano il sistema Terra nella sua complessità e nelle sue interazioni con le attività umane.

Il contributo delle geoscienze agli SDGs si articola in molteplici dimensioni: dalla comprensione dei processi naturali che regolano il nostro pianeta, all'identificazione e gestione sostenibile delle risorse, fino alla mitigazione dei rischi naturali e alla progettazione di strategie di adattamento ai cambiamenti globali. Le geoscienze forniscono strumenti per analizzare le interdipendenze tra geosfera, idrosfera, atmosfera e biosfera, offrendo una visione sistemica necessaria per le strategie di sostenibilità.

Paradossalmente, le geoscienze rimangono spesso in secondo piano nelle discussioni sullo sviluppo sostenibile, che tendono a privilegiare approcci economici, sociologici o ingegneristici. Questa marginalizzazione rappresenta non solo un limite alla comprensione globale delle problematiche ambientali, ma anche un ostacolo concreto all'implementazione di soluzioni efficaci e durature.

17.1 SDGs Ambientali Fondamentali

Acqua pulita e Servizi Igienico-sanitari (SDG 6)

I geologi svolgono un ruolo centrale nella gestione sostenibile dell'acqua che va ben oltre le percezioni tradizionali della professione. La loro competenza in idrogeologia e gestione delle risorse idriche è essenziale per garantire un accesso sostenibile all'acqua pulita. Nonostante questa importanza, l'attuale struttura dell'insegnamento disciplinare non utilizza efficacemente le opportunità di apprendimento pratico in questo ambito.

Temi chiave come i cicli idrogeologici, i sistemi acquiferi e le dinamiche delle acque sotterranee possono essere integrati nel percorso scolastico attraverso attività pratiche complete. Gli studenti potrebbero condurre studi sul campo dei sistemi acquiferi locali, sperimentare tecniche di monitoraggio della qualità dell'acqua e analizzare casi locali di gestione delle risorse idriche.

Nella realtà educativa, queste componenti pratiche sono frequentemente ridotte a concetti teorici astratti, creando una significativa disconnessione dall'esperienza reale e impedendo agli studenti di cogliere pienamente la rilevanza sociale del sapere geologico nel contesto della gestione idrica sostenibile.

Energia Pulita e Accessibile (SDG 7)

I geologi hanno un ruolo chiave nella transizione verso le energie rinnovabili, specialmente nello sviluppo dell'energia geotermica in tutto il suo spettro. Nel contesto educativo attuale, l'insegnamento si concentra principalmente sui sistemi geotermici ad alta entalpia, come quelli presenti in Toscana, ma meritano di essere proposti anche i sistemi a media e bassa entalpia. Questi non richiedono condizioni geologiche specifiche come quelli ad alta entalpia. E offrono soluzioni sostenibili applicabili in ambienti urbani e rurali, ampliando le possibilità di sfruttamento geotermico.

Gli studenti potrebbero esplorare come la competenza geologica guidi concretamente la valutazione dei siti energetici rinnovabili, dalle grandi centrali geotermiche alle installazioni domestiche con pompe di calore geotermiche. Questa prospettiva pratica permetterebbe di comprendere il processo decisionale tecnico che sta alla base della progettazione di impianti geotermici.

Un approccio educativo più completo in questo ambito aiuterebbe gli studenti a comprendere non solo la varietà delle applicazioni geotermiche disponibili, ma anche le diverse opportunità di carriera in questo settore in rapida crescita. La transizione energetica necessaria per affrontare la crisi climatica richiederà un numero crescente di esperti specializzati in energia geotermica, rendendo importante sviluppare queste competenze specifiche per preparare professionisti adeguati alle sfide della sostenibilità energetica

Lotta contro il cambiamento climatico (SDG 13)

I geologi offrono approfondimenti unici attraverso il loro studio dei registri climatici passati della Terra, fornendo informazioni indispensabili per comprendere il cambiamento climatico attuale e le sue implicazioni future. Il record geologico serve come un prezioso archivio delle variazioni climatiche del passato, offrendo testimonianze sia di cambiamenti graduali che di bruschi sconvolgimenti climatici, elementi che hanno profonde implicazioni per la nostra comprensione delle dinamiche climatiche contemporanee.

Secondo i dati dell'IPCC, il tasso di cambiamento climatico attuale supera di gran lunga qualsiasi cosa osservata nel record geologico negli ultimi 800.000 anni, un fatto che sottolinea l'urgenza della situazione attuale. L'insegnante deve dimostrare come la conoscenza geologica informi la comprensione e le strategie di adattamento ai cambiamenti climatici odierni, collegando i processi terrestri del passato alle sfide ambientali del presente in modo coerente e significativo.

Lo studio degli eventi meteorologici estremi nel record geologico e del loro impatto sui paesaggi terrestri è particolarmente importante. Le prove geologiche di antiche inondazioni, siccità prolungate e rapidi cambiamenti di temperatura forniscono informazioni essenziali sui potenziali impatti del cambiamento climatico attuale. I geologi contribuiscono all'azione per il clima non solo attraverso la comprensione dei climi passati, ma anche con applicazioni pratiche per l'adattamento e la mitigazione. Questo include la valutazione dei rischi geologici che il cambiamento climatico può intensificare.

Vita sulla Terra (SDG 15)

La conoscenza dei sistemi del suolo e dei processi terrestri è fondamentale per la conservazione degli ecosistemi e della biodiversità. Nonostante questa importanza, l'insegnamento dei sistemi pedologici rimane spesso superficiale, con limitate attività pratiche che impediscono agli studenti di comprendere le connessioni negli ecosistemi. È possibile potenziare i percorsi formativi includendo componenti pratiche essenziali come tecniche di campionamento e analisi del suolo, mappatura sul campo dei diversi tipi di suolo, metodi di valutazione della salute degli ecosistemi e studi di laboratorio sulla composizione pedologica.

Queste attività pratiche sono fondamentali per comprendere le connessioni tra processi geologici e salute degli ecosistemi, ma sono frequentemente trascurate a favore dell'istruzione teorica. L'approccio prevalentemente teorico non consente agli studenti di sviluppare una comprensione esperienziale di come i suoli funzionino come interfaccia critica tra litosfera, biosfera, idrosfera e atmosfera, limitando la loro capacità di cogliere il ruolo dei processi geologici nel mantenimento della biodiversità e nella fornitura di servizi ecosistemici essenziali.

Vita Sott'acqua (SDG 14)

Le geoscienze marine sono fondamentali per la protezione degli ecosistemi acquatici, fornendo conoscenze essenziali sui processi sedimentari costieri, sulle dinamiche degli habitat marini e sugli impatti delle attività umane sugli ambienti acquatici. Lo studio della geomorfologia costiera e delle interazioni terra-mare offre strumenti per la protezione della biodiversità marina e per la gestione sostenibile delle risorse costiere.

Elementi di geologia marina, sedimentologia costiera e idrogeologia delle zone di transizione terra-mare, vanno integrati nei contenuti scolastici con particolare attenzione alle interazioni tra sistemi geologici e biologici negli ambienti acquatici. Le attività pratiche potrebbero includere analisi dei sedimenti costieri, mappatura degli habitat marini e valutazione degli impatti dell'innalzamento del livello del mare sugli ecosistemi costieri, elementi spesso trascurati nella formazione geologica tradizionale.

Comprendere i processi geologici marini è importante per il cambiamento climatico. Le modifiche nella circolazione oceanica, l'acidificazione e l'alterazione dei cicli biogeochimici influenzano gli ecosistemi marini e le comunità umane che ne dipendono.

Le limitate attività pratiche e di laboratorio influenzano negativamente la comprensione degli studenti e le loro scelte di carriera, riducendo anche la nostra capacità di raggiungere gli obiettivi di sviluppo sostenibile. La priorità data alla teoria rispetto alla pratica crea un divario tra l'istruzione formale e le competenze necessarie per affrontare le sfide ambientali reali. Questa disconnessione impedisce agli studenti di comprendere le applicazioni pratiche della geologia e il loro ruolo potenziale nelle sfide ecologiche e di conservazione.

17.2 Sviluppo Urbano e Infrastrutture

Industria, Innovazione e Infrastrutture (SDG 9)

Nel contesto di Industria, Innovazione e Infrastrutture, l'esperienza geoscientifica va riconosciuta come indispensabile per la pianificazione urbana sostenibile, lo sviluppo delle infrastrutture e la mitigazione dei rischi naturali. L'attuale scuola secondaria è però carente nell'affrontare questi aspetti cruciali dell'applicazione delle geoscienze.

Sebbene i temi dei rischi geologici e della pianificazione territoriale siano sviluppati nei percorsi scolastici, possono essere arricchiti per coprire adeguatamente come i geologi valutano la stabilità del terreno per progetti infrastrutturali e come questa conoscenza influenzi decisioni critiche di progettazione e costruzione.

Gli studenti devono avere l'opportunità di apprendere attraverso esempi reali tratti dalla loro area locale, comprendendo come la conoscenza geologica informi concretamente le decisioni di sviluppo urbano e di pianificazione infrastrutturale. Questa connessione tra teoria e pratica territoriale permetterebbe loro di apprezzare la rilevanza immediata della geologia nella creazione di ambienti urbani sicuri e sostenibili.

Città e Comunità Sostenibili (SDG 11)

Nonostante il ruolo che i geologi svolgono nello sviluppo e nella sicurezza urbana, l'insegnamento dei rischi geologici e della pianificazione territoriale rimane in gran parte teorico e scollegato dalle applicazioni del mondo reale. Gli studi geologici urbani, che rappresentano una pietra miliare dell'educazione moderna alle geoscienze, sono spesso assenti dai programmi formativi. Esempi locali di come la conoscenza geologica modella la pianificazione urbana, inestimabili per la comprensione degli studenti, sono raramente incorporati nell'apprendimento in classe.

Gli studenti possono confrontarsi con casi di studio pratici delle proprie città, comprendendo come i sistemi di acque sotterranee influenzino lo sviluppo urbano e come i fattori geologici determinino le decisioni di costruzione e pianificazione. È importante esplorare come la resistenza sismica, la stabilità del terreno e altri fattori geologici influenzino la progettazione urbana e la zonizzazione territoriale. Queste connessioni fondamentali tra geologia e sviluppo urbano sono trascurate o affrontate solo superficialmente, limitando la comprensione degli studenti del ruolo essenziale delle geoscienze nella creazione di città sicure, resilienti e sostenibili.

Consumo e Produzione Responsabili (SDG 12)

I geologi svolgono un ruolo essenziale nella promozione di modelli di consumo e produzione sostenibili attraverso la loro comprensione dei cicli delle risorse terrestri e dei limiti planetari. La conoscenza dei processi di formazione minerale, dei tassi di rigenerazione delle risorse e dei cicli biogeochimici permette di stabilire soglie di sfruttamento sostenibile e di progettare sistemi di economia circolare.

L'educazione alle geoscienze può enfatizzare i principi dell'economia delle risorse, dalla valutazione dell'impronta ecologica dei materiali alla progettazione di cicli di vita dei prodotti che minimizzino gli sprechi. Gli studenti possono essere esposti a tecniche di valutazione del ciclo di vita e ad analisi di sostenibilità delle risorse, sviluppando competenze pratiche nell'identificazione di alternative sostenibili e nella valorizzazione del patrimonio geologico in ottica circolare.

La transizione verso un'economia circolare richiede una profonda comprensione dei cicli materiali della Terra, rendendo le geoscienze un elemento centrale nelle strategie di produzione e consumo sostenibili. Questa dimensione può essere esplicitamente integrata nei programmi educativi, collegando i principi geologici alle sfide quotidiane della sostenibilità materiale.

17.3 Impatti Socioeconomici

Sconfiggere la Povertà (SDG 1) e Sconfiggere la Fame (SDG 2)

La competenza geologica svolge un ruolo vitale nell'affrontare le sfide sociali fondamentali della riduzione della povertà e della sicurezza alimentare attraverso molteplici percorsi interconnessi. La conoscenza geologica dei sistemi del suolo supporta direttamente la sostenibilità agricola, fornendo le basi per pratiche di gestione del territorio che massimizzano la produttività mantenendo la salute del suolo a lungo termine. Allo stesso tempo, la gestione responsabile delle risorse minerarie, guidata da solide competenze geologiche, può contribuire allo sviluppo economico locale e nazionale, creando opportunità di impiego e generando risorse per investimenti sociali.

Un altro aspetto critico è rappresentato dalla valutazione e mitigazione dei rischi geologici, che aiuta a proteggere le comunità vulnerabili e i loro mezzi di sussistenza da eventi catastrofici come frane, inondazioni e terremoti, eventi che possono rapidamente spingere intere comunità nella povertà.

I curricula attuali spesso trascurano queste connessioni fondamentali, privando gli studenti della comprensione di come l'esperienza geologica supporti concretamente pratiche agricole sostenibili attraverso l'analisi del suolo e studi di formazione pedologica, contribuendo contemporaneamente alla resilienza delle comunità attraverso una corretta gestione delle risorse naturali e una efficace preparazione ai rischi territoriali.

Salute e Benessere (SDG 3)

L'obiettivo della buona salute si interseca con la geologia attraverso il campo emergente della geologia medica e della valutazione della salute ambientale, un'area interdisciplinare in crescita. Questa connessione è evidente soprattutto nelle regioni con un ricco patrimonio idrogeologico, dove le acque minerali naturali e le loro implicazioni sulla salute umana sono state storicamente significative e continuano a rappresentare un importante punto di incontro tra geologia e medicina.

L'insegnamento può valorizzare efficacemente queste relazioni attraverso l'integrazione di studi pratici di valutazione della contaminazione ambientale, come l'analisi dei metalli pesanti nei suoli e nelle acque, e attraverso programmi di monitoraggio del radon negli edifici, mostrando come la conoscenza geologica contribuisca direttamente alla protezione della salute pubblica. Gli studenti potrebbero esplorare come la composizione geologica di un'area influenzi la qualità dell'acqua potabile, la presenza di minerali essenziali o potenzialmente tossici nella catena alimentare, e persino la distribuzione geografica di specifiche patologie correlate a fattori geologici.

L'integrazione di questi temi non solo arricchirebbe la comprensione degli studenti delle connessioni tra geoscienze e salute umana, ma potrebbe anche ispirare carriere interdisciplinari all'intersezione tra geologia, salute pubblica e medicina ambientale, un settore in continua espansione che richiederà professionisti con competenze trasversali per affrontare le sfide sanitarie globali emergenti legate a fattori ambientali.

Lavoro dignitoso e crescita economica (SDG 8)

Forse meno ovvio ma altrettanto significativo è il potenziale ruolo delle geoscienze nel promuovere una crescita economica sostenibile e inclusiva. La conoscenza geologica dovrebbe sostenere l'estrazione e la gestione responsabile delle risorse naturali, un settore che, se adeguatamente sviluppato e regolamentato, può creare opportunità di lavoro sostenibili, in particolare nelle economie in via di sviluppo dove le risorse naturali rappresentano spesso un'importante fonte di ricchezza nazionale.

Le industrie minerarie ed estrattive, quando adeguatamente gestite con competenza geologica e attenzione agli impatti ambientali e sociali, possono servire come potenti motori di sviluppo economico mantenendo al contempo la responsabilità ambientale e il rispetto per le comunità locali. Questo aspetto sarebbe rilevante nel contesto attuale considerando il crescente fabbisogno di minerali strategici essenziali per le tecnologie verdi come batterie, pannelli solari e turbine eoliche, la cui estrazione sostenibile richiede una profonda conoscenza geologica.

Anche l'approvvigionamento etico di materiali, che considera non solo gli aspetti ambientali ma anche quelli sociali dell'estrazione mineraria, rappresenta un'area in cui la competenza geologica si interseca con considerazioni economiche e di diritti umani. Purtroppo, queste applicazioni contemporanee e socialmente rilevanti delle geoscienze raramente trovano posto nei programmi, limitando la percezione degli studenti del valore economico delle geoscienze e del loro potenziale contributo a uno sviluppo economico sostenibile e socialmente responsabile.

17.4 Progresso Educativo e Sociale

Istruzione di Qualità (SDG 4) e Parità di Genere (SDG 5)

L'Istruzione di Qualità e l'Uguaglianza di Genere convergono naturalmente all'interno delle scienze geologiche attraverso un approccio educativo integrato che promuove sia l'eccellenza scientifica che la partecipazione inclusiva. L'insegnamento delle geoscienze ha il potenziale unico di raggiungere questi obiettivi duali enfatizzando esperienze pratiche sul campo e metodi di indagine scientifica diretta, creando così opportunità di apprendimento che trascendono le tradizionali barriere di genere presenti in alcuni contesti educativi scientifici.

L'apprendimento sul campo crea un ambiente in cui tutti gli studenti possono sviluppare abilità pratiche, fiducia scientifica e autonomia, indipendentemente dal genere. Questo approccio esperienziale riduce il divario di genere nelle scienze poiché valorizza molteplici forme di intelligenza e stili di apprendimento, creando un ambiente educativo più inclusivo rispetto ai tradizionali contesti di apprendimento teorico.

Un programma ben progettato può evidenziare attivamente i diversi contributi dei geoscienziati attraverso i confini di genere e culturali, mostrando i risultati delle donne geologhe insieme ai loro contributi storici e contemporanei al campo. Questo non solo offre modelli di ruolo diversificati agli studenti, ma dimostra anche concretamente l'evoluzione della disciplina verso una maggiore inclusività. Presentare la geologia come una scienza in cui persone di tutti i generi hanno dato e continuano a dare contributi significativi può incoraggiare una partecipazione più ampia e diversificata.

Questo quadro educativo integrato trasforma concetti geologici astratti in componenti tangibili della sostenibilità globale, aiutando gli studenti a sviluppare sia le competenze pratiche che la mentalità inclusiva necessarie per affrontare future sfide ambientali e sociali. L'approccio olistico all'educazione geologica, che valorizza sia il rigore scientifico che la diversità di prospettive, prepara gli studenti non solo a essere competenti professionisti delle geoscienze, ma anche cittadini globali consapevoli e promotori di equità nella società scientifica e oltre.

Pace, Giustizia e Istituzioni Solide (SDG 16)

Il legame tra geoscienze e pace può sembrare meno evidente, ma la gestione condivisa delle risorse naturali e la cooperazione transfrontaliera nella mitigazione dei rischi geologici rappresentano potenti strumenti di costruzione della pace. La diplomazia delle risorse idriche, in particolare, dimostra come la conoscenza idrogeologica possa facilitare accordi di cooperazione anche tra paesi con relazioni politiche complesse.

L'educazione alle geoscienze deve includere casi di studio sulla governance condivisa delle risorse naturali, sulla risoluzione dei conflitti ambientali e sulla cooperazione scientifica internazionale nel monitoraggio dei rischi geologici transfrontalieri. L'esplorazione di queste dimensioni politiche e diplomatiche delle geoscienze arricchirebbe la formazione degli studenti, preparandoli a contribuire a istituzioni più solide e a processi decisionali più inclusivi in materia ambientale.

Ridurre le Disuguaglianze (SDG 10)

Le geoscienze contribuiscono alla riduzione delle disuguaglianze attraverso l'accesso equo alle risorse naturali e la gestione condivisa dei rischi geologici. Una corretta mappatura e valutazione delle risorse naturali può guidare politiche di distribuzione più eque, soprattutto in regioni ricche di minerali ma economicamente svantaggiate. L'approccio geoscientifico al problema della giustizia ambientale evidenzia come le comunità più vulnerabili siano spesso esposte in modo sproporzionato ai rischi geologici e agli impatti negativi dell'estrazione di risorse.

È importante che lo studio delle geoscienze includa queste dimensioni etiche e di giustizia sociale, esplorando come la conoscenza geologica possa essere utilizzata per identificare e correggere le disuguaglianze nell'esposizione ai rischi naturali, nell'accesso alle risorse idriche e nella distribuzione degli impatti ambientali negativi. L'integrazione di casi di studio riguardanti comunità diverse permetterebbe agli studenti di comprendere come le decisioni basate su dati geologici possano promuovere o ostacolare l'equità sociale.

La conoscenza geologica può anche fornire opportunità economiche in regioni svantaggiate attraverso l'identificazione di risorse locali sostenibili e la promozione del geoturismo, contribuendo così alla riduzione delle disuguaglianze territoriali. La democratizzazione dell'accesso ai dati geologici, attraverso piattaforme open source e tecnologie accessibili, può anche ridurre le disparità informative che spesso penalizzano le comunità con minori risorse economiche nel processo decisionale ambientale.

Bisogna sensibilizzare gli studenti su come le scelte metodologiche nella ricerca geologica possano avere implicazioni sociali differenziate, sviluppando consapevolezza critica rispetto alle dimensioni di equità e giustizia ambientale che sottendono alla pratica professionale delle geoscienze. Questa prospettiva è fondamentale per formare professionisti capaci di contribuire consapevolmente alla riduzione delle disuguaglianze attraverso la loro expertise tecnica.

17.5 Partnership per gli Obiettivi (SDG 17) - Raccomandazioni

Le geoscienze prosperano attraverso collaborazioni interdisciplinari e internazionali, offrendo un modello di partnership scientifica che rispecchia lo spirito dell'SDG 17. Le reti di monitoraggio sismico globale, i programmi internazionali di perforazione oceanica e le collaborazioni per lo studio del sistema terrestre dimostrano l'efficacia della cooperazione scientifica transnazionale.

Queste dimensioni collaborative delle geoscienze devono essere evidenziate, mostrando come la condivisione di dati, metodologie e infrastrutture di ricerca acceleri il progresso scientifico e tecnologico. Progetti di citizen science e a iniziative di cooperazione Nord-Sud nel campo delle geoscienze possono coinvolgere gli studenti, sviluppando in tal modo competenze di collaborazione internazionale essenziali per affrontare le sfide globali del futuro.

Lo spirito di partnership che caratterizza le migliori pratiche delle geoscienze dovrebbe guidare anche il ripensamento dell'educazione geoscientifica per lo sviluppo sostenibile. Per realizzare pienamente il potenziale delle geoscienze nell'Agenda 2030, sarebbe opportuno prevedere:

1. **Revisione integrata delle Indicazioni Ministeriali** che intrecci deliberatamente i concetti geologici con gli SDGs, mostrando le connessioni dirette tra teoria geologica e sfide contemporanee attraverso partnership tra educatori e professionisti.
2. **Potenziamento della formazione pratica** attraverso collaborazioni con enti di ricerca, aziende e istituzioni pubbliche che possano offrire contesti reali di applicazione delle geoscienze alla sostenibilità.
3. **Formazione docenti in rete**, creando comunità di pratica transnazionali che condividano metodologie didattiche innovative per integrare gli SDGs nell'insegnamento delle geoscienze.
4. **Collaborazioni interdisciplinari** che superino i confini tradizionali, sviluppando approcci educativi che rispecchino la natura interconnessa delle sfide di sostenibilità.
5. **Piattaforme digitali collaborative** che connettano studenti di geoscienze in tutto il mondo, permettendo lo scambio di esperienze e la co-creazione di soluzioni a problemi globali.
6. **Coinvolgimento delle comunità** attraverso approcci partecipativi che valorizzino le conoscenze tradizionali e locali integrandole con il sapere scientifico.

7. **Reti di valutazione transnazionali** che misurino l'efficacia dei programmi educativi e condividano pratiche esemplari attraverso confini geografici e disciplinari.

La centralità delle geoscienze nell'Agenda 2030 non è solo una questione di rilevanza disciplinare, ma rappresenta una necessità strategica per la formazione di professionisti e cittadini capaci di contribuire concretamente alla costruzione di un futuro sostenibile. Solo attraverso partnership globali che uniscano educatori, ricercatori, policy-makers e comunità locali possiamo sviluppare un'educazione alle geoscienze rinnovata e orientata alla sostenibilità.

Questo approccio collaborativo ci permetterà di coltivare una nuova generazione di esperti della Terra con le competenze tecniche e la sensibilità sociale necessarie per affrontare le complesse sfide ambientali, sociali ed economiche del nostro tempo, trasformando le geoscienze da disciplina spesso marginale in un elemento centrale del nostro percorso collettivo verso un futuro più sostenibile ed equo.

Piega nei calcari, presso il Caminito del Rey- Malaga

Per approfondire

Gill, J.C. (2017). Geology and the Sustainable Development Goals. *Episodes*, 40(1), 70-76. https://doi.org/10.18814/epiiugs/2017/v40i1/017010

Gill, J.C., & Smith, M. (Eds.). (2021). *Geosciences and the Sustainable Development Goals*. Springer Nature. https://doi.org/10.1007/978-3-030-38815-7

Stewart, I.S., & Gill, J.C. (2017). Social geology—integrating sustainability concepts into Earth sciences. *Proceedings of the Geologists' Association*, 128(2), 165-172. https://doi.org/10.1016/j.pgeola.2017.01.002

Lubchenco, J., Barner, A.K., Cerny-Chipman, E.B., & Reimer, J.N. (2015). Sustainability rooted in science. *Nature Geoscience*, 8(10), 741-745. https://doi.org/10.1038/ngeo2552

Schlosser, P., & Pfirman, S. (2012). Earth science for sustainability. *Nature Geoscience*, 5(9), 587-588. https://doi.org/10.1038/ngeo1567

Di Capua, G., Peppoloni, S., & Bobrowsky, P.T. (2017). The Cape Town Statement on Geoethics. *Annals of Geophysics*, 60, Fast Track 7. https://doi.org/10.4401/ag-7553

Bohle, M. (Ed.). (2019). *Exploring Geoethics: Ethical Implications, Societal Contexts, and Professional Obligations of the Geosciences*. Palgrave Pivot. https://doi.org/10.1007/978-3-030-12010-8

Mora, G. (2013). The need for geologists in sustainable development. *GSA Today*, 23(12), 36-37. https://doi.org/10.1130/GSATG185GW.1

Senger, Kim2024 Sustainable Development Goals and the Geosciences: A Review 10.3389/esss.2024.10124Earth Science, Systems and Society

CAPITOLO 18.

INTRECCI DISCIPLINARI: STORIA, SCIENZA E ARTE NELLE GEOSCIENZE

Le geoscienze si trovano dappertutto. Questa semplice verità ha attraversato tutto questo libro come un filo conduttore. Le geoscienze non sono solo una disciplina scientifica limitata ai laboratori o alle spedizioni sul campo. La Terra – con le sue rocce, i suoi minerali, i suoi paesaggi creati da forze antiche – non è solo la base fisica della nostra vita, ma anche l'ispirazione per infinite espressioni culturali.

Questo scambio tra le geoscienze e altri campi del sapere crea legami che arricchiscono entrambi. La letteratura ha reso comprensibili concetti geologici complessi; l'arte ha mostrato processi invisibili; i videogiochi hanno trasformato i principi stratigrafici in esperienze interattive. In cambio, le metafore poetiche hanno aiutato i geologi a vedere i fenomeni in modo nuovo e le intuizioni artistiche hanno rivelato aspetti del paesaggio che l'analisi scientifica non aveva colto.

In questo capitolo vengono presentati esempi di questa relazione a doppio senso: le geoscienze hanno influenzato l'immaginario culturale e sono state arricchite da letteratura, arte e altre forme espressive. Questi casi dimostrano che le scoperte più interessanti nascono dall'incontro tra discipline diverse, dove scienza e arte si uniscono.

Concludere questo viaggio esplorando questi legami culturali significa mostrare che le geoscienze non sono isolate, ma connesse a molti altri saperi che definiscono il nostro rapporto con la Terra. È un invito a riconoscere che le geoscienze, oltre alla loro dimensione scientifica, possiedono un profondo valore umanistico che merita di essere esplorato e celebrato.

18.1 Leonardo da Vinci e Raffaello: quando i pittori studiano le rocce

Leonardo da Vinci e Raffaello non erano solo grandi pittori, ma anche attenti osservatori della natura. La famosa "Vergine delle Rocce" di Leonardo non mostra semplicemente delle rocce come sfondo decorativo: le formazioni calcaree dipinte sono geologicamente precise e mostrano come si formano davvero le grotte attraverso l'erosione dell'acqua. Leonardo aveva studiato direttamente le grotte lombarde e aveva capito, secoli prima dei geologi, come l'acqua scava le rocce creando cavità sotterranee.

Leonardo era affascinato dal ruolo dell'acqua nel modellare il paesaggio. Nei suoi appunti descrive come i fiumi erodono le montagne e come si formano i sedimenti, teorie che la geologia ufficiale svilupperà solo nel Settecento. Aveva anche osservato fossili marini sulle montagne, intuendo che quelle terre un tempo erano coperte dal mare. La grotta della Vergine delle Rocce diventa così sia un luogo sacro che una lezione di geologia dipinta.

La Vergine delle rocce- Leonardo da Vinci

Raffaello, nei paesaggi dei suoi ritratti e delle sue Madonne, dipinge con precisione scientifica le colline intorno a Urbino. Le dolci colline marchigiane che si vedono nei suoi quadri non sono inventate: riflettono la vera geologia del territorio, fatta di argille e arenarie che danno al paesaggio quelle forme morbide e ondulate. Quando oggi i geologi studiano la "Madonna del Granduca" o la "Fornarina", riconoscono nelle colline dipinte la struttura geologica reale delle Marche.

Entrambi gli artisti osservavano il territorio con occhio scientifico, anticipando i metodi della geologia moderna. I loro dipinti sono diventati documenti preziosi che oggi aiutano i ricercatori a capire com'erano i paesaggi nel Rinascimento e come sono cambiati nel tempo.

18.2 Jules Verne e la cartografia sotterranea

Il "Viaggio al Centro della Terra" (1864) di Jules Verne rappresenta un esempio iconico di influenza reciproca tra letteratura e scienze geologiche. Verne non si limitò a utilizzare le conoscenze geologiche del suo tempo come sfondo narrativo, ma le integrò in modo meticoloso sviluppando una vera e propria cartografia sotterranea che influenzò sia l'immaginario collettivo che la ricerca speleologica.

La rappresentazione di Verne degli strati geologici come archivi temporali che registrano la storia della Terra anticipò l'approccio moderno alla stratigrafia. Il viaggio dei protagonisti attraverso strati sempre più antichi divenne una metafora narrativa efficace del concetto di tempo geologico profondo, rendendo accessibile al grande pubblico un'idea scientifica che all'epoca rimaneva astratta anche per molti studiosi.

L'influenza di Verne sulla speleologia è documentabile: diverse spedizioni nella seconda metà dell'Ottocento citarono esplicitamente il romanzo come fonte d'ispirazione. Il cartografo e speleologo francese Édouard-Alfred Martel, considerato il fondatore della speleologia moderna, riconobbe l'impatto che "Viaggio al Centro della Terra" ebbe sulla sua decisione di dedicarsi all'esplorazione sotterranea.

Voyage au Centre de la Terre Édouard Riou 1864 Wikimedia Commons

18.3 Le reciprocità tra narrativa e geologia: reinventare i mondi perduti

Arthur Conan Doyle, in "Il mondo perduto" (1912), creò un'opera che non solo popolarizzò la paleontologia, ma stabilì anche un dialogo bidirezionale tra scienza e narrativa. L'altopiano isolato del Professor Challenger, dove sopravvivono creature preistoriche, nasceva dalle reali scoperte paleontologiche del suo tempo. Questa relazione tra scienza e narrativa non era unidirezionale: "Il mondo perduto" ispirò a sua volta generazioni di paleontologi, come Roy Chapman Andrews, le cui spedizioni nel deserto del Gobi portarono alla scoperta dei primi nidi di uova di dinosauro.

Il concetto di "mondo perduto" fornì un framework concettuale che influenzò la paleobiogeografia, diventando un modello esplicativo adottato anche nel discorso scientifico. Località come il Lago Tele in Congo o l'altopiano di Pantepui in Venezuela sono state esplorate scientificamente seguendo questo paradigma.

Illustrazione originale di "Il mondo perduto" di Harry Rountree (1912) Wikimedia Commons

18.4 Michael Crichton e "Jurassic Park": la reinvenzione reciproca di scienza e narrativa

"Jurassic Park" (1990) rappresenta un esempio paradigmatico di come scienza e narrativa possano influenzarsi reciprocamente. Crichton costruì il suo romanzo integrando le teorie più avanzate della paleontologia e della biologia molecolare dell'epoca, consultando scienziati come John Horner.

La relazione di reciprocità si manifestò quando il romanzo e il film di Spielberg modificarono profondamente la direzione della ricerca paleontologica. Dopo l'uscita del libro, si registrò un incremento significativo nei finanziamenti alla ricerca sul DNA antico e sulla tafonomia dell'ambra. La rappresentazione dei dinosauri ha influenzato la paleontologia: quando nel 1993 fu scoperto l'Utahraptor, un dromaeosauride di dimensioni simili al velociraptor cinematografico, il paleontologo James Kirkland dichiarò: "Sembrava quasi che Crichton avesse avuto informazioni privilegiate sulla scoperta".

18.5 La poesia romantica inglese: quando la geologia plasma le metafore letterarie

Il Lake District inglese, con la sua geologia drammatica, fu la vera musa ispiratrice della poesia di William Wordsworth e Samuel Taylor Coleridge. Nel suo poema "The Prelude", Wordsworth sviluppò una vera e propria "estetica geologica", con descrizioni delle formazioni rocciose di Borrowdale che riflettevano una comprensione sorprendentemente accurata dei processi vulcanici.

J.M.W. Turner - Lake District mostra le formazioni geologiche celebrate da Wordsworth - Wikimedia Commons

Simultaneamente, Charles Lyell, il padre della geologia moderna, citò esplicitamente Wordsworth nei suoi "Principles of Geology" (1830-33), adottando persino alcune delle sue metafore poetiche per spiegare concetti geologici complessi. La sensibilità romantica per il "sublime geologico" contribuì a legittimare culturalmente la nuova disciplina geologica.

18.6 Georgia O'Keeffe: quando l'arte rivela ciò che la geologia non vede

L'opera di Georgia O'Keeffe, con la sua rappresentazione delle formazioni rocciose del New Mexico, stabilisce un dialogo profondo con la geologia. Attraverso la sua "geologia intuitiva", O'Keeffe isolava ed enfatizzava elementi strutturali delle rocce che rivelavano processi geologici sottostanti. Nelle sue rappresentazioni di Ghost Ranch, la semplificazione delle forme paradossalmente evidenziava caratteristiche stratigrafiche difficilmente osservabili.

Pedernal- Georgia O'Keeffe

Diversi geologi di campo hanno riconosciuto come le opere di O'Keeffe li abbiano aiutati a "vedere" differentemente le formazioni che studiavano. Il geologo William Muehlberger dichiarò che le tele di O'Keeffe gli avevano permesso di individuare lineamenti tettonici precedentemente trascurati nelle formazioni del Rio Grande Rift.

18.7 I mosaici pompeiani: documentazione geologica e memoria culturale

I mosaici romani di Pompei rappresentano un esempio straordinario di documentazione artistica di fenomeni geologici. Il famoso mosaico della Casa del Fauno raffigurante il Vesuvio prima dell'eruzione del 79 d.C. è stato studiato dai vulcanologi moderni come documento della morfologia preeruttiva del vulcano.

La reciprocità si manifesta nel modo in cui i vulcanologi contemporanei utilizzano questi mosaici per ricostruire la storia eruttiva del Vesuvio, mentre i nuovi studi geologici permettono di interpretare correttamente i dettagli rappresentati. Le scene idilliache di vita agricola alle pendici del vulcano documentano un periodo di quiescenza che aveva portato a una sottovalutazione culturale del rischio, un pattern ricorrente nella storia delle popolazioni che vivono in prossimità di vulcani.

18.8 La Land Art di Robert Smithson: il dialogo materiale con i processi geologici

La "Spiral Jetty" (1970) di Robert Smithson rappresenta forse l'esempio più compiuto di dialogo bidirezionale tra arte e geologia. Questa monumentale spirale di rocce e fango nel Great Salt Lake dello Utah non è solo un'opera d'arte, ma un vero e proprio esperimento sui processi geologici di sedimentazione, erosione e cristallizzazione.

La spirale, sommergendosi e riemergendo ciclicamente con le variazioni del livello del lago, funziona come un dispositivo di osservazione dei cambiamenti idrogeologici. Geologi e limnologi hanno effettivamente utilizzato la Spiral Jetty come indicatore delle fluttuazioni del Great Salt Lake.

L'opera ha influenzato anche la geoconservazione. Il concetto di "geosito culturale" - sito geologico che presenta interesse scientifico ma anche rilevante significato storico, artistico o paesaggistico - ha influenzato le politiche di protezione geologica, riconoscendo che il valore di un sito geologico non risiede solo nelle sue caratteristiche fisiche ma anche nel suo significato culturale.

Spiral Jetty- Roberti Smithson

18.9 Il Grande Cretto di Burri: quando l'arte interpreta un disastro geologico

Il Grande Cretto di Alberto Burri, realizzato sulle rovine di Gibellina (Sicilia) distrutta dal terremoto del Belice del 1968, rappresenta un potente esempio di come l'arte possa dialogare con eventi geologici catastrofici.

Burri trasformò le macerie della città in un'immensa opera d'arte: un enorme "cretto" di cemento bianco che ricopre 8.000 metri quadrati, seguendo la topografia originale della città e preservando il tracciato delle sue strade. Le crepe artificiali del Cretto richiamano visivamente le fratture della creta, creando un parallelo tra il trauma geologico e quello umano.

Il Cretto di Gibellina- A. Burri

L'opera ha influenzato il modo in cui sismologi e geologi studiano e comunicano l'impatto culturale dei terremoti. Ricercatori dell'Istituto Nazionale di Geofisica e Vulcanologia hanno sviluppato il concetto di "memoria sismica culturale" studiando come il Cretto abbia influenzato la percezione del rischio sismico nelle comunità locali. Dopo il terremoto dell'Aquila del 2009, architetti e urbanisti hanno esplicitamente citato l'approccio di Burri nel dibattito sulla ricostruzione, sottolineando l'importanza di preservare la memoria fisica di un evento sismico piuttosto che cancellarla completamente.

18.10 Minecraft: geologia interattiva e apprendimento ludico

Minecraft rappresenta un caso di come la geologia possa diventare il nucleo di un'esperienza interattiva che simultaneamente intrattiene e educa. Il sistema di generazione dei mondi si basa su algoritmi ispirati a principi geologici reali, creando paesaggi con catene montuose, vallate e depositi minerari che seguono pattern riconoscibili.

Il Geological Survey degli Stati Uniti ha sviluppato moduli educativi basati su Minecraft per insegnare principi di stratigrafia ed estrazione mineraria. La comunità di giocatori ha spontaneamente approfondito le proprie conoscenze geologiche, creando forum con discussioni sofisticate su processi erosivi e distribuzione dei minerali.

Versioni modificate di Minecraft sono state adottate da istituzioni come il British Geological Survey per programmi di divulgazione scientifica. Il progetto "GeoExplorers" utilizza una versione del gioco che riproduce accuratamente la geologia britannica per insegnare concetti geologici nelle scuole, creando un circuito virtuoso in cui intrattenimento e scienza geologica si arricchiscono reciprocamente.

Parallelamente, il medium del fumetto sta emergendo come potente strumento per la divulgazione geologica. Webcomic educativi e account social come @geo_logica su Instagram utilizzano vignette per spiegare processi tettonici, mentre il format "rocce che parlano" antropomorfizza i minerali rendendoli protagonisti di storie che ne spiegano origine e proprietà. Il fumetto offre vantaggi unici: può comprimere il tempo geologico in sequenze narrative e utilizzare metafore visive per rendere comprensibili fenomeni astratti.

Entrambi i media trasformano concetti geologici astratti in esperienze concrete e accessibili, creando un circuito virtuoso in cui intrattenimento e scienza geologica si arricchiscono reciprocamente.

18.11 Il canto dei cristalli: quando la mineralogia incontra la musica

In principio fu la Musica delle Sfere, il concetto filosofico secondo il quale le relazioni matematiche esprimerebbero non solo rapporti quantitativi, ma anche qualità che si manifestano in forme e suoni, il tutto connesso in un enorme modello di proporzioni. Gli stessi movimenti dei corpi celesti, secondo questa concezione, produrrebbero una sorta di musica, non udibile dall'orecchio umano, ma consistente in concetti armonico-matematici.

Il Dipartimento di Scienze della Terra dell'Università di Bari, nel progetto Sonic Structures, ha sviluppato un metodo innovativo per tradurre in musica le strutture dei cristalli. Il risultato sono composizioni musicali che facilitano la comprensione di concetti complessi di chimica, mineralogia e scienza dei materiali, e permettono di creare ambienti sonori per l'esposizione museale dei minerali.

Musica e cristalli. Due mondi diversi uniti da una parola magica: simmetria. In questo progetto l'ordine degli atomi diventa percepibile attraverso i suoni, sulla base di un modello scientifico ideato ad hoc, associando i parametri cristallografici a quelli musicali. Il risultato è sorprendente: cristalli di halite, calcite, diamante, ghiaccio ed altri ancora diventano suoni ordinati. Ciascuna fase cristallina è univocamente rappresentata da una composizione musicale derivata dalle proprietà cristallo-chimiche degli atomi che ne formano struttura. Questo incontro tra mineralogia e musica è stato portato al pubblico in eventi come la conferenza-concerto "Il Canto dei Cristalli", dove vengono proposte composizioni derivate direttamente dalle strutture cristalline.

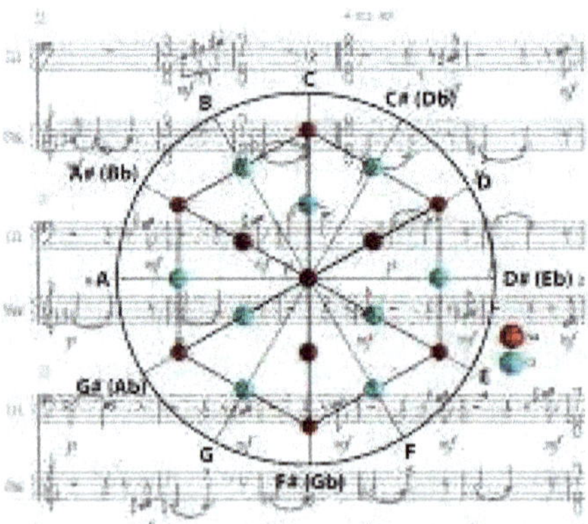

Rapporti di simmetria tra musica e parametri cristallografici

Il progetto si estende anche ad altre espressioni delle Scienze della Terra: l'INGV (Istituto Nazionale di Geofisica e Vulcanologia) ha sviluppato "Il Suono della Terra", un'iniziativa che traduce in composizioni musicali i dati sismici e vulcanologici, permettendo di "ascoltare" i movimenti del nostro pianeta in forme artisticamente significative.

Questa sonificazione delle strutture geologiche e mineralogiche rappresenta un esempio potente di come le dimensioni scientifica ed artistica possano integrarsi, creando nuove modalità di comprensione e apprezzamento dei fenomeni naturali che trascendono le tradizionali barriere disciplinari.

18.12 Conclusione: un dialogo in continua evoluzione

Questi esempi rappresentano solo una piccola parte del ricco dialogo tra le geoscienze e altri ambiti culturali. Da Frank Herbert con la sua ecologia planetaria in "Dune" ai documentari della BBC come "Planet Earth" che hanno trasformato la percezione pubblica dei processi geologici; da Thomas Hardy che utilizzava la geologia del Wessex come specchio del destino dei suoi personaggi ai videogiochi come "Subnautica" che creano esperienze immersive di esplorazione geologica sottomarina.

Il rapporto tra geoscienze e cultura continua a evolversi: la scienza ispira l'arte, mentre le rappresentazioni artistiche offrono nuove prospettive che arricchiscono la comprensione scientifica. Questa fertile intersezione tra diverse discipline non solo divulga la conoscenza geologica, ma contribuisce attivamente a plasmare il modo in cui concepiamo e ci rapportiamo al nostro pianeta.

Assale Salt Lake, Dallol, Etiopia

Per approfondire

Ballard, J.G. (2018). *The Drowned World*. Liveright Publishing Corporation. https://wwnorton.com/books/9780871404060

Conan Doyle, A. (1912). *The Lost World*. Hodder & Stoughton. https://www.gutenberg.org/ebooks/139

Crichton, M. (1990). *Jurassic Park*. Knopf. https://www.penguinrandomhouse.com/books/337539/jurassic-park-by-michael-crichton/

Lee, D.W., & Gould, K.S. (2002). "Why leaves turn red." *American Scientist*, 90(6), 524-531. https://www.americanscientist.org/article/why-leaves-turn-red

Verne, J. (1864). *Voyage au centre de la Terre*. Pierre-Jules Hetzel. https://www.gutenberg.org/ebooks/4791

Dean, D. R. (1992). *James Hutton and the History of Geology*. Cornell University Press. https://www.cornellpress.cornell.edu/book/9780801480775/james-hutton-and-the-history-of-geology/

Kaiser, B. A. (2018). *Developing the 'Geo-social' View in Geography: Encounters and Engagements Within Rocks Community*. Progress in Human Geography, 42(5), 686-702. https://doi.org/10.1177/0309132517730452
Norwood, V., & Monk, J. (Eds.). (2016). *The Desert Is No Lady: Southwestern Landscapes in Women's Writing and Art*. Yale University Press. https://yalebooks.yale.edu/book/9780300063011/desert-no-lady
Frodeman, R. (2003). *Geo-Logic: Breaking Ground Between Philosophy and the Earth Sciences*. SUNY Press. https://sunypress.edu/Books/G/Geo-Logic2
Praet, I. (2021). *Spitting Stones: Volcanology as a Cultural Science*. HAU: Journal of Ethnographic Theory, 11(1), 27-47. https://doi.org/10.1086/713832
Orel, H., & Herlinger, M. (2020). *Sonic Crystallography: The Study of Crystal Symmetries through Sound*. Journal of Chemical Education, 97(10), 3664-3670. https://doi.org/10.1021/acs.jchemed.0c00483
Thornes, J. E. (2008). *Cultural climatology and the representation of sky, atmosphere, weather and climate in selected art works of Constable, Monet and Eliasson*. Geoforum, 39(2), 570-580.
https://doi.org/10.1016/j.geoforum.2006.10.007
Bogost, I. (2011). *How to Do Things with Videogames*. University of Minnesota Press. https://www.upress.umn.edu/book-division/books/how-to-do-things-with-videogames
Borchia R, Nesci O. (2020) Raffaello e luce sia. Sui fondali ritrovati nelle terre d'Urbino.

LINK A MATERIALI UTILI

INGV - Istituto Nazionale di Geofisica e Vulcanologia:
Sezione educativa: https://www.ingv.it/it/divulgazione
INGVterremoti (Twitter/social): aggiornamenti e divulgazione sismica
ISPRA (2024). *Programma di iniziative di educazione ambientale e alla sostenibilità per le scuole*. Roma:
https://www.isprambiente.gov.it/it/attivita/formeducambiente/educazione-ambientale/programma-di-iniziative-per-le-scuole/programma-iniziative-educazione-ambientale-ispra_as-2024_25-def.pdf

Società Geologica Italiana https://www.socgeol.it/N2629/risorse-di-didattica-online.html
https://www.socgeol.it/N6568/exploring-geoscience-across-the-globe.html
Collezioni geologiche e storiche
Museo virtuale: https://www.isprambiente.gov.it/it/attivita/museo

INDIRE Scuola Valore:
Laboratorio scienze della terra:
http://www.scuolavalore.indire.it/guide/fare-laboratorio-di-scienze-della-terra-alcune-proposte-in-verticale/

AIIG-ESRI Story Map (2014-2015):
https://www.esri.com/it-it/arcgis/products/arcgis-storymaps/overview

Carte geologiche d'Italia
Portale cartografico: https://portalesgi.isprambiente.it/
Cartografia geologica:
https://www.isprambiente.gov.it/it/banche-dati/banche-dati-folder/suolo-e-territorio/cartografia-geologica-e-geotematica

Parco Adamello Brenta:
Programma minerali e rocce: https://www.pnab.it/poi/i-minerali-e-le-rocce-del-parco/
Associazione Italiana Insegnanti di Geografia: https://www.aiig.it/
Viaggio al centro della terra:
https://www.academia.edu/96767609/Viaggio_al_centro_della_terra

Risorse in francese
Planet-Terre (2024). *Ressources scientifiques pour l'enseignement des sciences de la Terre*. ENS Lyon-DGESCO. https://planet-terre.ens-lyon.fr (ISSN 2552–9250)
EDUGEO https://www.edugeo.fr
Dequincey, O. (dir.) (2022). *Formation en ligne Planet-Terre : Le sol - Les sols*. ENS Lyon.
Société Géologique de France & BRGM (2024). *Géochronique - Actualités en géosciences*. Coédition SGF-BRGM.

Risorse in inglese

Earth Learning Idea (2024). *Innovative Earth-related teaching ideas*. https://www.earthlearningidea.com/

IUGS-COGE (2024). *Geoscience Education Resources*. International Union of Geological Sciences - Commission on Geoscience Education. https://iugscoge.org/education-resources/

IGEO - International Geoscience Education Organisation (2024). *Earth Learning Ideas and Educational Resources*. https://www.igeoscied.org/

American Geosciences Institute (2024). *Educational Resources Portal*. https://www.americangeosciences.org/education/resources

SERC-Carleton College (2024). *Teach the Earth - Portal to Earth Education Resources*. https://serc.carleton.edu/teachearth/

MetEd-UCAR (2024). *Teaching and Training Resources for the Geoscience Community*. https://www.meted.ucar.edu/

EGU Education Committee (2024). *Geoscience Initiatives for Teachers (GIFT)*. European Geosciences Union. https://www.egu.eu/education/

California Academy of Sciences (2024). *Earth Science Activities & Lesson Plans*. https://www.calacademy.org/educators/earth-science-activities

Earth Science Week (2024). *Classroom Activities Collection*. American Geosciences Institute. https://www.earthsciweek.org/resources/classroom-activities/

Teach Earth UK (2023). *Free materials for teachers - Earth Science curricula*. https://earth-science.org.uk/teach-earth/

National Association of Geoscience Teachers (2024). *Teaching Resources and Professional Development*. https://nagt.org/

Canali Youtube

- INGV vulcani: https://www.youtube.com/@ingvvulcani
- Geopop: https://www.youtube.com/@geopop
- Barbascura X: https://www.youtube.com/@BarbascuraX

In inglese

- USGS (United States Geological Survey): https://www.youtube.com/@usgs
- SciShow: https://www.youtube.com/@SciShow
- Crash Course Earth Science: https://www.youtube.com/@crashcourse
- MinuteEarth: https://www.youtube.com/@MinuteEarth

- Link4Universe: https://www.youtube.com/@link4universe

Bibliografia

King, C. (2020). *Exploring Geoscience across the globe*. IGEO. https://www.socgeol.it/N6568/exploring-geoscience-across-the-globe.html italiano

Boschi, L. (2025). *Il cuore del pianeta. Viaggio scientifico nel nucleo terrestre*. Padova: Università di Padova.

Tibaldi, A., & Pasquaré Mariotto, F. (2019). *Terra senza tregua. Terremoti, alluvioni, eruzioni, cambiamenti climatici tra scienza e comunicazione*. Milano: Hoepli.

AA.VV. (2022). *Storia geologica d'Italia. Gli ultimi 200 milioni di anni*. Bologna: Il Mulino.

Guide geologiche (Be.Ma. Editrice)

AA.VV. (2019). *Guida geologica del Lazio*. Roma: Be.Ma. Editrice.

Caputo, R., et al. (2016). *Guida geologica dell'Appennino Tosco-Emiliano e Garfagnana*. Roma: Be.Ma. Editrice.

Carraro, F., & Giardino, M. (2014). *Guida geologica delle Alpi Occidentali*. Roma: Be.Ma. Editrice.

Zezza, F. (2017). *Guida geologica della Puglia*. Roma: Be.Ma. Editrice.

Agnesi, V., et al. (2018). *Guida geologica della Sicilia*. Roma: Be.Ma. Editrice.

Barchi, M.R., et al. (2020). *Guida geologica dell'Umbria*. Roma: Be.Ma. Editrice.

Panizza, M., & Piacente, S. (2015). *Guida geologica del Veneto*. Roma: Be.Ma. Editrice.

Bini, A., et al. (2016). *Guida geologica della Lombardia*. Roma: Be.Ma. Editrice.

Elter, P., et al. (2019). *Guida geologica della Liguria*. Roma: Be.Ma. Editrice.

Vai, G.B., & Martini, I.P. (2018). *Guida geologica dell'Emilia-Romagna*. Roma: Be.Ma. Editrice.

Riviste specializzate di riferimento
Geologicamente *(in particolare gli Spunti per la didattica)* *https://www.geologicamente.it*
I video del Caffè di Geologicamente
https://www.geologicamente.it/270/caffe-di-gm.html
Società Geologica Italiana: https://www.socgeol.it/
Rendiconti Online SGI: https://rendiconti.socgeol.it/
Journal of Geoscience Education - National Association of Geoscience Teachers
International Research in Geographical and Environmental Education - Taylor & Francis

www.ingramcontent.com/pod-product-compliance
Lightning Source LLC
LaVergne TN
LVHW052247200926
848481LV00002B/300